经济高质量发展背景下技能人才培养的“广东模式”探索与路径选择

朱泯静◎著

·广州·

图书在版编目（CIP）数据

经济高质量发展背景下技能人才培养的“广东模式”探索与路径选择 / 朱泯静著. -- 广州：中山大学出版社，2024. 11. -- ISBN 978-7-306-08116-2

Ⅰ. G316

中国国家版本馆 CIP 数据核字第 2024WU9370 号

JINGJI GAOZHILIANG FAZHAN BEIJING XIA JINENG RENCAI PEIYANG DE
“GUANGDONG MOSHI” TANSUO YU LUJING XUANZE

出 版 人：王天琪
策划编辑：金继伟
责任编辑：陈　霞
封面设计：林绵华
责任校对：陈生宇
责任技编：靳晓虹
出版发行：中山大学出版社
电　　话：编辑部 020-84113349，84110776，84110283，84111997，84110779
　　　　　发行部 020-84111998，84111981，84111160
地　　址：广州市新港西路 135 号
邮　　编：510275　　　　传　　真：020-84036565
网　　址：http://www.zsup.com.cn　　E-mail:zdcbs@mail.sysu.edu.cn
印 刷 者：广州一龙印刷有限公司
规　　格：787mm×1092mm　1/16　15.75 印张　300 千字
版次印次：2024 年 11 月第 1 版　2024 年 11 月第 1 次印刷
定　　价：78.00 元

广东省哲学社会科学规划2023年度一般项目“支撑广东经济高质量发展的技能人才培养‘广东模式’探索和路径选择”（项目编号：2023GD23CSH07）研究成果

广州市哲学社会科学发展“十四五”规划2022年度共建课题“‘技能中国’建设背景下技术技能人才培养的‘广州模式’研究”（项目编号：2022GZGJ186）研究成果

广州市宣传思想文化优秀创新团队（广州城市国际交往研究团队）扶持资金支持

目　录

第一章　绪论

一、问题提出和研究意义

（一）问题提出

作为经济总量第一大省的广东，面对复杂的国际国内环境，站在新时代新征程的起点上，促进经济高质量发展是其首要任务和总抓手。技能人才的高质量发展是助力经济高质量发展的重要支撑。党的十八大以来，以习近平同志为核心的党中央高度重视技能人才队伍建设工作。习近平总书记多次做出重要指示批示，要求健全技能人才培养、使用、评价、激励制度，大力发展技工教育，大规模开展职业技能培训，加快培养大批高素质劳动者和技术技能人才。

从技能人才培养的主体来看，职业院校是主阵地，市场化培训机构则是有益补充。其培养目标在2019年《国家职业教育改革实施方案》《中国教育现代化2035》的文件中有明确指示，是为促进经济发展和提高国家竞争力供给优质人才资源。按照这一政策逻辑，技能人才培养的最终目的在于助力经济发展。那么，现有研究是否支撑这一观点呢？综观现有研究，一部分学者认为技能人才规模对经济发展具有积极作用，这一结论得到大量实证研究支持（Mustapha et al.，2002；Ohimrei et al.，2013；王奕俊　等，2017；王伟　等，2017；祁占勇　等，2020）。另一部分学者则认为技能人才与经济发展呈现弱关系，这一结论也有实证研究支持（王海燕　等，2012；赵晓爽，2018）。这意味着，技能人才与经济发展之间的关系仍未形成定论。因此，在探索技能人才培养的“广东模式”之前，值得探讨的第一个问题是，广东技能人才与经济高质量发展呈现何种关系？这是从定量角度明确回答技能人才队伍建设在助力广东经济高质量发展方面的作用问题。

进一步从深入探索技能人才队伍建设广东新模式的视角来看，还需要解决三大问题：一是当前广东技能人才培养发展的水平及特点如何？二是按照国家职业教育政策导向要求和广东产业发展趋势，广东技能人才培养发展中存在哪些难点、堵点？三是如何从发展目标、广东模式、革新着力点、发展路径等维度提出系统化、可操作化的技能人才培养发展路径？针对这三个问题，教育学、社会学、管理学、经济学等领域的学者做出了重要贡献，他们分别围绕技能人才培养模式、发展困境、解决之策等主题开展研究，取得了富有成效的理论成果。具体而言，一方面，总结梳理技能人才培养作为类型教育体系的不同政策的模式特点，包括多层网络协同政策体系、择优式发展策略等（史静寰，2006；陈越，2020）；另一方面，聚焦职业教育体系，分别对照国际先进职业教育效果、职业教育政策要求、产业发展所需，找出职业教育体系中存在的经费投入较低、培养结构滞后于产业调整、培养评价机制不健全、技能人才劳动参与度激励不够、社会认同度低等问题，并提出了相应的政策建议（付雪凌，2020；刘娜 等，2021；朱永祥 等，2021）。值得注意的是，虽然学界现有研究成果丰硕，但仍存在如下不足：首先，已有研究以定性分析为主，定量分析较少，如较少采用计量方法多维度探讨不同因素对技能人才培养发展水平的影响；其次，综合性分析技能人才培养发展的研究也并不多见，尤其是从构建系统性理论框架角度多层次、多维度分析技能人才培养发展现状及模式的研究较少；最后，从省级层面探索技能人才培养发展的调查分析较为匮乏，这可能与技能人才培养发展官方数据获取难度较大有关。

综上所述，本书拟以广东技能人才培养发展为研究重点，采用耦合协调度模型、面板门槛模型、固定效应模型等定量方法与深度访谈等定性方法相结合的方式，深入研究广东经济高质量发展水平、技能人才培养发展水平、技能人才培养与经济高质量发展的耦合协调关系、技能人才培养规模与质量对经济高质量发展的影响、广东技能人才培养体系特点，以及对照新时代下国家职业教育新要求与产业发展新趋势技术技能人才培养体系的发展困境、革新广东技能人才培养体系七大问题。本书的相关研究成果对于整体推进广东技能人才培养提质培优、增值赋能、打造“广东职业教育”品牌具有重要意义；同时，为高质量、高效率匹配“十四五”时期广东产业数字化、智能化发展所需培养定制化、复合型技能人才提供有益理论支撑。

（二）研究意义

一是理论意义。技能人才培养发展具有信息不对称、交易费用高等特点和准公共品、外部经济效应等属性，这就会导致技能人才培养发展存在着一定概率的“市场失灵”“供需失衡”的状况。如何在经济高质量发展背景下夯实技能人才的基础，促进技能人才培养发展与经济高质量发展协调共生，是学界和业界都关心的问题。

首先，从现有研究技能人才发展与经济发展关系的文献来看，一部分学者认为扩大技术技能人才规模对经济发展具有积极作用，这一结论得到大量实证研究的支持（Mustapha et al.，2002；Ohimrei et al.，2013；王奕俊 等，2017；王伟 等，2017；祁占勇 等，2020）。另一部分学者认为技能人才与经济发展呈现弱关系，这一结论也有实证研究支持（王海燕 等，2012；赵晓爽，2018）。这意味着，技能人才与经济发展之间的关系仍未形成定论，开展技能人才培养发展与经济高质量发展之间关系的研究是有理论必要性和意义性的。

其次，就现有研究技能人才培养发展的文献来看，教育学、社会学、管理学、经济学等领域的学者致力于研究技能人才培养的问题，涉及培养模式、发展困境、解决之策等领域，取得了较为丰富的成果，观点纷呈。但是现有研究以定性分析为主，定量分析较少，综合性分析技能人才培养发展水平的研究也不多见，尤其是从构建系统性理论框架角度多层次、多维度分析技能人才培养发展现状及模式的研究较少。此外，从省级层面探索技能人才培养发展的调查分析较为匮乏，这可能与技能人才培养发展官方数据获取难度较大有关。

因此，本书以广东省为例，从省级层面探索广东经济高质量发展与技能人才培养发展水平、二者的耦合协调关系和影响机制、广东技能人才培养发展特点与存在的问题，在借鉴国内外技能人才培养发展经验基础上提出技能人才培养的“广东模式”。上述研究和探索，是对现有研究的有益补充，也是本书的理论意义所在。

二是实践意义。在经济高质量发展背景下，产业持续优化升级对技能人才的规模和质量提出了更高的要求，涌现出对诸如人工智能训练师、互联网营销师等技能人才的强烈诉求。然而，受人口老龄化进程加快和当前技能人才文化水平不高等因素的影响，产业转型升级中具有数字技能和数字思维的技能人才供给缺乏，而大量年纪偏大、技能水平不高的技能人才却难以就业，就业结构性矛盾依然存在。为解决这一难题，夯实经济高质量发展的技能人才基础，政府层面需理清以下问题：一是广东技能人才培养发展处于何种水平；二是技能人才培养发展与经济高质量发展呈现何种关系；三是广东技能人才培养发展的特点与难点究竟在哪里；四是如何有效优化技能人才培养发展。上述四大问题的解决正是本书的主要内容，对于缓解广东经济高质量发展背景下的技能人才短缺、错配等困境具有一定的指导意义，这即是本书的实践价值。

二、研究思路和研究框架

（一）研究思路

本书重点分析经济高质量发展背景下广东技能人才培养发展模式，主要遵循如下分析逻辑：首先是广东经济高质量发展水平测量，广东技能人才培养发展水平测度；其次是广东技能人才培养发展与经济高质量发展的关系，广东技能人才培养发展的特点与对照新时代国家职业教育新要求和产业发展新趋势下技能人才培养体系的发展困境；最后在借鉴国内外技能人才培养发展经验的基础上提出技能人才培养发展的“广东模式”。

1. 广东经济高质量发展水平测量

（1）构建经济高质量发展指数，定量科学评价广东经济高质量发展水平。基于科学性、代表性、层次性、独立性、可操作性原则，从新发展理念框架出发构建经济高质量发展指数，共包含5个准则层、12个一级指标、23个二级指标。利用经济高质量发展指数定量评价2015—2022年广东经济高质量发展的水平及21个地级市经济高质量发展水平。

（2）基于上述评价结果，从全省、四大区域、地级市三个层面分析广东经济高质量发展趋势和特点。

（3）采用核密度估计、泰尔指数、莫兰指数、σ收敛模型、方差分解等方法进一步分析全省、四大区域、地级市经济高质量发展的动态演化、空间自相关等特点。

2. 广东技能人才培养发展水平测度

（1）构建技能人才培养发展指数，定量科学评价广东技能人才培养发展水平。基于“产出成效”导向、可操作化、代表性、完备性、简约性原则，从结构协调、经费收支、教师资源、培养成效四个维度构建技能人才培养发展指数，共包含四个一级指标、七个二级指标。利用技能人才培养发展指数定量评价 2015—2022 年广东技能人才培养发展的水平及 21 个地级市技能人才培养发展水平。

（2）基于上述评价结果，从全省、四大区域、地级市三个层面分析广东技能人才培养发展的趋势和特点。

（3）采用核密度估计、泰尔指数、莫兰指数、σ 收敛模型、方差分解等方法进一步分析全省、四大区域、地级市技能人才培养发展的动态演化、空间自相关等特点。

3. 广东技能人才培养发展与经济高质量发展的关系

（1）运用调整的耦合协调度模型定量分析 2015—2022 年广东技能人才培养发展系统与经济高质量发展系统间的动态适配关系，并分别从全省、四大区域、地级市三个层面分析两个系统的耦合协调度发展状况和水平。

（2）运用灰色预测模型 GM(1，1) 预测 2023—2032 年广东省、四大区域、21 个地级市技能人才培养发展系统与经济高质量发展系统耦合协调度发展趋势。

（3）运用静态面板固定效应模型、随机效应模型、面板门槛效应模型等计量方法实证检验广东技能人才培养规模、质量对经济高质量发展的作用机制和影响。

4. 广东技能人才培养的特点与发展困境

（1）从新时代经济高质量发展对技能人才的需求、实现教育现代化对职业教育高质量发展的需求、提高职业教育吸引力对内涵建设的需求、对比发达国家广东技能人才发展短板四个方面指出新时代广东优化完善技能人才培养模式的必要性和迫切性。

（2）从时间演变维度分析 2015—2022 年广东省技能人才培养发展趋势和特点，以及从省际对比维度分析 2022 年广东技能人才培养现状，并基于深入企业、职业院校、市场培训机构三方展开的技能人才培养发展状况的访谈内容，总结提炼广东技能人才培养发展的亮点成效、难点痛点，为准确、全面定位广东技能人才培养发展特点提供有力的数据支撑。

（3）梳理近年来广东构建技能人才培养体系的创新做法，包括关注统筹协调，建立健全职业教育制度根基；关注类型教育，明确职业教育发展定位方向；关注内涵建设，提高技能人才培养质量；关注产教融合，明确市场化人才培养导向；关注社会服务，突出技能人才服务社会能力；关注办学资源，助力职业院校行稳致远；等等。

（4）对照新时代国家职业教育政策新要求，梳理查找广东技能人才培养体系中存在的难点。2019 年以来，国家层面密集出台了一系列重磅级指导职业教育发展的政策文件，包括《国家职业教育改革实施方案》《中国教育现代化 2035》《职业教育提质培优行动计划（2020—2023 年）》等，尤其是《国家职业教育改革实施方案》明确了职业教育与普通教育是两种不同的教育类型，具有同等重要地位，这是中国职业教育的制度创新，也对职业教育提出了新的要求。国家层面对职业教育进行了新定位，提出了新要求，本部分旨在对照这些要求，找准广东技能人才培养面临的难点与痛点。

（5）匹配“十四五”时期广东产业发展趋势，定位广东技能人才培养目标。《广东省国民经济和社会发展第十四个五年规划和 2035 年远景目标纲要》强调，要推动广东产业高端化发展，加快建设现代产业体系，提升产业基础高级化、产业链现代化水平，加快先进制造业和现代服务业深度融合发展，推动广东制造向广东智造转型，打造具有国际竞争力的现代产业体系。对标这一产业发展新趋势，本书从职业学校类型、专业设置、教师配备、产教融合、学生认同度、行业认可度等方面找出广东技能人才培养发展存在的困境和制约的因素。

5. 提出技能人才培养发展的“广东模式”

（1）提炼总结发达国家技能人才培养先进经验，包括德国、美国、日本的技能人才培养特色。同时，梳理出国内先进地区，如江苏、天津等地关于技能人才培养可资借鉴的创新做法。

（2）提出广东技能人才培养的发展目标：建立一支结构合理、素质优良、具备国际视野的技术技能人才队伍，打造技能人才培养发展的“广东品牌”。

（3）革新广东技能人才培养体系对策和建议，分别从提质、培优、增值、赋能等维度优化广东技能人才培养体系。

（4）落实技能人才培养“广东模式”的重点路径，分别从学科调整、培养计划、培养平台、培养基地、海外引进、产业供需平台等方面提出实施路径。

（二）研究框架

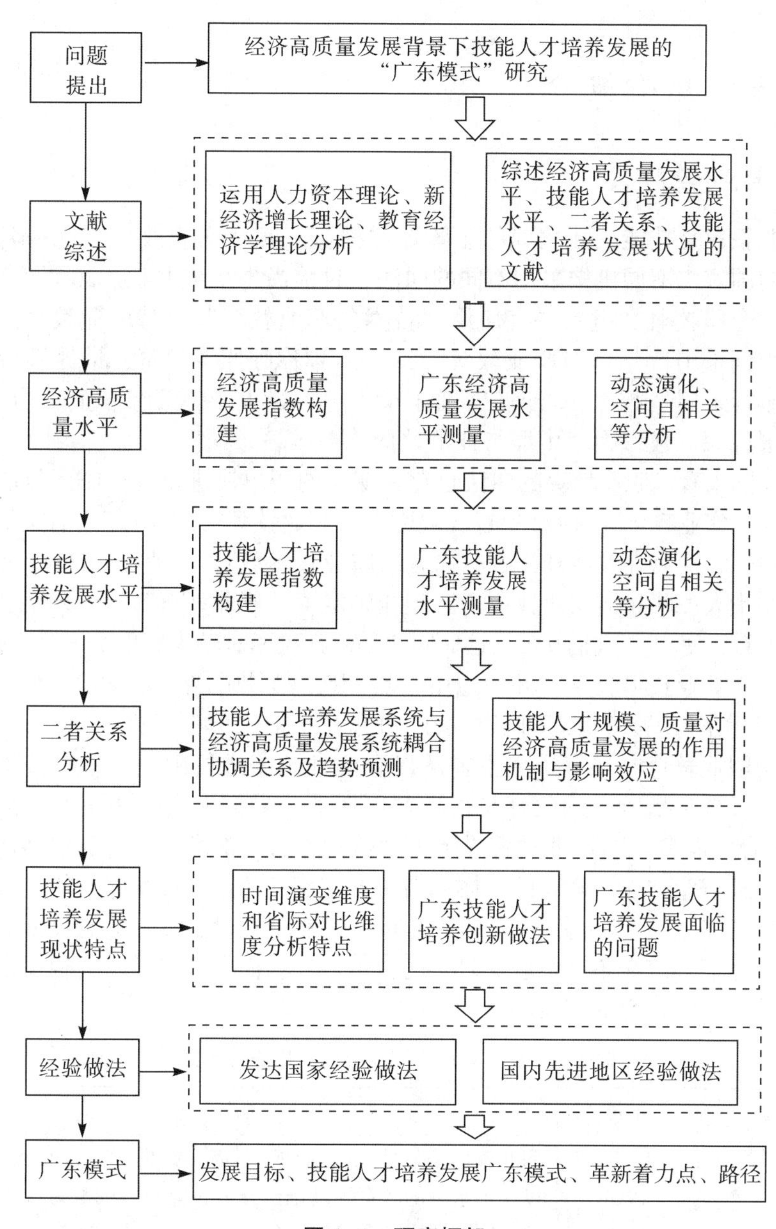

图 1-1　研究框架

三、核心概念和研究方法

（一）核心概念

1. 职业教育

职业教育是技能人才培养的主阵地和摇篮。就“职业教育”这一名称来看，不同国家、不同机构采用不同的叫法，目前尚未形成共识。20世纪70年代以来联合国教科文组织一直使用“技术与职业教育”代替职业教育，国际劳工组织则采用“培训与职业教育”这一名称称呼职业教育，世界银行和亚洲开发银行采用“技术和培训与职业教育”这一名称替代职业教育。自20世纪末美国称职业教育为“生涯与技术教育”。

从我国来看，职业教育的叫法也存在明显的历史演进过程。1904年职业教育被称为“实业教育”，1922年首次被称为“职业教育”，1949年之后又被称为“技术教育”，而后在改革开放后被称为“职业技术教育”。直至1986年我国颁布了《中华人民共和国职业教育法》正式确定了“职业教育”这一术语。从学术语境来看，使用“职业教育”这一叫法的研究也相对较少。现实语境下，“职业教育”、“职业技术教育”几乎通用。鉴于此，本书作为一本学术著作，采用1986年《中华人民共和国职业教育法》的术语，沿用“职业教育”这一名称。

何谓职业教育？现有研究主要从以下两种角度进行阐释。从广义角度来看，职业教育是指所有的教育与培训都以职业为导向，具有职业性特征的教育。《教育大辞典》将职业教育界定为“普通教育中的职业教育和包括职前和职后的各种职业和技术教育的总体称谓，偏重理论的应用和实践技能、实际工作能力的培养”。现有文献中梳理出的具有代表性的职业教育的定义如表1-1所示。总体上，广义角度下职业教育的范围较广，面向市场需求的相关技能教育均可纳入职业教育的范畴。

表1-1　广义角度下职业教育的代表性定义

作者	年份	定义
梁忠义	1985	职业教育是一种社会活动，具有一定的目的性和意识性，以一定水平的教育为基础，开展技能技巧的教育，让被培养者能够适应社会发展需要

续表1-1

作者	年份	定义
吕育康	2001	职业教育是以受教育者从事的职业为核心，根据其职业需要进行的职业准备教育或职业后教育
刘春生、徐长发	2005	职业教育是以一定的普通教育为基础，为让就业者适应职业或岗位的技能需要而开展的与职业知识相关的职业前教育和后教育
白永红	2011	以满足经济社会发展、人的全面发展为目的的一切教育均归为职业教育

从狭义角度来看，职业教育的内涵更强调教育的目的与内容，具有代表性的概念如表 1-2 所示。狭义职业教育是功能性教育，以培养相关人员适应岗位、职业发展所需而开展的技能知识、职业精神的教育。

表 1-2　狭义角度下职业教育的代表性定义

作者	年份	定义
郭齐家	1995	职业教育是为学生开展的职业或生产劳动所需技能知识的教育
纪芝信、汤海淘（1997）	1997	职业教育是为让相关人员适应职业需要而开展的与专业知识、技能、职业道德相关的教育
李守福	2002	职业教育是将职业基础理论知识传授给受教育者，让其掌握职业技术、技能、职业精神的教育
欧阳河	2003	职业教育是一种教育服务，这种服务是为了让相关人员更好地适应职业、岗位所需而开展的增强技能知识的教育
王清连、张社字	2008	职业教育是培育技术人员并让其获得某些资格的教育
辞海编辑委员会	2014	职业教育是为学生或在职人员提供工作所需的知识、技能、态度的教育

资料来源：笔者整理而得。

目前职业教育概念较为丰富，本书对职业教育的界定应注意综合吸收借鉴广义和狭义职业教育两方面的内涵，同时应具有一定的权威性和认可度。因此，本书关于职业教育的概念定义采用《中华人民共和国职业教育法》中的界定，即：职业教育是以培养高素质技术人才为目的，使受教育者具备从事特定职业或事业所必需的职业道德、科学文化和专业知识、技术技能等综合职业素质和工作技能的教育，包括职业教育与培训。

2. 经济高质量发展

“经济高质量发展”一经提出就成为学界研究的热点。关于经济高质量发展的概念界定在历史发展维度上呈现出国外、国内两条研究主线。从国外文献来看，卡马耶夫（1983）、Barro（2002）、维诺德·托马斯和王燕（2001）等分别赋予经济高质量发展不同维度的解释，如生产过程中的要素变动、收入分配、社会环境等。从国内文献来看，学者们对“经济高质量发展”这一概念的界定进行了丰富的探索，其中，较具代表性的有王珺（2017）、刘志彪（2018）、金碚（2018）等的研究，如表 1-3 所示。总体上，国内学者对经济高质量发展的概念界定具有如下共同特点：第一，普遍认为经济高质量发展已经超越了经济范畴，还应涵盖社会、生态、民生、文化等内涵；第二，经济高质量发展要贯彻“创新、协调、绿色、开放、共享”的新发展理念，从五大发展理念出发理解经济高质量发展更为科学准确。为此，笔者认为经济高质量发展包括了五大方面内容——创新发展、协调发展、绿色发展、开放发展、共享发展。

表 1-3　经济高质量发展概念内涵的代表性文献总结

作者	年份	代表性概念
王珺	2017	从现实角度认为经济高质量发展旨在解决发展过程中不平衡、不充分问题
胡敏	2018	高质量发展应包括经济、生态文明、民生保障等维度
刘志彪	2018	从指标构建角度提出经济高质量发展需要发展环境和发展基础，应增加文化、民生、社会、生态等功能
任保平、李禹墨	2018	高质量发展是摒弃了过往完全追求数量型经济的观点，认为应着重把握创新理念，将科学发展模式融入高度稳定发展的经济模式，促进经济向中高端结构迈进，同时还应关注改革开放、城乡建设、人民生活、生态环境等维度
金碚	2018	从供给侧结构性改革出发，将经济高质量发展界定为可持续发展的新形态，表现为“稳中求”“人民共享”等特点

续表1-3

作者	年份	代表性概念
陈昌兵	2018	经济高质量发展变革要以质量第一、效益优先、供给侧结构性改革为主线任务，实现我国创新和竞争能力质的飞跃
马茹等	2019	经济高质量发展应具有优质高效供给体系，以高质量需求为主要动力，更有效率、可持续性、稳定性、安全性
苏永伟和陈池波	2019	经济高质量发展包括结构优化、质量效益提升、动能转换、风险防范、绿色低碳、民生改革等内容
聂长飞和简新华	2020	将高质量发展界定为“四高一好”，即产品和服务质量高、经济效益高、社会效益高、生态效益高和经济运行状态好
陈景华、陈姚、陈敏敏	2020	经济高质量发展是具备创新性、协调性、可持续性、开放性、共享性的发展
张侠和许启发	2021	经济高质量的内涵应从经济动力、效率创新、绿色发展、美好生活、和谐社会五个方面来理解
张秀、张耀峰、张志刚	2024	经济高质量发展就是创新发展、协调发展、绿色发展、开放发展、共享发展

资料来源：笔者整理而得。

（二）研究方法

1. 文献调查法

在全面搜集国内外技能人才培养发展、经济高质量发展、职业教育等领域权威研究文献的基础上，对文献进行归纳整理、分析鉴别、吸收借鉴，形成本书经济高质量发展背景下技能人才培养发展的“广东模式”研究的理论思路、研究框架和研究方法，为高质量完成本书的撰写奠定坚实的研究文献基础并提供理论支撑。

2. 计量回归法

首先，本书采用核密度估计、泰尔指数、莫兰指数、σ 收敛模型、方差分解等方法分析广东省、省内四大区域和 21 个地级市技能人才培养发展与经济高质量发展的动态演化、空间自相关等特点。

其次，运用耦合协调度模型定量分析2015—2022年广东技能人才培养发展系统与经济高质量发展系统间的动态适配关系，并利用灰色预测模型GM(1，1）预测2023—2032年广东省、省内四大区域、21个地级市技能人才培养发展系统与经济高质量发展系统耦合协调度发展趋势。

最后，运用静态面板固定效应模型、随机效应模型、面板门槛效应模型等计量方法实证检验广东技能人才培养规模、质量对经济高质量发展的作用机制与影响效应。

3. 比较分析法

本书采用比较分析法进行数据指标对比分析。在时间维度上，对2015—2022年广东技能人才培养发展的规模、质量、结构等指标进行纵向对比，力图发现和分析广东技能人才培养发展的变化和特点；在省际维度上，将广东与其他30个省、自治区、直辖市的技能人才培养发展的规模、质量、结构等指标进行多维度对比，透视广东技能人才培养发展的特色与存在的问题，形成对比和借鉴。

4. 统计描述法

基于《广东统计年鉴》《中国统计年鉴》等统计数据，通过图表或数学方法，对广东技能人才培养发展数据资料进行整理、分析，并对数据的分布状态、数字特征和主要影响因素之间的关系进行分析和描述。

5. 深度访谈法

笔者围绕研究主题，设计关于广东省及21个地级市技能人才培养发展的访谈提纲，通过结构化、非结构化访谈等方式对政府主管部门（如人力资源与社会保障局、教育局、国有资产监督管理委员会、国家发展和改革委员会等）相关人员及企业人员、职业院校教师和学生等群体进行深度访谈和焦点小组座谈，全面掌握广东省及21个地级市技能人才培养发展的现状、存在的难点及政策诉求，为形成本书的主要研究结论提供更深层次、更丰富的资料信息材料支持。

四、研究的创新点

（一）可能的理论创新点

一是增加对于省级层面技能人才培养发展与经济高质量发展二者关系的实证分析案例，对现有研究进行有益补充。本书运用耦合协调度模型定量分析2015—2022年广东技能人才培养发展系统与经济高质量发展系统间的动态适配关系，并分别从广东省、省内四大区域、21个地级市三个层面深入剖析两个系统的耦合协调度发展状况和水平，定位广东技能人才培养发展与经济高质量发展的适配关系，并运用灰色预测模型GM(1，1）预测了2023—2032年广东省、省内四大区域、21个地级市技能人才培养发展系统与经济高质量发展系统耦合协调度发展趋势，这是对现有技能人才培养发展与经济高质量发展关系研究的补充，为探索二者关系提供了新的证据。

二是使用多种计量方法定量测度广东技能人才培养发展规模、质量对经济高质量发展的作用机制和水平，丰富了现有研究结论。为进一步从广东省层面探讨技能人才培养发展与经济高质量发展的影响机制，本书在借鉴现有研究成果的基础上，从技能人才培养发展的规模、质量两方面入手，运用静态面板固定效应模型、随机效应模型、面板门槛效应模型等计量方法实证检验了技能人才培养发展规模、质量对经济高质量发展的作用机制与影响效应，基于省级层面数据开展实证分析，丰富了现有研究结论。

三是综合多维度、多层次分析方法提炼广东技能人才培养发展体系特点与趋势，实现集成创新。本书从政策层面、行业层面、学校层面、教学层面、学生层面，采用时间演变维度、省际对比维度挖掘广东技能人才培养体系的特点与亮点，并从职业学校类型、专业设置、教师配备、校企合作等方面总结梳理广东技能人才培养体系在落实国家政策新要求，匹配广东产业发展趋势上存在的难点、堵点。针对存在的问题，基于扬长避短的原则，从发展目标、革新思路、重点路径等方面提出了优化广东技能人才培养体系的对策建议。上述分析框架是按照技能人才培养体系多维度、多层次立体搭建广东技能人才培养体系的“特点、水平、难点、对策”结构，是对现有技能人才培养发展相关研究的一种集成应用，实现了集成创新。

（二）可能的应用价值

首先，本书关于广东技能人才培养发展水平的测度结果，对于广东省正确评估目前技能人才培养发展的现实情况具有重要的借鉴意义。由于技能人才培养发展的官方数据相对缺乏，多数的数据并未公布，因此，现有评估广东省及21个地级市技能人才培养发展状况的定量研究相对匮乏。本书关于广东省及21个地级市技能人才培养发展水平的测算结果能够为广东省科学正确掌握技能人才培养发展状况提供一定借鉴。

其次，本书关于技能人才培养发展与经济高质量发展关系的定量研究结果，为广东省出台鼓励发展技能人才队伍的政策举措提供了坚实的数据支撑。随着我国经济进入新常态，经济发展由高速增长阶段转向高质量发展阶段，各省财政压力不断增大。如何在有限财政约束下最大限度提高经济高质量发展水平是值得研究的重要命题之一。本书基于广东省数据实证分析技能人才培养发展与经济高质量发展相关关系的结论，为广东省出台鼓励发展新时代技能人才队伍助力经济高质量发展的政策举措夯实了研究基础。

最后，本书关于整体推进广东技能人才培养提质培优、增值赋能、打造技能人才培养发展“广东模式”的相关结论，为广东省优化技能人才队伍提供了可资借鉴的对策建议。同时，为高质量、高效率匹配“十四五”时期广东产业数字化、智能化发展所需的定制化、复合型技术技能人才培养提供了具有参考价值的研究支撑。

第二章　理论基础与文献综述

一、理论基础

（一）人力资本理论

1. 人力资本理论的演化发展

关于“人力资本”这一概念的研究最早源自经济学，威廉·配第（William Petty）利用资产的评估方法来评估人力资本的经济价值，侧重于强调劳动的价值与财富。亚当·斯密（Adam Smith）是首先提出人力资本概念的学者，他从经济学领域开启了人力资本的探索，认为在受教育者身上投入的资本会逐步转化为其自身的技能，这些技能对受教育者和整个社会而言都是具有价值的财富。让·巴蒂斯特·萨伊（Jean-Baptiste Say）则认为人们通过学习获得的能力以及所付出的成本也应该归属于资本的一部分。人刚出生时并不具备必需的劳动技能，这种劳动能力的获得是通过付出金钱、时间等成本而获得的，这部分成本应被看作生产投入的一项资本。（王亚南，1979）对人力资本理论研究具有突出贡献的学者还包括里昂·瓦尔拉斯（Léon Walras）、欧文·费尔希（Irving Fisher）、阿尔弗雷德·马歇尔（Alfred Marshall）等。里昂·瓦尔拉斯自创资本与收入的二分法，把劳动、资本、土地归纳为资本、土地资本、人力资本，其中劳动服务或产生的工资收入纳入人力资本范畴中，拓展了资本的内涵，极大地推动了人力资本理论的发展（瓦尔拉斯，1989）。欧文·费尔希在里昂·瓦尔拉斯的基础上，明确提出资本包括了人力部分，他认为健康也是一种人力资本。阿尔弗雷德·马歇尔与里昂·瓦尔拉斯、欧文·费尔希不同，他重点阐述了人力资本投资，工人的知识技能无论从何而来，都归属于其自己的资产，这种资产能够有效提升公认的能力水平进而推动生产效率的提高，人力资本是资本中最有价值的部分；同时，他还提出了教育对于改善人力资本的作用，这也推动了人力资本理论的发展（马歇尔，1981）。

20世纪50年代末，西奥多·W. 舒尔茨（Theodore. W. Shultz）、雅各布·明瑟尔（Jacob Mincer）、加里·S. 贝克尔（Gary S. Becker）等从不同的角度对现代人力资本理论的发展框架做出了重要贡献（张凤林，2011）。其中，西奥多·W. 舒尔茨的贡献最为突出。他被称为“人力资本之父”，是首位系统阐述人力资本并将其拓展为一门全新研究领域的学者。在西奥多·W. 舒尔茨的研究中，他提出了开展人力资本投资的五大途径，分别是医疗与保健、职业培训、正规教育投资、技术培训、迁徙，并度量了教育投资回报和教育对经济增长的影响（舒尔茨，1990）。雅各布·明瑟尔则建立了“明瑟利润”理论，主要用于衡量人才回报率。加里·S. 贝克尔则是将人力资本理论沿用至微观经济学中，大力推广了“人力资本”的概念。加里·S. 贝克尔把人力资本视为一种以人力投资为主的资产，同时，将教育支出、健康支出、职工流动支出等要素纳入人力资本概念之中，定义了人力资本投资回报率计算公式，定量分析了人才的回报率和投资量变化规律。综上所述，现代人力资本理论出现后，资本形式不再只局限于物质资本，还进一步拓展到了“人”在经济中的价值，尤其是明确了教育投资在人力资本中的重要作用。

2. 人力资本理论的核心思想

首先，人力因素是影响生产增长的重要因素之一，是具备一定经济价值的投入。西奥多·W. 舒尔茨分别从人力资本的量和质两方面论述了人力资本的作用。在量上，人力资本涵盖了劳动者的规模、劳动的时间、劳动者结构等；在质上，凡是能够改善劳动者工作能力的因素都属于人力资本范畴，如劳动者技能提升、技能熟练程度等。从战后发达国家与不发达国家的经济发展差异来看，人力资本在现代经济中的作用日益突出，良好的教育、敬业精神等都能够提升劳动者素质，进而促进经济增长。

其次，人力资本是附着于人自身的资本。与金融、资本等实物资本不同，人力资本无法独立于人而存在。因此，它不属于一种能够出售的可转让资产，不能作为一种资产被独立投资，人力资本与人无法分割，具有特有性，其所有权不能转让也不能继承和买卖。

最后，人力资本能由投资的方式产生。人力资本理论提出，可以通过增加人的资源影响未来的货币、心理收入。一般人力资本投资包括五种方式：一是通过影响人体寿命、健康、精力等方面的医疗与保健支出来改善人力资本；二是由企业开展员工技能培训提高心理收入；三是以教育的方式提高人力资本；

四是家庭通过迁徙获得更多就业机会；五是由非企业机构提供技能培训。西奥多·W. 舒尔茨特别强调了教育对于人力资本的促进作用。

总的来看，人力资本理论强调了人力资本在经济和社会发展中的重要作用。相较于其他的物质资本，人力资本的作用要更大，是所有影响经济和社会的发展因素中最为重要的一种。因此，有必要通过提升劳动力质量来推动经济和社会的发展，教育则是提升劳动力质量的关键一环。换言之，教育是把劳动力质量转化为生产率的推动力和重要途径。归纳起来，第一，人作为促进经济和社会发展的最关键因素之一，只有在接受了专门的教育之后，才能展现出专业的职业能力和素养，进而有效提升社会劳动效率和质量；劳动力的教育成本是人力资本，劳动力质量和效率的提高也是人力资本的提升。第二，与其他影响经济和社会发展的因素相比，人的重要性和所能发挥的主观能动性要大得多。因此，资金应主要投入到人的身上，以实现素质、技能的发展和提升。第三，人力资本的中心思想是通过教育提高劳动者的素质和技能，为此，职业教育的投资就成为提升劳动力技能的重要投资，它将产生强大的经济效益。

（二）教育经济学理论

教育经济学是教育学与经济学的交叉学科，以研究教育与经济的关系、教育领域的经济现象等主题为主。从现有教育经济学发展来看，该学科领域相关研究主要在教育资源的投入产出、教育对经济增长的影响、经济增长对教育的反作用等方面开展了深入的探索。

1. 教育经济学的沿革

教育经济学起源于20世纪20年代的苏联，而后在西奥多·W. 舒尔茨的人力资本理论基础上发展而成。20世纪70年代，西方经济危机的爆发使人力资本理论备受质疑，这时涌现出不同的理论流派。教育经济学则在这一时期获得快速发展，由发达国家传播至发展中国家，相关研究著作、论文被大量学习借鉴。由于人力资本理论在西方经济危机中丧失解释力，遂先后出现了劳动力市场分割理论、社会化理论、筛选假设理论等。1972年，迈克尔·斯宾塞（Michael Spence）论述了教育作为就业市场上重要生产力的信号是如何传播的，其筛选假设理论明确了教育通过对社会人力资源的合理配置这一路径促进经济增长。1976年，萨缪·鲍尔斯（Samuel Bowles）和赫伯特·金迪斯（Herbert Gintis）在《资本主义美国的学校教育：教育改革与经济生活的矛盾》

一文中提出了教育的社会功能是教育的经济价值来源，为社会化理论的发展奠定了基础。总的来看，随着劳动力市场的不断发展，教育经济学深入探索了教育对经济发展的长足作用，也产生了社会资本理论、教育产权理论等众多理论，推动了教育经济学的发展。

2. 教育经济学的研究方法

教育经济学较多采用经济学计量方法分析教育与经济的关系问题。具体而言，包括规范分析与实证分析。规范分析是一种演绎分析方法，实证分析则是通过假设利用数据进行定量模型求证，侧重于分析效率、作用机制等问题。此外，教育经济学还采用了统计学、信息论、运筹学、控制论等研究方法，系统分析和预测教育与经济的关系。

（三）新经济增长理论

1. 新经济增长理论的缘起与发展

20世纪80年代中后期，学术界关于新经济增长理论的研究探索获得重大突破和迅猛发展。因这一时期古典经济增长理论无法解释两大社会现象：一是不同国家的长期可持续的经济增长问题。古典经济学认为人均产出的增长应服从边际效应递减的规律。然而，现实中不同国家的数据显示人均产出的增长却是递增的。二是各国间人均收入的差异问题。古典经济学认为无论是发达国家还是发展中国家，其经济增长率应该逐渐趋同。然而现实却是发达国家与发展中国家收入差异逐渐拉大。新经济增长理论针对上述两大解释难题提出了自己的观点，以罗默（Romer）、卢卡斯（Lucas）为代表的经济学家开创了新经济增长理论。他们从内生技术变化角度研究经济增长发展，探讨了经济长期增长的可能性，引起了大量学者的关注与跟随研究。

2. 新经济增长理论的观点

新经济增长理论的关键内容在于将知识积累、技术创新、人力资本等内生技术变化因素引入经济增长模型，得出“要素收益可以递增”的假设，也就是说资本收益率可以不遵守边际效用递减的原则而保持不断增长，人均产出也可以逐渐递增。新经济增长理论有五类研究思路，即分别从内生技术变化的增长、知识外溢与边干边学、线性技术内生增长、开放经济中的内生增长、专业

化和劳动分工的内生增长来展开研究。最具代表性的是内生技术变化的增长思路、知识外溢与边干边学增长思路，其对研究人力资本对经济增长的作用具有划时代意义。下面将重点介绍罗默的经济增长理论与卢卡斯的经济增长理论。

罗默的经济增长理论的研究思路是将技术进步作为完全内生变量，从理论模型建构的层面，将技术或新思想作为独立变量引入经济增长模型中。鉴于技术、新思想是完全不同于物质性投入的存在，它们具有非竞争性，能够让经济增长呈现出规模递增的效应。同时，罗默也指出，新思想的引入能够带来外溢效应，不同国家或地区间能够让新思想相互传播，实现知识在世界范围内的积累，从而提高全球产出水平，让后进国家有赶超的效应。

卢卡斯的经济增长理论引入人力资本作为独立变量放入经济增长模型，是在索罗经济增长模型（Solow Growth Model，外生经济增长模型）基础上增加"人力资本"这一变量，运用微观的分析方法，结合西奥多·W. 舒尔茨的人力资本理论和索罗的技术进步理论来研究人力资本对经济增长作用的一种理论模型。他认为专业的人力资本积累是经济增长的根本动力。因此，人力资本本身作为一种生产投入要素，每个厂商的资本增加导致知识存量的提高，人力资本的知识具有外溢效应，一个厂商的资本积累也会为其他厂商的生产率提高做出贡献。换言之，边干边学，进而提高整个行业生产率，实现生产率递增效应。

因此，本书在探讨经济高质量发展背景下技能人才培养发展的"广东模式"研究中，采用了人力资本理论、新经济增长理论的框架，融合了教育经济学研究思想，将技能人才作为一种人力资本放入经济增长模型中，测算出技能人才培养发展对经济高质量发展的作用机制与影响效应。

二、文献综述

（一）技能人才培养发展阶段

职业教育是培养技能人才的重要方式。借鉴闫广芬和陈沛酉（2019）的观点，按照职业教育发展出现的重大性事件进行划分，我国技能人才培养发展的阶段历程主要经历了以下四个时期。

1. 1917—1949 年的诞生初期

职业教育发端于 1917 年。那一年，黄炎培联合 47 名实业界、政治界、教育界的知名人士共聚上海，成立了中华职业教育社，并发行《教育与职业》杂志，编译出版了《职业教育真义》。职业教育组织和载体的成立标志着职业教育知识体系的初步形成，这是我国近代职业教育的诞生初期。在教育学领域，职业教育比其他教育学分支引进时间更早，社会建制相对完善。从诞生时间来看，教育哲学于 1919 年发端，受到杜威来华讲演的影响而发展起来。比较教育学是 1930 年常导之在《比较教育》中首次提出的概念。相较而言，职业教育不光拥有专属的杂志，还有相对成熟的职业教育体系。1929 年在《大学组织法》《大学规程》颁布后，部分大学、师范院校开设了职业教育系或职业教育科目，使得职业教育正式成为大学教育学中的一个分支。

近代职业教育学发展主要来源于译介与中国化两个渠道，留学归国的职业教育学者编译诸多国外职业教育专著为其中一个途径。1941 年，何清儒撰写了我国第一本职业教育学术专著《职业教育学》后，我国职业教育学科从诞生逐步走向了学科完备化。

2. 1949—1980 年的消沉时期

1949 年新中国成立。在“文化大革命”中，我国的职业教育研究相对停滞，没有形成良好的传承发展，这一时期也是职业教育的消沉时期。因此，本书不再对这一时期的职业教育发展进行总结和赘述。

3. 1980—2004 年的重建时期

改革开放之后，全国科教文卫事业逐渐步入正轨，人文社会科学的学者们开始着手重建各个学科，职业教育学也是在这一时期走上了漫漫重建的道路。20 世纪 80 年代，高奇、刘鉴农、元三、严雪怡、刘春生、王金波等一批在职业教育领域有影响力的学者开始编著职业教育类教材，包括《职业教育概论》（1984）、《职业技术教育学》（1986）、《职业教育概说》（1988）、《中专教育概论》（1988）、《职业技术教育导论》（1989）、《职业技术教育学导论》（1989）等。到了 90 年代，学者们进一步根据教育学的分支学科构建职业教育学，形成了较多类型的学术成果。按照闫广芬和陈沛酉（2019）的统计，比较职业教育 22 本，各级各类职业教育 6 本，农村职业技术教育 5 本，职业教育史、职业教育心理学、职业教育管理学各 4 本，职业教育教师学 3 本，职业教育德育、职业教育评估与评价、职业教育社会学各2本。

重建时期对职业教育发展最具影响力的事件是1983年国务院学位委员会将职业技术教育学列入《高等学校和科研机构授予博士和硕士学位的学科、专业目录（试行草案）》，这标志着职业教育学科知识体系得到官方认可，也为其后续的发展奠定了坚实的制度基础。例如，1983年，华东师范大学成立了专门从事职业技术教育研究的技术教育研究室；1984年，原天津职业技术师范学院开设了职业教育概论课程；等等。

此外，职业教育的各类交流平台也得以逐渐发展。1980年《职业技术教育》杂志创刊，这是新中国成立后的第一个职业教育类学术期刊；1985年《职教通讯》《职教论坛》等杂志创刊，同年中国职业大学教育研究会成立。综上所述，1980—2004年间，职业教育学从学科重建、国家认可、杂志创办等领域逐渐实现了再次建立。

4. 2004年至今的转型发展时期

21世纪初期职业教育发展跌宕起伏，随着教育产业化步伐的推进，中等职业教育的发展遭到了重创，高等职业教育规模同样下降，而高校扩招成为了主流，但毕业生就业难的问题日渐突出。针对这一情况，2000年之后，国家开始加大对职业教育的重视程度。2004年至今，职业教育的发展百花齐放，取得了令人瞩目的成绩。

一是职业教育学的学科建制更为完善。职业教育学的学者们开始反思学科的研究对象、研究范式、理论体系构建等根本问题，较具代表性的是欧阳河的"问题推演法"、姜大源的"职业基准法"、周明星的"范畴生成法"，旨在重塑和推进职业教育学的纵深发展。

二是不同学科的学者投身职业教育学研究，拓展了职业教育学的研究成果。学者们开始以职业教育问题为导向开展学术研究，基于现实问题剖析职业教育学中存在的"泛学科化"倾向。同时，跨界研究趋势明显，管理学、经济学、社会学、法学等学者都关注到职业教育发展，从不同视角探讨了职业教育中存在的现象与问题。

三是职业教育发展取得了明显成效。从研究生发展规模和层次来看，职业教育学呈不断发展趋势。2006年，天津大学获批成为首个"职业技术教育学"博士学位授予点；截至2018年，全国职业技术教育博士点增加至27个，硕士点增至134个。从职业教育研究机构来看，不同类型的学会与学院得以形成。从获批重点学科建设来看，华东师范大学、吉林工程师范学院等的职业技术教育学学科分别被评为省、市重点学科，研究实力持续增强。

立足当下，展望未来。本书认为，职业教育学科发展的方向应按照“立足中国、借鉴西方、挖掘历史、把握当代”的思路，构建具有中国特色哲学社会科学特点的职业教育学，充分体现出职业教育的中国特色、中国话语、中国概念。

（二）经济高质量发展评价相关研究

改革开放40多年来，广东省国内生产总值从1978年的185.85亿元上升至2023年的135673.16亿元，2023年的国内生产总值是1978年的730倍，成为全国迈入13万亿元的两个省份之一。需要注意的是，经济高速增长的背后也伴随着资源利用效率不高、一般产能过剩、高端产能不足、居民收入差距扩大、生态环境恶化等不平衡、不充分的问题。提高经济发展的质量成为今后很长一段时间内广东省经济发展的重要方向。党的十九大报告里明确指出，“我国经济已由高速增长阶段转向高质量发展阶段”，首次提出“高质量发展”这一新概念，并强调加快转变经济增长方式，实现新旧动能转换成为工作中心。《决胜全面建成小康社会夺取新时代中国特色社会主义伟大胜利》同样指出“我国经济已由高速增长阶段转向高质量发展阶段，正处在转变发展方式、优化经济结构、转换增长动力的攻关期”。《中华人民共和国国民经济和社会发展第十四个五年规划和2035年远景目标纲要》中还明确了经济高质量发展要贯彻“创新、协调、绿色、开放、共享”的新发展理念，习近平总书记也强调“高质量发展是‘十四五’乃至更长时期我国经济社会发展的主题，关系我国社会主义现代化建设全局”。由此可见，习近平总书记的重要指示批示以及系列重大政府文件均表明我国经济开始逐步步入质量优先的新阶段，高质量发展的重要性日益突显；同时还需注意，经济高质量发展区别于以往的经济增长，内涵更为广阔，不仅包含了经济效益，还包括了社会效益、生态效益等。

纵观现有关于经济高质量发展的文献，主要集中于以下三大方面的探索。

一是经济高质量发展的概念内涵。此部分内容在第一章的核心概念里做了详细描述，此处不再赘述。

二是经济高质量发展指标体系的构建。从国外相关研究进展来看，主要有四大代表性的评价指标体系。美国的“新经济”现象评估，包括全球化、知识型就业、数字化转型、活力与竞争、创新基础设施等内容。荷兰的“绿色增长”评价指标体系，涵盖了经济机遇、生活环境、自然资产、环境生产率和政策回应等维度。欧盟的可持续发展战略理念，从经济繁荣、有效资源监管、充分保护环境、社会和谐的维度构建经济高质量发展指标体系。德国的福利测度，聚焦消费支出、收入差距、福利增减、环境破坏、社会公平等方面。国外关于经济发展质量的测量，为构建经济高质量发展指标提供了坚实的理论基础和有益的借鉴。

从国内研究进展来看，经济高质量发展的指标体系由狭义的单一指标和广义的多维度指标构成。其中，狭义的单一指标包括劳动生产率、全要素生产率、增加值率等，如表2-1所示。使用单一指标衡量经济高质量发展虽然在实证研究上取得了一定的进展，但是其在代表性、合理性、全面性等方面都存在着明显的局限性，无法综合揭示某一地区经济增长质量水平的全景。

表2-1　经济高质量发展的狭义单一指标代表文献总结

单一指标	代表性人物
劳动生产率	钞小静和任保平（2008）、沈利生（2009）、张少华和蒋伟杰（2014）、陈诗一和陈登科（2018）
全要素生产率	Solow（1956）、Jorgenson 和 Griliches（1967）、景光正等（2017）、梁本哲和王占岐（2018）、许泽华等（2021）
增加值率	颜鹏飞和李酣（2014）、范金等（2017）

资料来源：笔者整理而得。

通过广义的多维度指标测量经济高质量发展是近年来的热点之一，这些测度指标较为丰富，各有特色，有效优化了狭义单一指标测量的局限性，其代表性研究如表2-2所示。总体而言，指标体系的构建与经济高质量发展内涵息息相关，不同的经济高质量发展概念衍生出不同的指标体系，不仅强调经济效益，还更关注社会效益、生态效益等。本书认为依据"五大发展理念"思路构建经济高质量发展指标体系更具有现实意义和理论意义，因此，本书采用这一方式构建经济高质量发展指标。

表2-2　经济高质量发展的广义多维度指标代表文献总结

作者	年份	代表性概念
任保平和李禹墨等	2018	六个维度：经济增长结构、经济效率、经济增长稳定性、经济增长生态环境代价、经济增长福利分配以及国民经济素质

续表2-2

作者	年份	代表性概念
魏敏和李书昊	2018	十个维度：创新驱动发展、经济结构优化、资源高效配置、经济增长稳定、市场机制完善、区域协调共享、基础设施完善、产品服务优质、经济成果惠民、生态文明建设
张震和刘雪梦	2019	七个维度：经济发展动力、经济发展协调性、交通信息基础设施建设、绿色发展、新型产业结构、经济发展开放性、经济发展共享性
师博和任保平	2018	两个维度：经济增长基本面、社会成果
陈晓雪和时大红；程翔等；张秀等	2019，2020，2024	五个维度：创新、协调、绿色、开放、共享
刘和东和刘童	2020	三个维度：经济结构、经济总量、经济效益
魏振香和史相国	2021	三个维度：经济质量、文化水平、社会发展
金昌东等	2021	四个维度：经济发展、协调发展、绿色创新、民生福利
张建威和黄茂兴	2021	五个维度：高质量供给、高质量需求、经济运行、发展效率、对外开放
章立东和李奥	2021	四个维度：动力升级指数、社会进步指数、生态和谐指数、经济基本盘指数

资料来源：笔者整理而得。

三是经济高质量发展的测量方法。目前用于经济高质量指标体系计算的方法包括了主观测算法，如主观赋权法（张震 和 刘雪梦，2019）、等权重赋值法（师博 和 任保平，2018）等，还有客观测算法，如主成分分析法（任保平 和 李禹墨 等，2018；章立东 和 李奥，2021）、熵权 TOPSIS 法（魏敏 和 李书昊，2018；刘和东 和 刘童，2020；金昌东 等，2021；张建威 和 黄茂兴，2021）、Index-DEA 和熵值法相结合（魏振香 和 史相国，2021）等。

综上可知，国内外关于经济高质量发展的研究已然较为丰富，但仍存在如下值得进一步探索的地方：第一，对经济高质量发展的概念内涵并未达成共识，虽然学者们分别将经济领域、社会领域、民生领域、生态领域的含义等纳

入其中，但仍没有完全正确理解经济高质量发展内涵。第二，现有文献开展经济高质量发展测量评价时多从“增长”的视角来解释经济成效的品质优劣，而较为忽视从“发展”的视角来反映经济成效的质量等级。本书认为，较之增长，发展的内涵更为丰富、宽泛。第三，从数据层级来看，多数学者现集中于以我国省级层面数据为主要分析对象，这可能是与数据可得性、可比性等相关，较为缺乏从市级层面开展研究的文献。第四，从数据分析方法来看，现有研究侧重于采用熵值法进行赋权。熵值法作为一种客观赋权法能够避免主观性，但是其权重完全受数据本身影响，存在与现实贴合度不够紧密的问题。

基于此，本书拟从五大发展理念构建经济高质量发展指标体系，运用组合赋权法确定指标权重，进而实现对广东省及21个地级市经济高质量发展指数的科学测度。在此基础上，进一步运用高斯核密度估计对经济高质量发展指数的动态演进进行分析，运用泰尔指数对经济高质量发展指数的区域差异进行分析，运用莫兰指数和莫兰散点图对经济高质量发展指数的空间相关性进行研究，运用 σ 收敛模型对经济高质量发展指数的收敛性进行检验；并将经济增长数量与高质量发展指数综合起来，对二者的关系进行分析，力求对广东省及21个地级市经济高质量发展有更为全面准确的把握。

（三）技能人才培养发展水平相关研究

随着广东省坚持“实体经济为本、制造业当家”，实施“大产业、大平台、大项目、大企业、大环境”五大提升行动，人力资源市场上对精通数字化、网络化、智能化技术的技能人才需求旺盛。职业教育是技能人才培养的摇篮和主力军，其发展也从追求数量向高质量发展快速转型。自党的十四大提出“优先发展教育战略”以来，我国已经发展成为全球职业教育规模最大的国家。进入新发展阶段，为培养出广东省产业转型升级所需的技能人才，职业教育逐步向内涵发展、质量提升、特色追求转型。2022年5月《职业教育法》颁布，其明确指出“为了推动职业教育高质量发展……制定本法”。然而，目前广东省技能人才培养发展状况如何？是达到了高质量发展水平还是与高质量发展仍存在一定差距？主要的短板集中在哪些地方？下一步提高技能人才质量的方向和路径在哪里？这些都是值得研究探索的问题，也是本书需要解答的问题。

鉴于目前关于技能人才的研究主要从职业教育的视角入手，使用职业教育相关数据作为代理变量，因此，本部分关于技能人才发展水平相关研究的论述，主要在于归纳、梳理和评价职业教育发展水平的相关文献。当前职业教育领域内研究技能人才培养发展水平的研究较为丰富，主要涉及两个方面内容：理论探索和实证测度。

一是从职业教育领域开展的技能人才培养发展水平研究理论探索。具有代表性的研究成果如表2-3所示，蔡瑞林和李玉倩（2020）从产教融合的角度来研究职业教育成效；王学和刘艳（2021）从职业胜任维度来分析职业教育精神；朱德全和杨磊（2022）从职业本科教育分析人才发展；朱德全和沈家乐（2022）关注1+X证书制度对职业教育高质量发展的影响。总的来看，不同的学者从职业教育不同维度深入分析了技能人才培养发展的成效，为本书的研究奠定了理论基础并拓展了研究视野。

表2-3　技能人才培养发展的理论探索代表性文献总结

作者	年份	代表性研究
蔡瑞林、李玉倩	2020	聚焦产教融合的深度发展研究职业教育成效
王学、刘艳	2021	聚焦职业胜任维度探索职业精神
朱德全、杨磊	2022	聚焦职业本科教育探索技能人才培养发展
朱德全、沈家乐	2022	聚焦1+X证书制度探讨职业教育高质量发展

资料来源：笔者整理而得。

二是从职业教育维度开展的技能人才培养发展水平研究实证测度。从国外来看，经济合作与发展组织发布的《教育概览2013：OECD指标》，联合国教科文组织设计的“职业教育与培训质量评估指标体系”，以及欧盟开发的“职业教育与培训质量评估指标体系”等关于技能人才培养发展的研究为国内相关研究提供了一定借鉴。从国内研究来看，关于技能人才培养发展的研究成果较为丰富，具有代表性的研究如表2-4所示。安蓉和张晗莹（2022年）基于2014和2019年全国31个省（市、自治区）面板数据，分析中等职业教育发展水平，认为中国中职教育综合发展水平总体向好。赵瑛琦和张力跃（2022）分析了全国职业教育发展水平，结果显示，中等职业教育发展中存在着经费不足、招生不足等问题。杨丽雪和蔡文伯（2021）从办学规模、师资力量、教学条件、经费投入、培养效果五个维度构建中等职业教育发展指标，测算了2007—2018年我国省域中等职业教育发展水平，其研究结果指出，我国中等职业教育发展水平区域差异有所缩小，呈现出马太效应。林克松（2018）从结构协调、经费收支、教学条件、师资力量、培养成效五个方面构建中等职业教育发展指数，测算了 2014 年全国 31 个省份中职发展水平，其研究发现与杨丽雪和蔡文伯（2021）相同。总体而言，国内外研究机构和学者都尝试从不同的角度构建技能人才培养发展评价指标体系，虽然稍有差异，但是从现有结论来看，都证实了技能人才培养发展水平持续走高、各区域间差异在缩小的趋势。

表 2-4　技能人才培养发展水平实证测度代表性文献总结

作者	年份	代表性概念
杨东平、周金燕	2003	教育公平指标体系
翟博	2007	教育均衡指数
王善迈	2008	教育公平评价指标体系
陈衍、李玉静等	2009	职业教育国际竞争力综合评价指数，从职业教育结构、职业教育规模、职业教育质量、职业教育效益、职业教育机会、职业教育投入六个维度构建
马树超	2011	中等职业教育发展评价指标体系
王良	2016	中等职业教育发展评价指标体系，从办学规模、普职结构、资源条件、师资队伍、经费投入五个维度构建
荣长海、高文杰等	2016	高等职业院校教育质量评价指标体系，从社会声望、办学成效、人才培养、社会服务、基础建设、国际交流六个方面构建
林克松	2018	中等职业教育发展指数，从结构协调、经费收支、教学条件、师资力量、培养成效五个维度构建
杨丽雪、蔡文伯	2021	中等职业教育发展指标体系，从办学规模、师资力量、教学条件、经费投入、培养效果五个维度构建
安蓉、张晗莹	2022	从教育结构、教育投入、教育条件、教育质量四个维度构建了中等职业教育发展指标体系
赵瑛琦、张力跃	2022	从综合水平、人力支撑、办学实力三个维度构建中等职业教育评价指标
朱德全、彭洪莉	2023	基于创新、协调、绿色、开放、共享新发展理念，构建职业教育高质量发展指数

资料来源：笔者整理而得。

（四）技能人才培养发展与经济高质量发展的关系研究

党的十九大报告中首次作出“我国经济已由高速增长阶段转向高质量发展阶段”的重要论断，从人力资源理论出发，经济高质量发展势必以高质量的人力资本作为支撑，尤其是实践操作能力强的技能人才的支撑。广东是制造业大省，实施制造业当家战略，以实体经济作为立省之本、强省之基，中高端制造业发展更是亟需复合型高素质技能人才。虽然职业教育的快速发展已经加速技能人才在数量和质量上的提高，但是依然存在着高素质技能人才紧缺短缺、区域差异较大等问题。因此，研究技能人才培养发展与经济高质量发展的关系具有重要的现实意义。纵观现有技能人才培养发展与经济发展关系的研究，主要从以下两个思路展开。

1. 实证分析技能人才培养发展与经济发展的耦合协调关系

这一方面主要的研究成果如下：祁占勇和王志远（2020）以 1978—2018 年时间序列为依据，研究经济发展与职业教育的耦合关系，其研究结果表明，经济发展与职业教育存在单向耦合关系，职业教育促进了经济发展，并不存在双向生成的动态平衡关系。蔡文伯和甘雪岩（2021）基于 2010—2018 年全国 31 个省份面板数据，研究中等职业教育与经济发展的耦合互动关系，结果表明，二者耦合协调度逐步上升、呈现出平稳上升和快速上升两个阶段，由拮抗磨合状态转变为协调互动状态，省际耦合协调差异明显。潘海生和翁幸（2021）测算了 2006—2018 年全国高等职业教育与经济社会发展的耦合关系，结果指出，耦合协调度逐步向好，耦合协调类型由高职教育发展滞后型向发展超前型转变，由东部优于中部、西部向中部优于东部、西部转变。孙凤芝等（2023）利用 2014—2022 年全国 31 个省份面板数据，研究了职业教育规模与经济发展的耦合协调关系，结果指出，两个系统耦合度和协调度均稳定增长，耦合协调度处于中低等级，空间布局呈现由东向西的递减态势。综上可知，目前学界对于技能人才培养发展与经济发展的耦合关系尚未形成共识。不同的学者通过不同的数据实证分析二者关系时，存在两种结论：一是只存在单向耦合关系，职业教育促进了经济发展；二是职业教育与经济发展存在耦合协调关系，处于中低水平，东部优于中西部。因此，本书认为有必要继续深入探讨技能人才培养发展与经济高质量发展的关系，补充现有的研究成果。

2. 实证分析技能人才培养发展不同维度对经济发展的作用机制与水平

现有研究通过不同的计量方法和不同时期不同区域的面板数据检验技能人才培养发展不同维度与经济发展的关系，形成了两类存在差异的结论：

一是技能人才培养发展促进了经济发展。王伟和孙芳城（2017）基于我国2003—2014年31个省份面板数据，检验职业教育规模和质量对经济增长的影响，结果指出，职业教育规模和质量对经济增长具有正向作用，东部作用最为显著，其次是西部，最后是中部地区。王奕俊和赵晋（2017）利用2002—2023年省际面板数据，采用GMM估计方法分析我国职业教育的绝对规模及其占教育总体的相对规模对经济增长的影响，研究发现，全国范围内，扩大职业教育规模对经济发展具有促进作用，东、中、西部均呈现一致结论；而职业教育规模占教育总体规模的结构比例对经济增长的影响呈现倒“U”形特征，分区域来看，东部呈现倒“U”形特征，中部和西部呈现“U”形特征。赵红霞和朱惠（2021）基于2005—2019年省际面板数据以产业结构升级为门槛变量，检验了教育人力资源结构高级化对经济增长的门槛效应，研究表明，教育人力资源结构高级化对经济增长具有正向作用，但其作用大小受到产业结构升级的影响；2013年后，第三产业超过第二产业，使得教育人力资源结构高级化对经济增长的产业结构升级门槛效应激活；中西部地区的作用强于东部地区。赵庆年和刘克（2022）利用2005—2019年31个省区的面板数据，分析高等教育规模、层次结构、类型结构和质量要素对经济发展的效应，结果发现，在全国层面上，高等教育规模对经济增长的影响存在层次结构、质量要素的门槛效应；同时，高等教育层次结构和质量要素对经济增长的影响存在规模要素的门槛效应，且存在着明显的区域抑制性，规模要素促进类型结构要素对经济增长的正向作用自东向西呈倒“U”形分布，规模要素促进层次结构和质量要素对经济净增长的影响自东向西呈“U”形分布。黄海刚等（2023）以2000—2019中国31个省份面板数据为依托，检验了高等教育对经济高质量发展的作用，结果指出，高等教育对经济高质量发展具有促进作用；这种促进作用存在区域异质性，西部地区的影响大于中部地区、东部地区。刘卓瑶和马浚峰（2023）结合2001—2020年省际面板数据，构建双向固定效应模型估计人口流动、区域高等教育资源配置对经济高质量发展的影响，结果显示，当人口净流入态势加快时，区域高等教育资源配置水平的提高将重塑空间格局，东部地区具有更强的人力资本外部性；区域高等教育资源配置水平的提高促进了经济高质量发展，其空间溢出效应将带动弱势地区向高值地区收敛。桑倩倩等（2023）在构建2003—2019年中国256个地级市的经济高质量发展指标体系后，从“规模和结构”视角研究我国教育财政投入对经济高质量发展的影响，结果指出，教育财政投入规模增加显著推动了经济高质量发展，县乡教育财政投入比市辖区的促进作用更明显；教育财政投入主要通过创新、共享、绿色、发展促进经济高质量发展。

二是技能人才培养发展与经济发展关系不显著或存在抑制关系。钟无涯（2015）沿着Uzawa的分析框架（即把生产部门划分为物质生产部门和知识生产部门，知识生产部门通过促进物质部门技术水平正向影响产出），采用协整分析和格兰杰检验方法分析我国高职教育投入与经济增长的关系，结果发现，高职教育投入、就业规模与工业发展存在双向因果关系，与整体经济增长双向因果关系不显著。蔡文伯和莫亚男（2021）利用2006—2016年省际面板数据，结合动态面板GMM和面板门槛效应模型分析中等职业教育与经济发展之间的关系，结果显示，中等职业教育规模扩张对经济高质量增长产生了抑制作用，东、中、西部地区职业教育发展不均衡对经济增长质量的影响不同；随着时间的推移，中等职业教育质量对经济增长质量的正向作用越来越强。樊丽和邹琪（2023）运用渐进性双重差分法，基于2008—2019年285个城市面板数据分析高等教育与经济的多元关系，研究结果显示，中西部高等教育振兴计划显著推动了经济增长，但这种增长效应只存在于西部城市和一二三线城市中，而东部、中部城市和四五线城市影响不显著；从作用机制来看，高等教育振兴对经济增长的影响主要是通过技术创新效应和产业结构优化效应实现的。

综上可知，学界现有研究技能人才培养发展与经济高质量发展关系的文献较为丰富，但却未能形成较为统一的共识；同时，现有文献也缺乏从某一个省份出发的相关研究。因此，本书基于2015—2022年广东省21个地级市面板数据分析技能人才培养发展的规模与质量对经济高质量发展的影响，能够补充现有的研究成果，具有较强的理论价值。

（五）技能人才培养发展相关研究

纵观学界关于技能人才培养发展的相关研究，与本书研究主题“经济高质量发展背景下技能人才培养发展的‘广东模式’研究”贴近的文献，按照分析层次可划分为以下两个层次，具体如下。

1. 基于全国技能人才培养发展的分析研究

按照内容来看，基于全国技能人才培养发展的分析研究包含如下六个角度。

一是综合状况研判。石伟平和郝天聪（2018）针对中等职业教育发展的核心问题进行澄清，强调了中等职业教育必须向就业导向与生涯导向协同共生转变，提高教学工作质量，扮演好高中阶段教育的主角职能。周凤华和杨广俊（2020）分析了新时代中等职业教育在发展规模、布局结构、师资队伍、产教融合、保障条件上取得的成就，同时也指出中等职业教育与新时代要求相比仍存在一定差距。袁玉芝等（2021）从技能人才培养上分析我国技能人才培养的特点，如建立了分层次的培养体系、初步构建了以工科为主的学科专业体系、技能人才培养规模位居世界前列、专业结构调整力度在加大等，但也还存在着技能人才培养生源不足、规模不清、结构不合理、产教融合不深入的问题，并从编制人才规划、加强政府引导、落实办学自主权、加大投入力度、健全激励和保障政策等方面提出优化建议。岳金凤和郝卓君（2021）总结了中等职业教育高质量发展状况，认为我国中等职业教育在总量和生均上均得到较大改善，经费较为充足、师资队伍发展较快，但也面临着办学空间有限、教师结构欠优化、经费保障能力有待提高、区域发展不均衡等问题；并进一步提出优化布局、增强师资、加大投入、优化专业等建议。任占营（2022）重点从立德树人、体系建设、内部治理、数字化升级、国际品牌打造等方面提出落实职业教育高质量发展的实施路径和效验表征。

二是技能人才培养发展资源布局情况。于明潇（2016）以全国中等职业学校布局为研究对象，发现优质的中等职业院校分布不均衡且较为分散，部分中等职院校规模不达标且差异较大。文雯和周京博（2019）研究扩招后高等教育区域分布结构，结果表明，扩招后高等教育规模发展与体现效率价值的两个资源约束条件的匹配度有所增强；高等教育在内涵发展道路上，规模扩张与地区经济发展水平的关系减弱，高等教育与区域发展的关系呈现一种联系松散的新格局。杨振芳（2021）以国家统计局与教育部发展规划司公布的2009—2019年教育统计数据为分析对象，分析了高等教育区域分布的结构，结果指出，2009—2019我国高等教育落后地区的规模发展较快，布局结构整体得到优化，人口数量对高等教育规模扩张的影响力在增强，而区域经济水平对高等教育规模扩大的影响力在缩减；同时，还提出继续推动高等教育发展资源向落后地区倾斜的建议。赵文学（2022）从人口和经济两个视角对我国20年来高等教育区域布局的变化进行分析，研究发现，高等教育资源在规模上不断扩张，同时基于人口的高等教育区域均衡发展也取得明显成效；并指出，高等教育布局与人口数量的相关性较强，与经济水平的关系在减弱；因此，增强协调性以更充分利用高等教育资源促进经济社会发展是下一步关键目标。

三是普职结构问题研究。叶阳永（2022）使用微观调查数据和政府官方数据，分析并得出城镇劳动力市场对高技能水平和通用性技能劳动力需求增强的结论，并提出应根据劳动力市场的需求变化调整普职结构，对技能进行精细化分类，加强技能需求结构调查预警和对职业教育技能的相关研究。

四是从经费投入角度分析技能人才培养发展状况。蔡文伯和刘爽（2020）基于2008—2017年《中国教育经费统计年鉴》《中国统计年鉴》数据分析我国省际中等职业教育生均教育经费支出情况发现，我国省际中职教育生均教育经费支出存在明显差异，区域经济发展水平是重要影响变量，东部地区生均教育经费支出有较大弹性；因此，建议从加大经费投入、完善财政转移支付制度、建立转向协调经费等举措推进技能人才培养协调发展。邬美红和罗贵明（2021）基于2009—2018年省际面板数据，采用变异系数、基尼系数等模型分析全国中等职业教育生均教育经费的地区差异发现，省际中等职业教育生均教育经费存在显著差异，人均财政收入、专任教师数对中等职业教育生均教育事业费有显著促进作用，在校生则为显著负向作用；中西部地区教育经费支持力度弱于东部；因此，要平衡好全国不同区域技能人才培养经费支持的均衡性。宋海生和张万朋（2023）在分析2010—2019年我国中等职业教育经费投入情况时指出，我国中职教育经费投入总规模和生均规模均保持稳定增长势态，多以财政投入为主，社会投入较少；同时指出普职教育经费结构不协调明显，从支出结构来看，人员经费占比上升较快，公用经费、基本建设经费占比下降；教职工工资占比上涨，学生资助和校舍建设费占比下降，设备购置费占比较为稳定，为此，该研究建议从拓宽经费筹措渠道、优化转移支付制度、提高中职生经费和教师薪酬水平等方面优化中等职业教育经费投入与支出结构。

五是从优化专业结构设置入手分析技能人才培养发展情况。徐旦（2022）通过对比2016年和2022年浙江省高职专业结构和产业结构契合度发现，浙江省专业大类布点与产业结构契合度较大、整体结构趋于优化，基本满足了浙江省重点产业、战略性新兴产业、未来产业的发展需求，但也存在着低成本专业大类、热门专业大类重复的问题，专业特色不够明显；针对上述情况，建议发挥宏观指导作用，根据产业链进一步动态调整高职院校专业结构设置。

六是从技能人才培养的国际化发展来研究。邱懿、何正英、杨勇（2022）

提出职业教育国际化的路径，坚持顶层设计与基层创新并举、制定规则与遵守规则并行、引进来和走出去联动的原则，借鉴德国、日本、澳大利亚等国的实践经验，通过健全职业教育国际化政策体系、创新职业教育国际化支撑体系、建立职业教育国际化质量评估机制，稳步推进职业教育国际化进程。

2. 基于广东技能人才培养发展的分析研究

按照内容来看，包括了如下三个方面。

一是从扩容提质角度提出广东职业教育发展的路径。林海龙（2020）研究“双高计划”视域下广东高等职业教育扩容提质状况，发现目前广东高职教育与经济社会发展总体上协调联动，但在服务“双区”新形势下仍存在着高职教育发展滞后于区域经济社会发展的问题，表现在高职教育资源配置区域不够协调、专业设置与产业发展所需匹配度不高、内涵建设与专业水平层次不够高、职业教育人才培养“立交桥”尚未完全畅通等；为此，建议紧扣“扩容提质”目标，加大投入、盘活资源、构建教育共同体，共同推动高等职业教育发展。董平（2020）分析认为广州职业教育目前层次比例、专业设置、教育生态等均不够合理，在粤港澳大湾区框架下，应更加清晰定位好广州职业教育，强化湾区合作，优化专业布局，深化产教融合，提高教师素养，等等。

二是从经费投入角度研究广东职业教育状况。蔡曦和文超（2018）构建“规模—结构—产出”指标体系分析广东省财政教育支出绩效，结果指出，广东教育财政绝对值位居全国首位，产出较高，但支出配比不够合理，教育财政公平和效率还有提升空间。许玲和吴雪枫（2021）基于2015—2018年广东省教育财政支出的数据分析广东中等职业教育经费投入情况，并与江苏、福建中职教育经费投入相比较，发现2015—2018年广东省中职教育经费投入滞后于经济发展水平，区域差距呈现扩大趋势，广东省中职教育经费投入区域差异比江苏、福建严重；为此，提出应强化政府主体责任，加大财政转移支付力度，完善职业教育投入机制的建议。

三是职业教育数字化转型研究。刘兴凤、胡昌送、秦安（2023）研究广东省高等职业教育数字化转型的特征与路径，发现目前广东省高等职业教育数字化呈现出四个维度的特征，分别是数字化赋能平台基建、数字化赋能教学改革、数字化赋能专业升级和数字化赋能素养提升；并建议从智慧校园体系构建、智慧教学环境打造、“数字+专业”培养体系建设、师生数字技能提升等方面加快数字化赋能高职教育高质量发展目标。

综上所述，当前学界关于技能人才培养发展的相关研究较为丰富，侧重于定性分析，包含了综合研判、教育经费投入、普职结构优化、空间布局等内容的分析；但是就某一个地区技能人才培养发展服务经济高质量发展目标的综合性分析较为匮乏。因此，本书从服务经济高质量发展大局出发，多维度、多层次采用定量和定性相结合的方法对技能人才培养发展“广东模式”进行探讨，具有较强的理论价值和实践价值。

第三章　广东经济高质量发展水平测算与特点分析

本章旨在通过构建经济高质量发展指数，定量分析广东省及省内 21 个地级市经济高质量发展的水平及动态演进特征，研判广东省及省内 21 个地级市经济高质量发展的优势与短板所在，并提出因地制宜、现实意义强的对策建议。

一、经济高质量发展指数构建

（一）构建原则

经济高质量发展的核心内涵是创新、协调、绿色、开放、共享五大发展理念，涉及经济社会的各个方面。本书依据此概念构建广东省及省内 21 个地级市经济高质量发展的指标体系。为保证该指标体系能够真实准确、完整客观地反映广东省及省内 21 个地级市经济发展水平和演变规律，指标构建应遵循如下原则：

1. 科学性原则

基于经济高质量发展的概念内涵，指标体系应尽可能全面地、科学地体现出经济高质量发展的内涵和外延，使得指标体系能够反映经济高质量发展的基本特征与演变规律。

2. 代表性原则

指标体系在反映经济高质量发展的五大发展理念“创新、协调、绿色、开放、共享”基础上，应选取代表性指标，保证关键指标不缺失。

3. 层次性原则

经济高质量发展涵盖五个维度，每个维度应使用不同的指标进行衡量，体现层次性。

4. 独立性原则

指标体系不仅需要全面反映经济高质量发展内涵，而且不同的指标之间要具备一定的独立性，以确保指标体系的完整性；同时，兼顾数据可比性原则，尽量以比例指标和强度指标为主。

5. 可操作性原则

指标体系应根据数据可获得性进行选取，构建的指标应具备有效性、应用性特点，便于进行数据量化、计算、分析和比较。对于少数契合经济高质量发展本质但数据不可得或缺失数据较多的指标，本书均不予考虑。

（二）构建思路

准确把握经济高质量发展的核心要义内涵是构建经济高质量发展指数的关键。从基本经济学意义上而言，正如金碚（2018）所指出的“高质量发展是能够更好满足人民不断增长的真实需要的经济发展方式、结构和动力状态”。在理论发展层面，不仅要注重供给有效性和发展共享性，还应充分囊括生态文明建设和人的全面发展。在实践发展层面，要充分尊重经济发展规律，以创新驱动推进经济结构向中高端发展；同时，探索文明发展道路。经济高质量发展的重点在于转变经济发展方式，实现经济增长动力从要素驱动转向创新驱动，经济增长格局从区域竞争转向区域协同，经济增长方式从粗放型转向绿色低碳，经济增长形态从封闭型转向外向型，经济增长目标从非均衡转向包容共享。

综合考虑现阶段广东省及21个地级市经济建设的现实，并结合新时代经济高质量发展的指导思想和理念，从创新、协调、绿色、开放、共享五个维度归纳经济高质量发展逻辑主线，借鉴刘波等（2020）的研究框架绘制出图3-1。

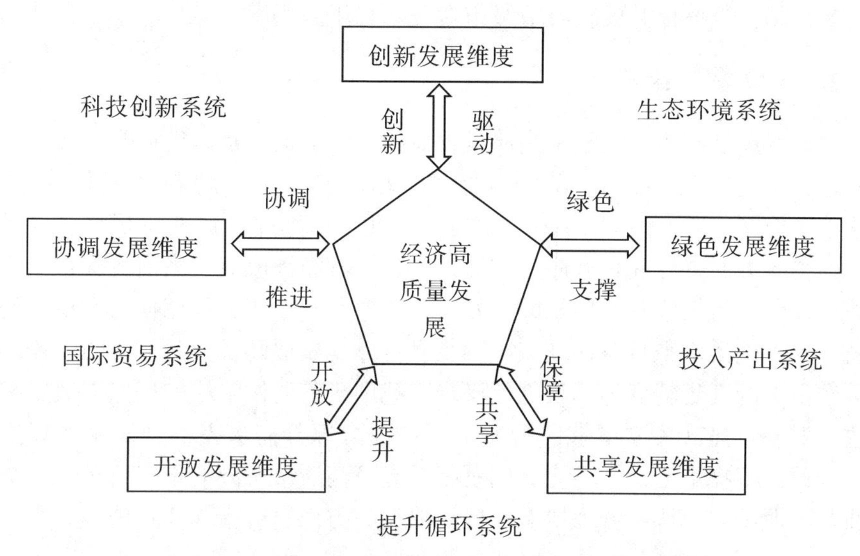

图 3-1　经济高质量发展五个维度系统作用机理图

（三）经济高质量发展指数

较之以往关于经济高质量发展的研究，本书构建的经济高质量发展指数具有如下特点：首先，侧重于经济高质量发展过程指标和结果指标的同时考察，避开重复指标，让结果指标测量更具有客观性和科学性；其次，侧重于分别从时间维度和对比维度上分析广东省及省内 21 个地级市经济高质量发展的现状和动态演进水平，能从更深层次揭示广东省及省内 21 个地级市经济高质量发展的特征；最后，系统性强，基于五大发展理念，构建了一个包含五个准则层、12 个一级指标、23 个二级指标的经济高质量发展指数指标体系，如表 3-1 所示。

1. 创新发展维度

创新发展维度注重解决发展动力问题。创新是一个国家或地区经济发展的根本动力和第一动力，是提升一个国家或地区经济可持续发展和竞争力的关键途径。习近平总书记曾有重要论断，"科技兴则国家兴，科技强则民族强"。我国站在新的历史方位上，正处于新一轮科技革命的战略机遇期，广东省必须实施好创新驱动战略，实现新旧动能转换，加大创新的乘数效应，快速提升经济发展的质量。本书认为创新发展维度主要涉及三大方面：创新动力、创新产出和效率提升。研发投入强度体现了不同地级市在经济发展过程中对创新研发的切实行动；效率提升反映各地级市对技术利用的程度。

2. 协调发展维度

协调发展已成为实现经济高质量发展的重要前提，是解决社会主要矛盾的重要途径，包括产业协调、城乡协调、区域协调三方面。协调发展关注一个国家或地区经济体系运行的内部平衡和协调性。合理配置产业、城乡、区域资源，使得各方面资源配合有序，才能最大化提升经济成效。当前我国社会主要矛盾已经转化为人民日益增长的美好生活需要和不平衡、不充分的发展之间的矛盾。人民生活水平日益提高，中等收入群体规模逐渐扩大，人民群众需求逐步由数量上的满足转变为品质上的满足。我国当前的供给结构仍然以数量扩张为主，对质量提升关注不够，引发了人民群众部分需求得不到满足的现实矛盾。为此，解决不平衡、不充分问题将是经济高质量发展的重点目标之一。本书将从产业结构协调、城乡协调、区域协调三方面进行指标体系构建。

3. 绿色发展维度

实现碳达峰、碳中和是国家层面作出的重大宣誓，同时也是省级层面面临的一场广泛而又深刻的经济发展方式的变革。绿色发展是经济高质量发展的主色调，旨在实现人与自然和谐共生，为人民群众提供更为优质健康的产品和服务。绿色发展方式能够彻底改变我国资源环境的约束，也能够降低经济增长的生态成本，还能提升人民群众的满意度、获得感和安全感。本书从能源消耗和绿色生活两个方面进行指标构建，参照中共中央办公厅、国务院办公室印发的《生态文明建设目标评价考核办法》和国家发展改革委、国家统计局、环境保护部、中央组织部印发的《绿色发展指标体系》和《生态文明建设考核目标体系》，在能源消耗方面，选取了单位 GDP 能耗指标，该指标反映经济发展过程中的耗电量状况；在绿色生活方面，选取了城市污水处理率和人均绿地面积两个指标。此处需要说明的是，有些指标虽然也能反映绿色生活，但是由于广东省内 21 个地级市中数据区分度不高，因此这些指标就没有被选取。

4. 开放发展维度

开放发展维度注重解决发展内外联动问题。历史经验证明，改革开放是促进经济增长的强大动力，是国家保持繁荣发展的关键一环。在全球联系日益加深的背景下，国家间经贸往来、文化交往等日趋频繁。尽管当前全球形势复杂多变，逆全球化浪潮涌现、贸易保护主义抬头，使得国际贸易环境复杂严峻，但是全球关系向纵深发展的时代趋势是不变的。本书从开放程度和开放成效两方面进行指标构建。其中，对外贸易依存度、外商直接投资占 GDP 比重反映的是“走出去”“引进来”两个层面的开放情况，金融发展程度则是从要素市场优化的角度考察国内市场的开放程度。

5. 共享发展维度

共享发展维度注重解决的是社会公平正义问题。共享发展成果是经济发展的终极目标，主要体现在社会整体福利水平的提高、居民收入分配的公平合理，以及人民群众享受到发展的红利等方面。经济高质量发展的最终归依也是保证人民群众共享发展成果，缩小收入分配差距，同时提高医疗、养老等领域的福利，这也是有效解决不平衡、不充分难题的重要抓手。此外，基础设施的完善是支撑经济高质量发展的前提之一。为此，本书从社会共享和经济共享两方面构建指标体系。

表 3-1 经济高质量发展指数指标体系

准则层	一级指标	二级指标	指标测算	指标属性
创新发展指数	创新动力	研发经费投入强度	规模以上工业企业研究与实验（R&D）经费支出/GDP	正向指标
		研发人员投入强度	规模以上工业企业研究与实验（R&D）人员/全部就业人员	正向指标
	创新产出	新产品产出水平	规模以上工业企业新产品销售收入/GDP	正向指标
	效率提升	劳动生产率	GDP/就业人员	正向指标
		土地生产率	GDP/地区面积	正向指标
协调发展指数	产业协调	产业结构合理化指数	结构偏离度	逆向指标
		产业结构高级化指数	第三产业产值/第二产业产值	正向指标
	城乡协调	城乡居民消费水平对比	城镇居民人均消费支出/农村居民人均消费支出	逆向指标
		城乡居民收入水平对比	城镇居民人均可支配收入/农村居民人均可支配收入	逆向指标

续表3-1

准则层	一级指标	二级指标	指标测算	指标属性
协调发展指数	城乡协调	城乡二元结构	二元对比系数	逆向指标
		城镇化率	年平均城镇人口/年平均总人口	正向指标
	区域协调	需求结构优化	社会消费品零售总额/GDP	正向指标
		地区收入水平共享	各地区人均GDP/全省人均GDP	正向指标
绿色发展指数	能源消耗	单位GDP能耗	耗电量/GDP	逆向指标
	绿色生活	城市污水处理率	城市污水处理率	正向指标
		人均绿地面积	城市人均公园绿地面积	正向指标
开放发展指数	开放程度	对外贸易依存度	进出口额/GDP	正向指标
		金融发展程度	各项贷款增长额/GDP	正向指标
	开放成效	外商直接投资(FDI)占GDP比重	FDI/GDP	正向指标
共享发展指数	社会共享	人均医院、卫生院床位数	医院、卫生院床位数/年平均总人口	正向指标
		人均公路通车里程	通车里程数/平均总人口	正向指标
	经济共享	经济波动率	三年期滚动窗口GDP实际增长率的标准差衡量	逆向指标
		安全事故死亡率	亿元生产总值生产安全事故死亡率	逆向指标

(四)数据来源及部分指标测算说明

1. 数据来源

根据《广东统计年鉴》《广州统计年鉴》《深圳统计年鉴》《东莞统计年鉴》《佛山统计年鉴》《珠海统计年鉴》《江门统计年鉴》《中山统计年鉴》《惠州统计年鉴》《汕头统计年鉴》《潮州统计年鉴》《梅州统计年鉴》《河源统计年鉴》《云浮统计年鉴》《肇庆统计年鉴》《揭阳统计年鉴》《韶关统计年鉴》《清远统计年鉴》《汕尾统计年鉴》《湛江统计年鉴》《茂名统计年鉴》

《阳江统计年鉴》《中国城市年鉴》（2015—2022 年）等统计年鉴整理可得。

根据《广东统计年鉴》的划分方式，广东省 21 个地级市划分为四大区域，分别是珠三角地区、东翼、西翼、山区，具体所涵城市如表 3-2 所示。

表 3-2　广东省 21 个地级市区域划分情况

区　域	地级市
珠三角（9 市）	广州、深圳、佛山、东莞、中山、珠海、江门、肇庆、惠州
东翼（4 市）	汕头、潮州、揭阳、汕尾
西翼（4 市）	湛江、茂名、阳江、云浮
山区（4 市）	韶关、清远、梅州、河源

资料来源：《广东统计年鉴》。

2. 部分指标测算说明

对于个别年份缺失经济高质量发展原始计算数据的情况，采用相邻年份均值的方式进行填补。接下来对经济高质量发展中的部分指标测算进行说明。

（1）产业结构合理化计算方法。

产业结构合理化是用于表征产业间的聚合质量、协调程度、资源利用效率、投入产出耦合程度的指标。学者现一般使用结构偏离度来测量产业结构合理化状况。本书借鉴干春晖等（2011）的方法：

$$E = \sum_{i=1}^{n} \left| \frac{Y_i/L_i}{Y/L} - 1 \right| = \sum_{i=1}^{n} \left| \frac{Y_i/Y}{L_i/L} - 1 \right|$$

其中，E 表示结构偏离度，Y 表示产值，L 表示产业，n 表示产业部门数量。按照古典经济学的假设，当经济结构处于均衡状态时，各产业之间生产率保持相同，即 Y_i/L_i 与 Y/L 相等，$E=0$；Y_i/Y 表征产出结构；L_i/L 表征就业结构，结构偏离度公式表明这一测量方式主要反映产业结构与就业结构的协调性和耦合性。E 值越大，经济偏离均衡状态越严重，产业结构越不合理。

（2）产业结构高级化。

产业结构高级化是衡量产业结构升级的重要指标之一，现有文献一般采用克拉克定律来进行计算，即非农业产业比重。纵观历史发展进程，经济非农化趋势属于产业结构高级化的过程之一，但是需要关注的是 20 世纪 70 年代后信息技术发展对产业结构升级的影响，“经济服务化”被认为是产业结构升级的重要表现。进入新世纪，经济结构的服务化依然被认为是产业结构升级的重要特征，吴敬琏（2018）指出“经济服务化”过程中第三产业增长率快于第二产业就是表现形式。因此，本书借鉴干春晖（2011）的做法，使用第三产业与第二产业的比值表征产业结构高级化。

（3）二元对比系数。

二元对比系数也称为“二元生产率对比系数”，是第一产业的比较劳动生产率与第二、三产业的比较劳动生产率的比值。二元对比系数是用于衡量二元经济结构的常用指标之一。

$$B_1 = \frac{G_1/L_1}{G/L} \qquad B_2 = \frac{G_2/L_2}{G/L} \qquad R = \frac{B_1}{B_2}$$

其中，G 为地区生产总值；G_1、G_2 分别表示第一产业产值、第二和第三产业产值之和；L 为劳动力总数，本书中主要指第一、二、三产业从业人员之和；L_1、L_2 分别表示第一产业从业人员数、第二和第三产业从业人员数之和；R 为二元对比系数，数值处于 0～1 之间，数值越大，说明部门间的差距越小，在本书中，数值越大，则说明城乡差距越小；反之，差距越大。现有理论表明，二元对比系数总体上呈现“U”形特点。

（4）平均总人口。

《广东统计年鉴》中各市的人口取年末常住人口数，本书借鉴张秀等（2024）的方法，使用年平均人口代表总人口，第 t 年平均人口计算公式为：

$$P = (P_{t-1} + P_t)/2$$

其中，P_t 表示第 t 年年末常住人口数。

（5）经济波动率。

利用三年期滚动窗口 GDP 实际增长率的标准差衡量。

（五）研究方法说明

1. 核密度估计（Kernel Density Estimation）

为更好地研判广东省经济高质量发展的动态演进趋势，本书采用非参数估计的核密度估计分析方法。核密度估计具有对模型依赖性较弱和统计性良好的优点，因此在空间分布非均衡的研究中应用广泛。具体的函数如下：

$$f(x) = \frac{1}{Nh}\sum_{i=1}^{N} K\left(\frac{X_i - x_i}{h}\right)$$

其中，$f(x)$ 表示经济高质量发展指数的密度函数；x 为均值；N 表示观测值的个数；X 表示独立同分布的观测值；$K(\cdot)$ 为核函数；h 为带宽，带宽越大，

在 x 附近领域越大，由此估计的密度函数曲线就会越光滑，估计精度则会降低。鉴于上述原因，为确保曲线优美，本书将选择较小的带宽。

$$\begin{cases} \lim\limits_{x \to \infty} k(x) = 0,\ x = 0 \\ k(x) \geqslant 0;\ \int_{-\infty}^{+\infty} k(x)dx = 1 \\ \sup k(x) < +\infty;\ \int_{-\infty}^{+\infty} k^2(x)dx > -\infty \end{cases}$$

核函数作为一种加权函数，一般要满足上述条件。

目前而言，核函数主要分为三角核函数、四角核函数、Epanechnikov 核函数、高斯核函数等类型。借鉴现有研究的做法，当分组数据较少时，选择高斯核函数的可能性较大，本书则使用高斯核函数估计广东省经济高质量发展的分布动态和演进趋势。从结果分析来看看，分布位置表征经济高质量发展水平的高低程度，分布形态则表征了经济高质量发展的区域差异大小程度和极化程度。其中，波峰高度和宽度说明了差异的大小，波峰数量反映空间极化程度。

2. 组合赋权法

学界对指标进行权重赋值的方法主要分为三大类：主观赋权法、客观赋权法和组合赋权法。本书拟采用组合赋权法对经济高质量发展指数进行赋值，既能够避免主观赋权法太大的主观性，也能避免客观赋权法的完全数据依赖性，能够同时利用二者的优势，更好地对广东省经济高质量发展水平进行评价。需要说明的是，本书使用的组合赋权法中，主观赋权法部分采用均等赋值法，客观赋权法采用熵值法。具体的计算步骤如下：

步骤一：均等赋值法将数据无量纲化。为消除不同指标因度量单位差异产生的不一致性影响，采用极差法对经济高质量发展指数各指标进行标准化处理，具体的计算公式如下：

$$当 x_{ij} 为正向指标时, y_{ij} = \frac{x_{ij} - \min(x_{ij})}{\max(x_{ij}) - \min(x_{ij})}$$

$$当 x_{ij} 为负向指标时, y_{ij} = \frac{\max(x_{ij}) - x_{ij}}{\max(x_{ij}) - \min(x_{ij})}$$

其中，i 表示广东省内 21 个地级市；j 表示不同的指标；x_{ij} 、y_{ij} 表示经济高质量发展水平测度指标原始值和标准化后的值；$\max(x_{ij})$ 、$\min(x_{ij})$ 分别表示 x_{ij} 的最大值和最小值。

步骤二：熵值法计算权重。熵值法的指标权重设置是基于各指标数据变异程度的信息值来确定的，这能有效降低指标赋权时主观人为因素的干扰。经济高质量发展指数中各指标 y_{ij} 的信息熵 E_j 和权重 $W_j^{(2)}$ 的计算公式为：

$$E_j = -\ln\frac{1}{n}\sum_{i=1}^{n}[y_{ij}/\sum_{i=1}^{n}y_{ij}]\ln(y_{ij}/\sum_{i=1}^{n}y_{ij})$$

$$W_j^{(2)} = (1-E_j)/\sum_{j=1}^{n}(1-E_j)$$

步骤三：组合赋权法。设主观指标权重和客观指标权重分别为 $W^{(1)} = (w_1^{(1)}, w_2^{(1)}, \cdots, w_n^{(1)})$ 和 $W^{(2)} = (w_1^{(2)}, w_2^{(2)}, \cdots, w_n^{(2)})$，线性加权得到的组合指标权重为 $W = (w_1, w_2, \cdots, w_n)$，其中，$w_j = \beta w_j^{(1)} + (1-\beta)w_j^{(2)}$ ($j = 1, 2, \cdots, n$) β 为偏好系数。为了同时兼顾主观赋权法和客观赋权法的优点，本书 $\beta = 0.5$。最后通过加权求和的方法 $f_i(W) = \sum_{j=1}^{n} w_j x_{ij}^0$ ($i = 1, 2, \cdots, n$)，计算出广东省及21个地级市的经济高质量发展水平。

3. 区域差异及结构分解

为解释广东省内经济高质量发展指数的区域差异及其来源，本部分借鉴Theil（1967）、周小亮和吴武林（2018）的做法，运用泰尔指数将经济高质量发展指数的差异分解为组内差异和组间差异，具体的计算公式如下：

$$T = \frac{1}{n}\sum_{i=1}^{n}(\frac{Q_i}{\overline{Q}} \times \ln\frac{Q_i}{\overline{Q}})$$

$$T_p = \frac{1}{n_p}\sum_{i=1}^{n_p}(\frac{Q_{pi}}{\overline{Q_p}} \times \ln\frac{Q_{pi}}{\overline{Q_p}})$$

$$T = T_w + T_b = \sum_{p-1}^{4}(\frac{n_p}{n} \times \frac{\overline{Q_p}}{\overline{Q}} \times T_p) + \sum_{p-1}^{4}(\frac{n_p}{n} \times \frac{\overline{Q_p}}{\overline{Q}} \times \ln\frac{\overline{Q_p}}{\overline{Q}})$$

其中，T 表示广东省经济高质量发展指数的泰尔指数，其大小范围为［0，1］，数值越小，表明总体的差异越小，反之则说明总体差异越大。T_p（$p = 1, 2, 3, 4$）表示珠三角、东翼、西翼、山区区域经济高质量发展指数的泰尔指数；i 表示广东省内地级市；n 表示21个地级市数量；n_p 分别表示珠三角、东翼、西翼、山区区域内地级市数量；Q_i 表示地级市 i 的经济高质量发展指数；Q_{pi} 表示 p 区域地级市 i 的经济高质量发展指数；$\overline{Q}$ 和 $\overline{Q_p}$ 分别表示广东省和 p 区域经济高质量发展指数的平均值。

按照上述公式，广东经济高质量发展指数的泰尔指数 T 可进一步分解为地

区内差异泰尔指数 T_w 和地区间差异泰尔指数 T_b，进一步定义 T_w/T 和 T_b/T 为地区内差异和地区间差异对总体差异的贡献率；定义 $(Q_p/Q) \times (T_p/T)$ 为地区内差异中各地区的差异贡献率，其中，Q_p 和 Q 分别为 p 区域、广东省经济高质量发展指数水平。

4. 全局莫兰指数和局部莫兰指数

地理学第一定理认为，任何事物之间都存在着一定的相关性，如果距离越接近，相关性则会越强。广东省经济高质量发展存在着明显的空间异质性，各地级市之间是否存在空间相关性还需要进一步定量分析验证。本书借鉴现有研究成果，采用全局莫兰指数和局部莫兰指数开展研究，探索广东省内经济高质量发展的空间分布特征，其取值范围是［-1，1］。当全局莫兰指数大于0时，则意味着存在着正向空间相关性，且数值越大空间相关性也越强。当全局莫兰指数小于0时，则意味着存在着负向空间相关性，且数值越小空间相关性越弱。当全局莫兰指数等于0，则说明空间呈现随机性分布，不存在空间相关性。

目前使用较多的全局莫兰指数用于表征区域空间属性的整体关联性，计算公式为：

$$I = \frac{n\sum_{i=1}^{n}\sum_{j=1}^{n} w_{ij}(y_i - \bar{y})(y_j - \bar{y})}{\left(\sum_{i=1}^{n}\sum_{j=1}^{n} w_{ij}\right)\sum_{i=1}^{n}(y_i - \bar{y})}$$

局部莫兰指数用于表征不同区域间的空间关联模式，计算公式为：

$$I_i = \frac{y_i - \bar{y}}{\frac{1}{n}\sum(y_i - \bar{y})^2}\sum_{j\neq i}^{n} w_{ij}(y_j - \bar{y})$$

其中，n 表示区域总数；y_i 为区域 i（21个地级市之一）的经济高质量发展指数；$\bar{y}$ 表示广东省经济高质量发展指数的均值；w_{ij} 是基于广东省及省内21个地级市相邻关系的空间权重矩阵。

本书在测算局部莫兰指数的基础上把广东省及省内21个地级市的经济高质量发展情况分为4个象限，分别是第一象限的高—高（H—H）型区、第二象限的低—高（L—H）型区、第三象限的低—低（L—L）型区域和第四象限的高—低（H—L）型区域。H—H型区域表示经济高质量发展水平高且周围地区的水平也高，呈正相关；L—H型区域表示经济高质量发展水平低且周围地区的水平高，呈负相关；L—L型区域表示经济高质量发展水平低且周围地区的水平也低，呈正相关；H—L型区域表示经济高质量发展水平高且周围地区的水平低，呈负相关。

5. σ 收敛

σ 收敛模型主要是通过经济高质量发展指数对数标准差来判断高质量发展指数是否存在 σ 收敛。如果对数标准差呈现逐年缩小态势，则认为存在 σ 收敛。σ 收敛的模型公式如下：

$$\sigma_t = \sqrt{\frac{1}{n}\sum_{i=1}^{n}(\ln Q_{it} - \frac{1}{n}\sum_{i=1}^{n}\ln Q_{it})^2}$$

其中，$\ln Q_{it}$ 表示第 i 个地级市在第 t 年的经济高质量发展指数对数值。σ_t 为经济高质量发展指数的 σ 系数，如果 $\sigma_{t+1}<\sigma_t$，则表示广东省内各地级市经济高质量发展指数差异随着时间的推移而变小，存在 σ 收敛。

6. 方差分解方法

本章分别从创新发展、协调发展、绿色发展、开放发展、共享发展五个维度对经济高质量发展水平进行综合测评，因此，经济高质量发展指数（I）可以分解为创新发展指数（I_1）、协调发展指数（I_2）、绿色发展指数（I_3）、开放发展指数（I_4）、共享发展指数（I_5），即 $I = I_1 + I_2 + I_3 + I_4 + I_5$。为了揭示经济高质量发展结构差异的主要成因，本书借鉴陈明华等（2020）的做法，采用方差分解的方法进行考察，其计算公式如下：

$$\mathrm{var}(I) = \mathrm{cov}(I,\ I_1 + I_2 + I_3 + I_4 + I_5)$$

$$\mathrm{var}(I) = \mathrm{cov}(I,I_1) + \mathrm{cov}(I,I_2) + \mathrm{cov}(I,I_3) + \mathrm{cov}(I,I_4) + \mathrm{cov}(I,I_5)$$

两边同时除以 var(I) 得到：

$$1 = \frac{\mathrm{cov}(I,\ I_1)}{\mathrm{var}(I)} + \frac{\mathrm{cov}(I,\ I_2)}{\mathrm{var}(I)} + \frac{\mathrm{cov}(I,\ I_3)}{\mathrm{var}(I)} + \frac{\mathrm{cov}(I,\ I_4)}{\mathrm{var}(I)} + \frac{\mathrm{cov}(I,\ I_5)}{\mathrm{var}(I)}$$

其中，var(I) 为方差，cov 为协方差。经济高质量发展中五个维度中任一维度的贡献度越高，则该维度导致经济高质量发展差异的贡献程度越大。

二、经济高质量发展指数权重设置

（一）熵值法为经济高质量发展指数赋值

权重设置对于采用经济高质量发展指数测度广东省及省内 21 个地级市经

济高质量发展水平具有关键性影响。因此，本书首先对经济高质量发展指数的23个二级指标（分别针对正向指标、负向指标）进行标准化。其次，利用熵值法对标准化后的23个指标进行权重值计算，并将权重放大100倍，如表3-3所示。

表3-3　按照熵值法计算的经济高质量发展指数各指标权重值（放大100倍）

准则层	一级指标	二级指标	熵值法权重值（放大100倍）
创新发展指数（43.389）	创新动力	研发经费投入强度	7.285
		研发人员投入强度	8.945
	创新产出	新产品产出水平	6.162
	效率提升	劳动生产率	3.964
		土地生产率	17.033
协调发展指数（20.852）	产业协调	产业结构合理化指数	1.413
		产业结构高级化指数	3.182
	城乡协调	城乡居民消费水平对比	0.577
		城乡居民收入水平对比	1.083
		城乡二元结构	0.207
		城镇化率	4.545
	区域协调	需求结构优化	2.628
		地区收入水平共享	7.217
绿色发展指数（4.395）	能源消耗	单位GDP能耗	1.500
	绿色生活	城市污水处理率	1.151
		人均绿地面积	1.744
开放发展指数（20.688）	开放程度	对外贸易依存度	7.749
		金融发展程度	3.388
	开放成效	外商直接投资占GDP比重	9.551
共享发展指数（10.677）	社会共享	人均医院、卫生院床位数	2.928
		人均公路通车里程	5.247
	经济共享	经济波动率	1.242
		安全事故死亡率	1.260

（二）均等赋值法为经济高质量发展指数赋值

笔者认为经济高质量发展五大理念“创新、协调、绿色、开放、共享”同等重要，因此，采用均等赋值法为五个维度赋值，即创新发展指数、协调发展指数、绿色发展指数、开放发展指数、共享发展指数的权重均为0.2。接下来，再为每一个维度中一级指标权重赋值，如创新发展指数包含了3个一级指标，则创新动力、创新产出、效率提升的权重分别为0.0667、0.0667、0.0667。以此类推计算二级指标的权重值，创新动力包含了两个二级指标：研发经费投入强度、研发人员投入强度，它们的权重分别为创新动力权重的1/2，分别为0.0333、0.0333。均等赋值法计算的经济高质量发展指数各指标权重值如表3-4所示，每一个权重也都放大了100倍。

表3-4　按照均等赋值法计算的经济高质量发展指数各指标权重值（放大100倍）

准则层	一级指标	二级指标	均等赋值法权重值（放大100倍）
创新发展指数（20.000）	创新动力	研发经费投入强度	3.333
		研发人员投入强度	3.333
	创新产出	新产品产出水平	6.667
	效率提升	劳动生产率	3.333
		土地生产率	3.333
协调发展指数（20.000）	产业协调	产业结构合理化指数	3.333
		产业结构高级化指数	3.333
	城乡协调	城乡居民消费水平对比	1.667
		城乡居民收入水平对比	1.667
		城乡二元结构	1.667
		城镇化率	1.667
	区域协调	需求结构优化	3.333
		地区收入水平共享	3.333
绿色发展指数（20.000）	能源消耗	单位GDP能耗	10.000
	绿色生活	城市污水处理率	5.000
		人均绿地面积	5.000

续表3-4

准则层	一级指标	二级指标	均等赋值法权重值（放大 100 倍）
开放发展指数（20.000）	开放程度	对外贸易依存度	5.000
		金融发展程度	5.000
	开放成效	外商直接投资占 GDP 比重	10.000
共享发展指数（20.000）	社会共享	人均医院、卫生院床位数	5.000
		人均公路通车里程	5.000
	经济共享	经济波动率	5.000
		安全事故死亡率	5.000

（三）组合赋权法为经济高质量发展指数赋值

为避免客观赋权法完全依赖于数据本身而与实际情况不够契合以及主观赋权法主观性较强的缺点，本书结合二者的优点，采用组合赋权法，分别将熵值法和均等赋值法得出的经济高质量发展指数权重进行加权平均，最终计算得到经济高质量发展 23 个指标的最终权重值，具体如表 3-5 所示。

表 3-5　按照组合赋权法计算的经济高质量发展指数各指标权重值

准则层	一级指标	二级指标	组合赋权法权重值
创新发展指数（31.693）	创新动力	研发经费投入强度	5.309
		研发人员投入强度	6.138
	创新产出	新产品产出水平	6.414
	效率提升	劳动生产率	3.649
		土地生产率	10.183
协调发展指数（20.426）	产业协调	产业结构合理化指数	2.373
		产业结构高级化指数	3.257
	城乡协调	城乡居民消费水平对比	1.122
		城乡居民收入水平对比	1.375
		城乡二元结构	0.937
		城镇化率	3.106

续表3-5

准则层	一级指标	二级指标	组合赋权法权重值
	区域协调	需求结构优化	2.981
		地区收入水平共享	5.275
绿色发展指数（12.198）	能源消耗	单位 GDP 能耗	5.750
	绿色生活	城市污水处理率	3.076
		人均绿地面积	3.372
开放发展指数（20.344）	开放程度	对外贸易依存度	6.374
		金融发展程度	4.194
	开放成效	外商直接投资占 GDP 比重	9.776
共享发展指数（15.339）	社会共享	人均医院、卫生院床位数	3.964
		人均公路通车里程	5.124
	经济共享	经济波动率	3.121
		安全事故死亡率	3.130

三、广东经济高质量发展水平测算

（一）整体情况分析结果

1. 广东省经济高质量发展呈现波动上行态势，但整体水平待提升

经过计算可知，2015—2022 年间广东省经济高质量发展指数呈现波动上行态势，由 2015 年的 30.158 分上升至 2020 年的 35.572 分，而后降至 2021 年的 34.768 分，再升至 2022 年的 35.295 分，2022 年比 2015 年增长了 5.137 分，增长 17.03%，这一波动态势可能与 2020 年新冠疫情对经济高质量发展的冲击相关。整体而言，2015—2022 年广东省经济高质量发展明显向好，呈现逐年攀升的趋势。但是，也需关注到，本书计算的经济高质量发展指数范围为［0，100］，而 2015—2022 年广东省经济高质量发展指数处于［30.158，35.572］，这意味着广东省经济高质量发展水平仍不高，亟须继续走经济高质量发展道路，促进广东省经济高质量发展取得更好的成绩，如图 3-2 所示。这

一结果与陈景华等（2020）在《数量经济技术经济研究》中对“中国经济高质量发展水平的测度”结果相一致，他们发现中国2004—2017年整体的经济高质量发展综合指数为0.2130～0.2789（最大值为1），表明中国经济高质量发展水平不高，2017年广东得分0.3459分，虽然高于全国平均水平，但是整体分值与本书的测算结果相似，因此，笔者认为这一结果可信、可靠。

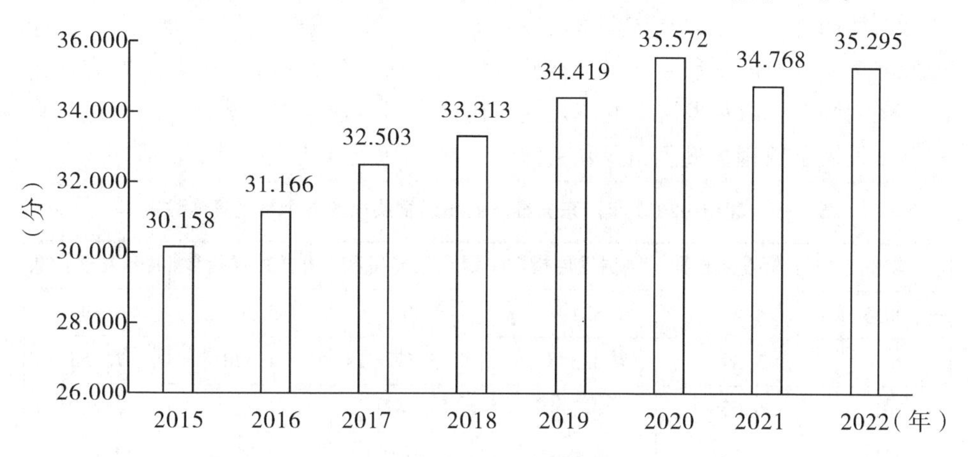

图3-2　2015—2022年广东省经济高质量发展指数情况

2. 协调发展表现较好，开放发展表现待提升

从创新发展、协调发展、绿色发展、开放发展、共享发展五个子系统指标来看（见表3-6、表3-7），除了开放发展指数呈现逐年递减的态势外，其余四个维度均呈现逐年平稳增长的态势。其中，创新发展指数呈现明显的攀升趋势，从2015年的4.880分上升至2022年的7.500分，年均增长率为6.39%，攀升速度稳居前列；协调发展指数也呈现增长态势，从2015年的8.181分上升至2022年的9.272分，绝对分值一直稳居首位，年均增长率为1.82%；绿色发展指数则呈波动上升态势，从2015年的5.400分上升至2020年的6.423分，而后降至2021年的6.336分，2022年再次提升为6.641分，年均增长率保持在3.03%；共享发展指数与绿色发展指数发展趋势相同，从2015年的6.395分上升至2020年的8.698分，而后降至2021年的7.930分，再升至2022年的8.073分；绿色发指数与共享发展指数变动可能与新冠疫情冲击相关；开放发展指数属于唯一一个波动下行的指数，从2015年的5.301分降至2022年的3.809分，年均降低率为4.45%。

就具体的分值来看，以2022年为例，广东省协调发展指数得分最高，为

9.272分，随后分别是共享发展指数（8.073分）、创新发展指数（7.500分）、绿色发展指数（6.641分），开放发展指数排名末位，为3.809分。就变动幅度来看，增幅最为明显的是创新发展指数（2.620分），随后是共享发展指数（1.678分）、绿色发展指数（1.240分）、协调发展指数（1.090分），开放发展指数降幅最大。

总体而言，广东省经济高质量发展五个维度中，创新发展、协调发展、绿色发展、共享发展均稳中向好，开放发展则有所下降。其中，创新发展表现亮眼、动力强劲，绿色发展、共享发展、协调发展表现稳中有升、可圈可点，只有开放发展指数稍显逊色，亟须关注。

表3-6　2015—2022年广东省经济高质量发展指数五个维度具体数据

年份	创新发展指数	协调发展指数	绿色发展指数	开放发展指数	共享发展指数
2015	4.880	8.181	5.400	5.301	6.395
2016	5.390	8.398	5.592	4.528	7.258
2017	6.035	8.711	5.982	4.327	7.449
2018	6.161	8.968	6.069	4.312	7.803
2019	6.372	9.206	6.355	4.213	8.273
2020	6.672	9.385	6.423	4.394	8.698
2021	7.166	9.243	6.336	4.093	7.930
2022	7.500	9.272	6.641	3.809	8.073
2022年与2015年差值	2.620	1.090	1.240	-1.492	1.678

表3-7　2016—2022年广东省经济高质量发展指数五个维度增长率与年均增长率

年份	创新发展指数（%）	协调发展指数（%）	绿色发展指数（%）	开放发展指数（%）	共享发展指数（%）
2016	10.45	2.65	3.56	-14.58	13.49
2017	11.97	3.73	6.97	-4.44	2.63
2018	2.09	2.95	1.45	-0.35	4.75
2019	3.42	2.65	4.71	-2.30	6.02
2020	4.71	1.94	1.07	4.30	5.14

续表3-7

年份	创新发展指数（%）	协调发展指数（%）	绿色发展指数（%）	开放发展指数（%）	共享发展指数（%）
2021	7. 40	-1. 51	-1. 35	-6. 85	-8. 83
2022	4. 66	0. 31	4. 81	-6. 94	1. 80
平均年增长率	6. 39	1. 82	3. 03	-4. 45	3. 57

（二）广东省四大区域经济高质量发展变化趋势

1. 四大区域经济高质量发展稳中向好，但珠三角明显好于其他区域

按照《广东统计年鉴》的划分标准，广东省四大区域——珠三角、东翼、西翼、山区经济高质量发展指数均保持波动上行态势。较之2020年，四大区域在2021年经济高质量发展指数均下降，而后于2022年再上升，这同样与受新冠疫情冲击影响相关。具体而言，从绝对值上，珠三角地区经济高质量发展排名在四大区域首位，指数得分介于42. 546～45. 305分之间，2022年珠三角地区分别高于东翼、西翼、山区18. 881分、15. 489分、16. 201分；西翼地区经济高质量发展指数得分低于珠三角地区，但是高于东翼、山区（除2018年、2022年高于山区之外，其余年份均低于山区），指数得分介于21. 054～29. 438分；山区、东翼经济高质量发展指数得分分别介于21. 137～30. 050分、20. 411～26. 046分（见表3-8、图3-3）。

表3-8　2015—2022年广东省四大区域经济高质量发展指数具体数据

区域	2015年	2016年	2017年	2018年	2019年	2020年	2021年	2022年
珠三角	42. 546	43. 133	43. 667	43. 496	44. 752	45. 305	44. 180	44. 927
东翼	20. 411	21. 929	23. 761	24. 608	25. 398	25. 804	25. 074	26. 046
西翼	21. 054	22. 256	24. 028	26. 772	26. 431	28. 965	28. 477	29. 438
山区	21. 137	22. 388	24. 601	25. 649	28. 179	30. 050	29. 575	28. 726

综上可知，四大区域经济高质量发展呈现稳中向好的态势。其中，珠三角经济高质量发展水平明显高于东翼、西翼、山区，东翼、西翼、山区经济高质量发展水平相当，仍处于较低水平。较之珠三角，东翼、西翼、山区在推动经

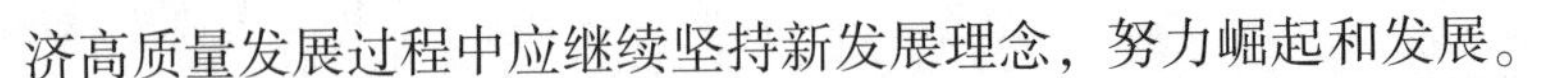
济高质量发展过程中应继续坚持新发展理念，努力崛起和发展。

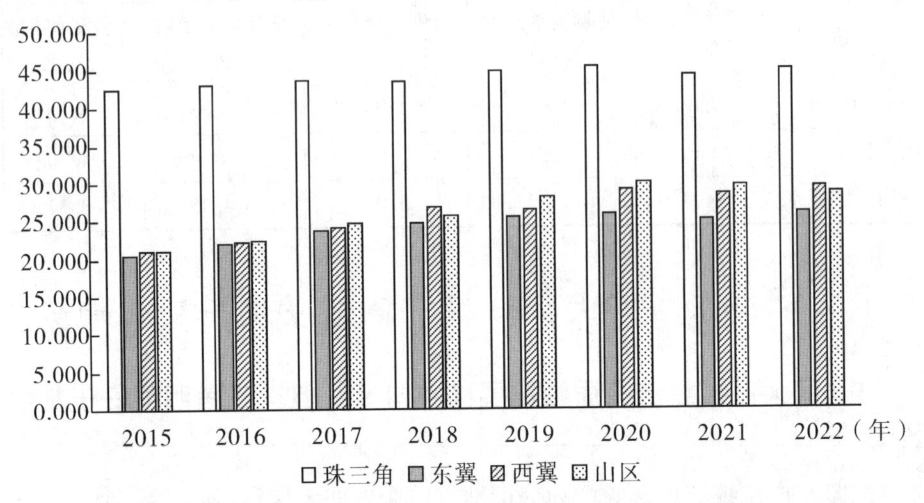

图 3-3　2015—2022 年广东省四大区域经济高质量发展指数情况

2. 珠三角创新优势明显，西翼发展均衡，东翼和山区亟须关注开放发展

接下来，本书将分别从四大区域在创新发展、协调发展、绿色发展、开放发展、共享发展五个子系统中的表现与差异进行分析。

从珠三角来看，直观地观察对比四大区域雷达图能够发现，珠三角在创新发展维度上表现最为突出（见图 3-4a），是四大区域五个维度中得分最高的维度（见图 3-4）。珠三角创新发展指数的均值为 11.691 分，且 2022 年得分为 13.791 分，也是所有年份所有指标最大值。具体只比较珠三角五个维度情况，按得分均值排名，分别是创新发展指数（11.691 分）、协调发展指数（10.705 分）、开放发展指数（7.610 分）、共享发展指数（7.032 分）、绿色发展指数（6.963 分）。从年均增长率的角度来看，创新发展指数增长快速，以 5.69%的年增长率稳居第一位，随后分别是绿色发展指数增长率（1.56%）、协调发展指数增长率（0.92%）；而共享发展指数增长率（-0.02%）为负数，这是由共享发展指数在 2015—2022 年波动较为剧烈造成的，尤其是 2021 年比 2020 年下降了 1.040 分；开放发展指数是唯一一个呈现逐年下滑态势的维度，从 2015 年的 9.619 分降至 2022 年的 6.328 分，年均增长率为-5.62%（见表 3-9）。上述结果说明珠三角创新发展优势明显，不仅增长速度快而且已居前列；协调发展同步跟上；绿色发展虽然稍显落后，但也在快速优化中；共享发展在

发展水平和增长速度上较为平稳；开放发展指数值得关注，其呈现快速下滑态势。

从东翼地区来看，直观地观察东翼地区雷达图可知，各个维度发展指数形成一圈一圈缓慢上行的态势，各个指标之间差距较为稳定，呈现出间距稳定的圆环，这说明东翼地区五个维度发展较为均衡（见图 3-4b）。从表 3-9 中五个指标均值排名来看，协调发展指数（8.225 分）遥遥领先，随后分别是共享发展指数（6.103 分）、绿色发展指数（5.372 分）、创新发展指数（2.801 分）、开放发展指数（1.628 分），协调发展指数比共享发展指数、绿色发展指数、创新发展指数、开放发展指数高出 2.122 分、2.853 分、5.424 分、6.597 分。从年均增长率来看，创新发展指数、共享发展指数、绿色发展指数增长迅猛，增速保持在 5.19%以上；协调发展指数增速较快，为 2.31%；开放发展指数依然呈现波动下行态势，增长率为-0.93%（见表 3-9）。上述结果意味着东翼地区的协调发展表现优异，增速较快而且发展水平较高；共享发展、绿色发展水平居中但增速明显；创新发展虽然发展水平位居五个维度第四位，但增长率较高；值得关注的是开放发展指数，不仅发展水平较低且呈现下滑态势，与珠三角地区趋势相同。

从西翼地区来看，直观地观察雷达图能看到发展趋势，五个维度呈现出逐步增长的态势，外围三个维度并未实现超越，呈现 3 个圆环，而发展水平较低的两个维度相互交织、互相超越（见图 3-4c）。具体从五个维度得分均值排序来看，共享发展指数（8.626 分）、协调发展指数（7.329 分）、绿色发展指数（6.661 分）位居前三，开放发展指数（1.746 分）和创新发展指数（1.567 分）居后两位，与排名前三位的指标差距明显。从年均增长率来看，开放发展指数和创新发展指数均实现了两位数增长，分别为 11.64%、10.48%，共享发展指数、绿色发展指数、协调发展指数也保持正增长，增长率处于 3.70%～6.42%之间（见表 3-9）。上述数据分析说明，西翼地区共享发展、协调发展、绿色发展水平较高且保持一定增速，发展势头较好；创新发展、开放发展水平虽然较低但增长迅速，发展活力较强。

从山区地区来看，直观地观察雷达图发现，外围三个维度之间呈现差距稍有扩大的趋势，呈现 3 个慢慢放大的圆环，发展水平较低的两个维度的圆环相互叠加交织（见图 3-4d）。具体从五个维度得分均值排序看，共享发展指数以 10.058 分遥居首位，协调发展指数以 7.193 分位居第二位，绿色发展指数（4.324 分）排名第三，开放发展指数和创新发展指数均为超过 2.250 分，居后两位。从年均增长率来看，创新发展指数以 14.46%的两位数增长排名第一，共享发展指数、绿色发展指数、协调发展指数呈现正向增长，而开放发展指数以-0.98%波动下行（见表3-9）。上述分析反映出山区地区共享发展、绿色发展、协调发展水平较好，同时保持稳中向好态势，创新发展水平虽然较低但增速较快；开放发展指数则表现不佳，发展水平较低且波动下行。

表3-9　2015—2022年广东省四大区域经济高质量发展五个维度指数得分情况

区域	年份	五个维度				
		创新发展	协调发展	绿色发展	开放发展	共享发展
珠三角	2015	9.402	10.165	6.553	9.619	6.808
	2016	10.376	10.327	6.751	8.474	7.205
	2017	11.429	10.608	6.934	7.464	7.232
	2018	11.331	10.862	6.965	7.089	7.249
	2019	11.796	11.014	7.093	7.321	7.528
	2020	12.368	10.982	7.135	7.527	7.293
	2021	13.036	10.850	6.981	7.060	6.253
	2022	13.791	10.829	7.293	6.328	6.686
	均值	11.691	10.705	6.963	7.610	7.032
	增长率	5.69%	0.92%	1.56%	-5.62%	-0.02%
东翼	2015	2.047	7.407	4.420	1.960	4.578
	2016	2.358	7.661	4.582	1.492	5.837
	2017	2.758	8.032	5.096	2.057	5.818
	2018	3.294	8.222	5.402	1.640	6.049
	2019	3.080	8.552	5.598	1.427	6.741
	2020	2.882	8.655	6.025	1.249	6.993
	2021	3.013	8.593	5.621	1.665	6.183
	2022	2.975	8.680	6.234	1.530	6.627
	均值	2.801	8.225	5.372	1.628	6.103
	增长率	5.99%	2.31%	5.19%	-0.93%	5.99%

续表3-9

区域	年份	五个维度				
		创新发展	协调发展	绿色发展	开放发展	共享发展
西翼	2015	1.196	6.207	5.680	1.630	6.341
	2016	1.139	6.475	6.004	1.169	7.469
	2017	1.381	6.825	6.244	1.331	8.247
	2018	1.396	7.320	6.488	2.736	8.832
	2019	1.364	7.627	7.140	1.558	8.741
	2020	1.715	8.213	6.867	1.888	10.282
	2021	2.027	7.992	7.318	1.610	9.532
	2022	2.314	7.973	7.544	2.044	9.563
	均值	1.567	7.329	6.661	1.746	8.626
	增长率	10.48%	3.70%	4.21%	11.64%	6.42%
山区	2015	1.224	6.468	3.509	2.599	7.336
	2016	1.456	6.716	3.584	2.043	8.589
	2017	1.832	7.005	4.462	2.532	8.768
	2018	2.162	7.102	4.298	2.312	9.774
	2019	2.466	7.370	4.668	2.662	11.014
	2020	2.606	7.693	4.777	2.994	11.981
	2021	3.254	7.529	4.616	2.327	11.849
	2022	3.054	7.658	4.677	2.186	11.150
	均值	2.257	7.193	4.324	2.457	10.058
	增长率	14.46%	2.47%	4.55%	-0.98%	6.44%

总体而言，珠三角地区创新发展优势最为突出，而绿色发展的短板也依然存在；东翼地区协调发展优势明显，开放发展短板突出；西翼地区共享发展特色鲜明，创新势头迅猛，五个维度发展较为均衡；山区地区共享发展特征显著，创新发展积极性高，但开放发展瓶颈值得关注。

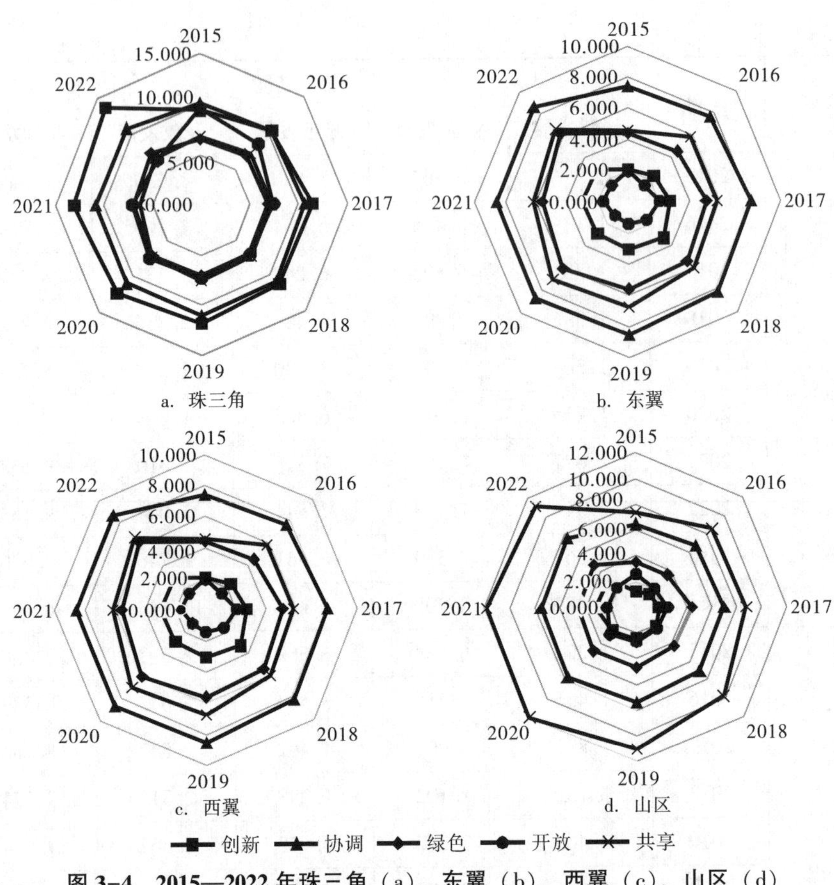

图 3-4　2015—2022 年珠三角（a）、东翼（b）、西翼（c）、山区（d）经济高质量发展指数五个维度变化特征

（三）2022 年广东 21 个地级市经济高质量发展分析

1. 深圳经济高质量发展遥遥领先，21 个地级市发展差异明显

按照 2022 年广东省 21 个地级市经济高质量发展指数得分情况来看，总体指数介于 24. 559～64. 147 分，均值为 35. 295 分，标准差为 10. 768，21 个地级市经济高质量发展差异明显。从排名可知，排名前三位的分别为深圳、珠海、东莞，排名后三位的分别为潮州、汕尾、揭阳，排名第一位的深圳经济高质量得分（64. 147 分）是排名末位的揭阳（24. 559 分）的 2. 612 倍（见图 3-5）。

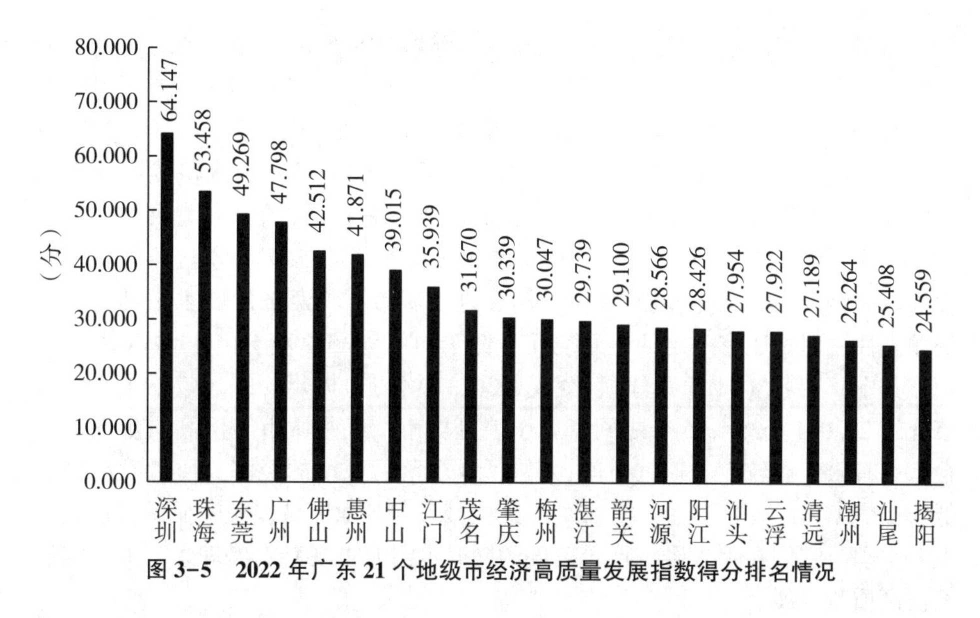

图 3-5　2022 年广东 21 个地级市经济高质量发展指数得分排名情况

2. 珠三角城市主要集中在领先城市和进步城市梯队，区域差距较大

接下来，笔者根据 2022 年广东省内 21 个地级市经济高质量发展指数得分进行不同梯度划分。借鉴魏敏和李书昊（2018）、陈景华等（2020）的研究，按照均值和标准差计算不同梯度划分标准，详见表 3-10。本书中，2022 年广东省经济高质量发展指数均值为 35. 295 分，标准差为 10. 768。由表 3-10 所示标准计算得出：当某一地级市经济高质量发展指数得分大于 40. 679 分，则其属于领先城市；当某一地级市经济高质量发展指数得分处于 35. 295 ～40. 678 之间，则其属于进步城市；当某一地级市经济高质量发展指数得分处于 29. 911～35. 295 之间，则其属于追赶城市；当某一地级市经济高质量发展指数得分低于 29. 911 分则其属于落后城市。

表 3-10　按照均值和标准差划分经济高质量发展梯队

序号	划分标准	梯队名称
1	经济高质量发展指数得分>（均值+0. 5×标准差）	第一梯队：领先城市
2	均值<得分<（均值+0. 5×标准差）	第二梯队：进步城市
3	（均值-0. 5×标准差）<得分<均值	第三梯队：追赶城市
4	得分<（均值-0. 5×标准差）	第四梯队：落后城市

资料来源：计算方法借鉴魏敏和李书昊（2018）、陈景华等（2020）。

如图 3-5 所示，广东 21 个地级市中经济高质量发展指数达到均值 35.295 分的有 8 个城市。按照得分高低，深圳（64.147 分）、珠海（53.458 分）、东莞（49.269 分）、广州（47.798 分）、佛山（42.512 分）、惠州（41.871 分）6 个地级市经济高质量得分高于 40.679 分，属于领先城市，经济发展成绩亮眼；其中，深圳处于绝对的引领地位，也是唯一一个经济高质量发展得分超过 60.000 分的城市。此外，中山（39.015 分）、江门（35.939 分）经济高质量发展得分介于 35.295～40.678 分，属于进步城市，其经济发展水平具有一定的领先性，但是还有一定的上升空间。低于均值（35.295 分）的城市共有 13 个，其中，茂名（31.670 分）、肇庆（30.339 分）、梅州（30.047 分）3 个城市介于 29.911～35.295 分之间，属于追赶城市，这些城市经济高质量发展综合水平有限，有较大的追赶空间；最后 10 个落后城市的经济高质量发展得分低于 29.911 分，占广东省 47.62%，这些城市与其他区域差距明显，有很大的上升空间，它们在追求经济增长速度的同时也需要重视新发展理念，着力实现经济高质量发展。

从经济高质量发展 4 个类型城市的区域分布来看，6 个领先城市和 2 个进步城市均属于珠三角地区，3 个追赶城市分别属于珠三角、西翼、山区，10 个落后城市分别属于东翼、西翼、山区地区（见表 3-11）。因此，当前广东省经济高质量发展存在显著的区域不均衡问题，珠三角地区发展较好，东翼、西翼、山区地区发展较为落后。

表 3-11　2022 年广东 21 个地级市经济高质量发展水平所属梯队

	包含城市
第一梯队：领先城市	深圳、珠海、东莞、广州、佛山、惠州
第二梯队：进步城市	中山、江门
第三梯队：追赶城市	茂名、肇庆、梅州
第四梯队：落后城市	湛江、韶关、河源、阳江、汕头、云浮、清远、潮州、汕尾、揭阳

3. 创新发展和开放发展差异最为明显，协调发展和绿色发展差异较小

（1）各地级市创新发展指数存在较大差距。根据表 3-12 计算结果可以得知，2022 年广东 21 个地级市创新发展指数均值为 7.500 分，其中，得分高于广东省均值的城市有深圳、东莞、珠海、惠州、佛山、中山、广州、江门 8 个

城市，其余13个城市得分均低于广东省均值，尤其是梅州，得分仅为1.374分，与排名第一位的深圳相差19.249倍。此外，揭阳、阳江、汕尾、河源、潮州、云浮、湛江、茂名8个城市得分均小于3.000分，水平较低。上述结果表明，广东省内21个地级市创新发展水平存在较大差距。深圳作为创新之城，创新体系在全国都很具影响力。2024年9月，深圳科技创新局局长张林告诉《半月谈》记者，过去10年间，深圳持续加大研发投入、激发创新活力动力，全市研发投入占GDP比重由2014年的4.02%上升为2023年的5.81%，研发强度位居全国第二位，2023年国家高新技术企业为2014年的5.2倍。相较而言，其他城市创新动力与深圳存在差距。因此，在推动广东省经济高质量发展过程中需要重视其余20个地级市的创新资源配置，确保创新能够成为推动经济高质量发展的第一动力。

（2）各地级市协调发展指数整体差距较小。2022年广东21个地级市协调发展指数的均值为9.272分，是五个维度中得分最高的，其中高于广东省均值的城市有广州、深圳、珠海、中山、东莞、佛山、汕头、梅州8个城市，其余13个城市得分均未超过广东省均值。此外，从排位第一的广州得分与排名末位的清远得分之比来看，协调发展指数为2.016倍，是五个维度中最大值与最小值比值最小的，创新发展指数、绿色发展指数、开放发展指数、共享发展指数排名第一位与排名最后一位之比分别为20.249、3.142、16.719、2.305。由此可见，广东省协调发展指数表现均衡，整体差距相对较小，这也充分说明经过多年努力，广东省在经济高质量发展过程中的不均衡、不充分的问题得到改善。

（3）绿色发展指数除茂名、广州外，其余城市得分均偏低。2022年广东21个地级市绿色发展指数的均值为6.641分，超过广东省均值的城市依然为8个，分别是茂名、广州、珠海、佛山、深圳、肇庆、云浮、潮州，61.90%的城市未达到广东省均值。此外，超过10分的仅为茂名（10.420分）、广州（10.100分），其余19个城市均低于9.000分。从标准差的角度来观察21个地级市之间五个维度的差异程度，绿色发展指数的标准差最低，为1.765，创新发展指数、协调发展指数、开放发展指数、共享发展指数的标准差分别为7.002、2.005、2.799、2.096。由此可知，21个地级市绿色发展水平相对接近，由于绿色发展包含了能源消耗、绿色生活两部分，充分说明现阶段广东省在力求经济发展的同时兼顾了能源与生活可持续发展，很好地贯彻落实了习近平总书记“绿水青山就是金山银山”的发展理念。

（4）开放发展指数除珠三角城市表现较好外，其余城市表现不佳。2022

年广东省 21 个地级市开放发展指数均值为 3. 809 分，是五个维度中得分最低的。位于广东省均值以上的城市为深圳、珠海、东莞、惠州、广州、中山、江门、佛山 8 个城市，全部为珠三角城市，这也是因为珠三角区域改革开放程度较高，利用外资的能力较强。需要指出的是，潮州、汕头、汕尾、梅州、云浮、韶关、茂名、揭阳 8 个城市得分低于 2. 000 分，尤其是茂名、揭阳得分分别为 0. 779 分、0. 577 分。这也说明，除了珠三角地区之外，东翼、西翼、山区地区开放发展水平严重不足，亟须紧抓粤港澳大湾区发展的良好发展契机，利用好自身优势与特点，大力发展开放经济。

（5）各地级市共享发展指数整体较为均衡。2022 年广东省 21 个地级市共享发展指数均值为 8. 073 分，超过广东省均值的城市为 10 个，分别是韶关、梅州、河源、茂名、阳江、湛江、清远、云浮、肇庆、江门，其余 11 个城市未超过广东省均值。共享发展指数介于 5. 299～12. 212 分，整体发展较为均衡。这也说明广东省经济发展成果惠民效果比较好，人民生活水平提高与经济高质量发展实现了较好的同频共振。

表 3-12　2022 年广东 21 个地级市经济高质量发展五大维度指标排名

排名	城市	创新发展指数	城市	协调发展指数	城市	绿色发展指数	城市	开放发展指数	城市	共享发展指数
1	深圳	27. 822	广州	13. 575	茂名	10. 420	深圳	9. 647	韶关	12. 212
2	东莞	18. 557	深圳	13. 310	广州	10. 100	珠海	9. 427	梅州	11. 691
3	珠海	15. 906	珠海	12. 040	珠海	8. 902	东莞	7. 535	河源	11. 269
4	惠州	14. 096	中山	11. 317	佛山	8. 443	惠州	6. 821	茂名	10. 177
5	佛山	12. 878	东莞	11. 229	深圳	7. 818	广州	6. 808	阳江	9. 464
6	中山	10. 950	佛山	10. 864	肇庆	7. 039	中山	6. 177	湛江	9. 443
7	广州	10. 251	汕头	9. 510	云浮	6. 916	江门	4. 441	清远	9. 430
8	江门	8. 370	梅州	9. 292	潮州	6. 872	佛山	4. 095	云浮	9. 169
9	肇庆	5. 291	揭阳	9. 064	东莞	6. 609	湛江	3. 413	肇庆	8. 221
10	清远	4. 831	惠州	8. 982	湛江	6. 587	清远	2. 877	江门	8. 211
11	汕头	4. 091	江门	8. 357	江门	6. 561	河源	2. 509	珠海	7. 183
12	韶关	3. 511	潮州	8. 252	汕尾	6. 531	阳江	2. 296	惠州	7. 078
13	揭阳	2. 855	茂名	8. 248	阳江	6. 253	肇庆	2. 001	广州	7. 064
14	阳江	2. 732	湛江	8. 147	梅州	5. 987	潮州	1. 984	潮州	6. 784

续表3-12

排名	城市	创新发展指数	城市	协调发展指数	城市	绿色发展指数	城市	开放发展指数	城市	共享发展指数
15	汕尾	2.583	汕尾	7.896	汕头	5.934	汕头	1.816	汕尾	6.657
16	河源	2.499	云浮	7.815	揭阳	5.599	汕尾	1.742	汕头	6.603
17	潮州	2.373	肇庆	7.787	中山	5.273	梅州	1.703	揭阳	6.464
18	云浮	2.333	阳江	7.681	河源	5.094	云浮	1.689	佛山	6.232
19	湛江	2.146	韶关	7.410	惠州	4.894	韶关	1.657	深圳	5.549
20	茂名	2.046	河源	7.196	韶关	4.310	茂名	0.779	东莞	5.339
21	梅州	1.374	清远	6.735	清远	3.316	揭阳	0.577	中山	5.299
	均值	7.500	均值	9.272	均值	6.641	均值	3.809	均值	8.073
	标准差	7.002	标准差	2.005	标准差	1.765	标准差	2.799	标准差	2.096

(四) 经济高质量发展与经济增长数量的一致性分析

针对当前学界中以经济增长数量(如人均 GDP)代替经济高质量发展的争论，借鉴聂长风和简新华(2020)的做法，以 2022 年为例，将广东省内 21 个地级市经济高质量发展指数排名和人均 GDP 排名情况进行汇总对比，并对二者的关系情况进行设定，如表 3-13 所示。

表 3-13 经济高质量发展与人均 GDP 排名关系的设定

序号	条 件	判 定
1	地级市经济高质量发展指数得分排名-人均 GDP 排名=0	经济高质量发展水平与经济增长速度保持同步，属于“同步型”
2	地级市经济高质量发展指数得分排名-人均 GDP 排名>0	经济高质量发展水平滞后于经济增长速度，属于“滞后型”
3	地级市经济高质量发展指数得分排名-人均 GDP 排名<0	经济高质量发展水平超前于经济增长速度，属于“超前型”

资料来源：聂长飞和简新华(2020)。

结果表明：2022 年广东省 21 个地级市中，高质量经济发展质量与数量“同步型”的城市有 9 个，质量“超前型”的有 2 个，质量“滞后型”的有

10个。具体而言，珠三角中，有6个地级市属于高质量经济发展质量与数量“同步型”，分别为深圳、珠海、惠州、东莞、中山、江门，有3个地级市属于质量“滞后型”，分别是广州、佛山、肇庆；东翼中，4个地级市均为质量“滞后型”；山区中，有2个地级市属于质量“超前型”，分别是河源、梅州，有2个地级市属于质量“滞后型”，分别是韶关、清远；西翼中，有3个地级市属于质量“同步型”，分别是湛江、茂名、云浮，有1个地级市属于质量“滞后型”，即阳江。

总体而言，从经济质量和数量发展的一致性来看，广东省21个地级市中，42.86%的城市属于经济发展质量与数量“同步型”，尤其是珠三角地区。山区发展差异较大，西翼经济质量发展与数量发展一致性较强，东翼经济质量发展赶不上数量发展。

表3-14　2022年广东省21个地级市经济高质量发展指数与人均GDP排序情况

区域	城市	质量排名	数量排名	排名差值	类型
珠三角	广州	4	3	1	滞后型
	深圳	1	1	0	同步型
	珠海	1	1	0	同步型
	佛山	2	1	1	滞后型
	惠州	2	2	0	同步型
	东莞	1	1	0	同步型
	中山	1	1	0	同步型
	江门	1	1	0	同步型
	肇庆	2	1	1	滞后型
东翼	汕头	7	4	3	滞后型
	汕尾	10	7	3	滞后型
	潮州	9	6	3	滞后型
	揭阳	9	8	1	滞后型
山区	韶关	4	3	1	滞后型
	河源	4	6	-2	超前型
	梅州	2	6	-4	超前型
	清远	5	4	1	滞后型

续表3-14

区域	城市	质量排名	数量排名	排名差值	类型
西翼	阳江	3	2	1	滞后型
	湛江	2	2	0	同步型
	茂名	1	1	0	同步型
	云浮	1	1	0	同步型

四、广东经济高质量发展的分布动态演变分析

（一）使用核密度估计方法探索经济高质量发展的分布动态演变特征

核密度函数作为非参数估计方法之一，能够很直观地展示广东省及四大区域经济高质量发展指数时空演变特点。本书拟采用核密度估计方法探究广东省及四大区域内部经济高质量发展指数的分布位置、主峰分布态势、极化趋势以及延展性。图3-6和图3-7展示了2015年、2019年、2022年广东省及四大区域经济高质量发展指数的演变状况，其中图3-6为广东省经济高质量发展指数二维核密度分布动态，图3-7（a-d）分别为广东省内珠三角、东翼、西翼、山区四大区域经济高质量发展指数二维核密度分布动态。按照图3-6所示，基于波峰移动来看，分布曲线主峰位置不断右移，意味着广东省经济高质量发展水平不断提高。由主峰分布形态来看，主峰高度呈现持续走高的态势，整体表现为上升趋势，宽度收窄意味着广东省范围内经济高质量发展差距呈现为缩小趋势。基于分布延展性而言，核密度曲线的左拖尾特征明显减弱，右拖尾现象进一步增强，说明广东省范围内经济高质量发展水平较低的地级市具有向均值靠拢的趋势，而发展水平较高的地级市依然保持“榜样力量”。从极化现象来看，核密度曲线由“一主峰多侧峰”的多峰状态逐渐演变为“一主峰一侧峰”，预示着广东省内21个地级市两极分化现象逐渐在减弱，上述特征总结于表3-15中。

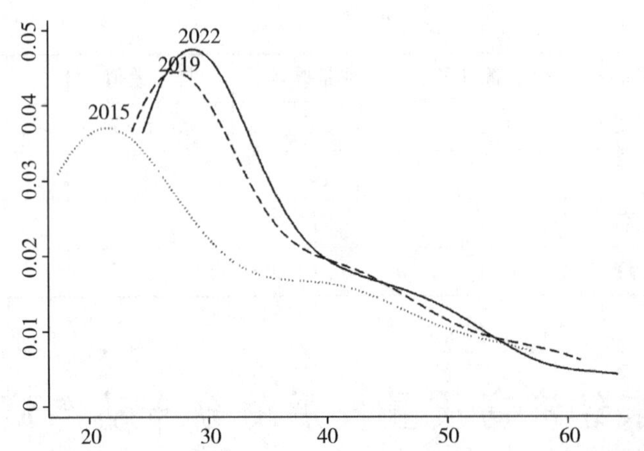

图 3-6　2015 年、2019 年、2022 年广东省经济高质量发展指数二维核密度图

根据图 3-7 所示，广东省内四大区域中，珠三角、东翼两个区域主峰位置呈现右移趋势，表明珠三角、东翼地区经济高质量发展水平在不断提高；西翼、山区地区主峰位置呈现先右移后左移趋势，说明西翼、山区地区经济高质量发展指数由 2015 年增长至 2021 年，而后 2022 年有所下降。珠三角地区主峰分布形态呈现峰值下降、宽度变宽的趋势，分布延展性方面表现为右拖尾、延展扩宽，说明在珠三角地区经济高质量发展差距变大，珠三角范围内经济发展水平较低的地级市有向均值靠拢的趋势，存在极化现象。东翼、西翼、山区的主峰分布形态均呈先下降后上升再下降、宽度收窄的趋势，分布延展性方面表现为右拖尾、延展扩宽，表明东翼、西翼、山区地区经济高质量发展水平较低的地级市有向均值靠拢的趋势，而经济高质量发展水平较高的地级市处于领先地位。虽说西翼、山区在个别年份存在两极分化现象，但其余年份并无极化现象，上述特征总结于表 3-15 中。

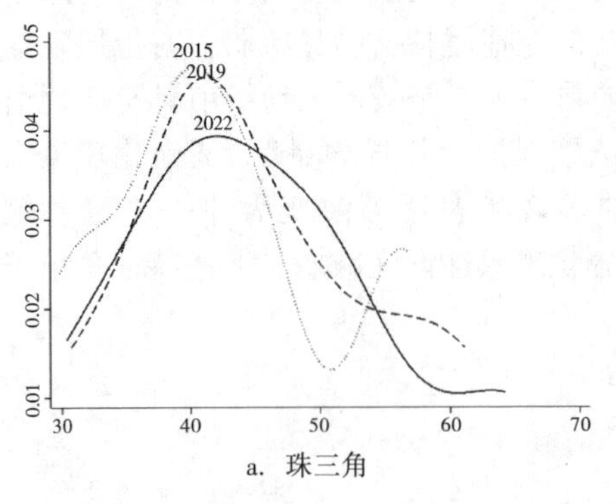

a. 珠三角

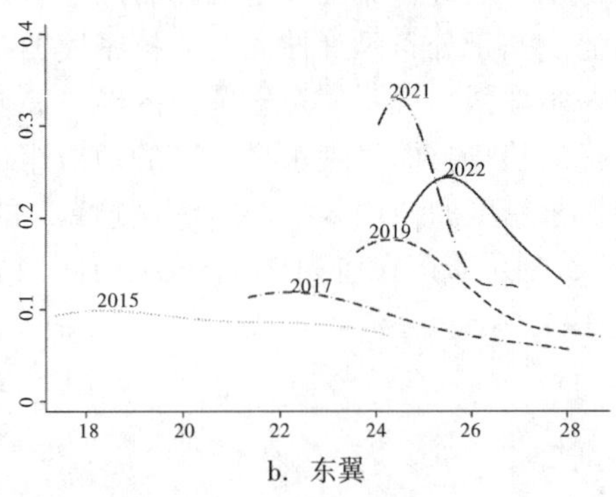

b. 东翼

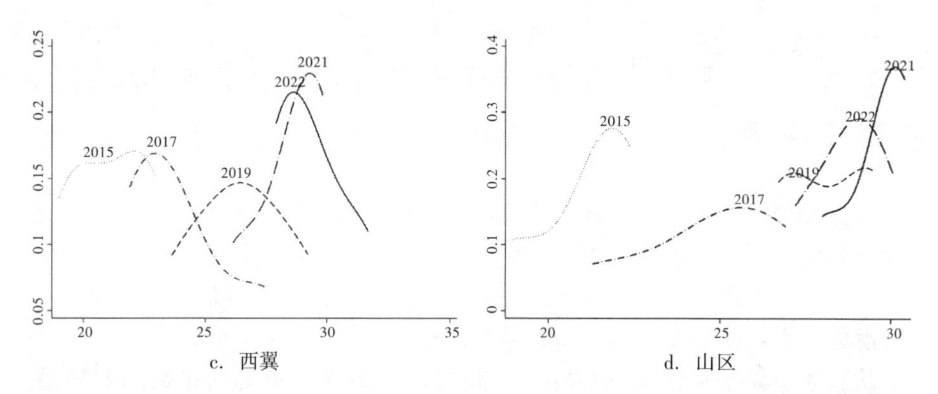

图 3-7　2015 年、2019 年、2022 年广东省四大区域经济高质量发展指数二维核密度图

总体而言，除珠三角地区经济高质量发展水平差距增大外，广东省与省内其他三个区域经济高质量发展均呈现“水平提升、差距缩小、区域发展水平较高的地级市始终保持领先优势”等特征。需要注意的是，广东省及四大区域的经济高质量发展均存在不同程度的两极分化现象，在后续经济高质量发展过程中需要特别关注均衡发展的问题。

表 3-15　广东省与省内四大区域经济高质量发展指数的分布动态演变特征

地区类别	分布位置	主峰分布形态	分布延展性	极化现象
广东省	右移	峰值上升，宽度收窄	右拖尾，延展扩宽	两极分化，绝大部分年份存在两峰现象
珠三角	右移	峰值下降，宽度变宽	右拖尾，延展扩宽	两极分化，绝大部分年份存在两峰现象
东翼	右移	峰值先上升后下降，宽度收窄	右拖尾，延展扩宽	个别年份存在极化现象，2021 年存在两个峰值
西翼	先右移后左移	峰值先下降后上升再下降，宽度收窄	右拖尾，延展扩宽	个别年份存在极化现象，2015 年存在两个峰值
山区	先右移后左移	峰值先下降后上升再下降，宽度收窄	左拖尾，延展扩宽	个别年份存在极化现象，2019 年存在两个峰值

（二）使用泰尔指数探索经济高质量发展指数区域差异及来源

为更好地解释广东省经济高质量发展指数的区域差距及贡献率，本书借鉴 Theil（1967）、周小亮和吴武林（2018）、聂长飞和简新华（2020）的计算分析方法，采用泰尔指数对广东省经济高质量发展指数的总体差异进行分解，主要分解为两类：组内差异和组间差异，计算结果如表 3-16 所示。

从总体差异来看，2015—2022 年间广东经济高质量发展指数的差异最大和最小的年份分别是 2015 年和 2020 年，总体差异值分别为 0.07710 和 0.04037。同时，广东省经济高质量发展指数的总体差异值呈现波动下行态势，从 2015 年的 0.07710 下降至 2020 年的 0.04037，而后上升至 2021 年的 0.04319，2022 年再次稍微下降至 0.04065，总体差异值的下降意味着广东省经济高质量发展指数的总体差异在不断缩小。

从结构分解来看，2015—2022 年间，地区间差异的贡献率一直高于 65.00%，2015—2022 年分别为 81.06%、75.78%、74.69%、73.38%、74.00%、70.92%、65.36%、69.32%，这说明广东省经济高质量发展指数的总体差异主要来源于地区间差异，即：珠三角、东翼、西翼、山区之间的差异。对地区内差异进行分解发现，2015—2022 年间，珠三角、东翼、西翼、山区的地区内差异均值分别为：0.02191、0.00386、0.00326、0.00296，贡献率均值分别为 24.43%、0.90%、0.70%、0.90%，这说明珠三角地区内各市经济高质量发展水平差异最大，其次是东翼，随后是西翼、山区。且四大区域的区域内差异中，珠三角地区呈现波动上行态势，东翼、西翼、山区则呈现明显的波动下行态势，表明珠三角内各市经济高质量发展水平差距正在走向扩大，东翼、西翼、山区内各市经济高质量发展水平差距走向收敛。具体来看，2015—2022 年珠三角地区内差异由 0.02107 上升至 0.02202，东翼、西翼、山区则由 0.00954、0.00278、0.00196 降至 0.00115、0.0012、0.00065，珠三角内各市经济高质量发展水平不平衡程度逐渐走高，东翼、西翼、山区逐步趋于平衡。（如表 3-16 所示）

表 3-16　2015—2022 年广东省经济高质量发展指数的泰尔指数及其贡献率

年份	总体差异	地区内差异					地区间差异
		总体	珠三角	东翼	西翼	山区	
2015	0.07710	0.01460 (18.94%)	0.02107 (16.52%)	0.00954 (1.60%)	0.00278 (0.34%)	0.00196 (0.48%)	0.06250 (81.06%)
2016	0.07201	0.01744 (24.22%)	0.02437 (20.07%)	0.00483 (0.90%)	0.00485 (2.34%)	0.01232 (0.92%)	0.05457 (75.78%)
2017	0.05848	0.01480 (25.31%)	0.02234 (22.00%)	0.00642 (1.53%)	0.00369 (0.90%)	0.00366 (0.89%)	0.04368 (74.69%)
2018	0.04745	0.01263 (26.62%)	0.01884 (22.22%)	0.00345 (1.02%)	0.00846 (0.65%)	0.00211 (2.73%)	0.03482 (73.38%)
2019	0.04561	0.01186 (26.00%)	0.01950 (23.82%)	0.00299 (0.92%)	0.00288 (0.33%)	0.00096 (0.92%)	0.03375 (74.00%)
2020	0.04037	0.01174 (29.08%)	0.02043 (27.62%)	0.00148 (0.51%)	0.00088 (0.60%)	0.00151 (0.34%)	0.02863 (70.92%)
2021	0.04319	0.01496 (34.64%)	0.02669 (33.65%)	0.00101 (0.32%)	0.00131 (0.20%)	0.00054 (0.47%)	0.02822 (65.36%)
2022	0.04065	0.01247 (30.68%)	0.02202 (29.55%)	0.00115 (0.40%)	0.0012 (0.25%)	0.00065 (0.47%)	0.02819 (69.32%)
均值	0.05311	0.01381 (26.94%)	0.02191 (24.43%)	0.00386 (0.90%)	0.00326 (0.70%)	0.00296 (0.90%)	0.03930 (73.06%)

（三）使用莫兰指数探索经济高质量发展指数的空间自相关性

地理学第一定律表明，任何事物之间都是相关的，且相邻的事物之间具有更强的相关性（Tobler，1970）。为了对广东省经济高质量发展指数的空间特征进行分析，本书计算出广东省经济高质量发展指数的全局莫兰指数（Moran's Ⅰ），如表 3-17 所示。

表 3-17　2015—2022 年广东省经济高质量发展指数的全局莫兰指数

年份	Moran's I	P 值（显著水平）
2015	0.469	0.000
2016	0.439	0.001
2017	0.446	0.001
2018	0.493	0.000
2019	0.488	0.000
2020	0.492	0.000
2021	0.457	0.000
2022	0.463	0.000

2015—2022 年广东省经济高质量发展指数的全局莫兰指数介于［0.439, 0.493］之间，且均通过了显著性检验，这充分说明广东省经济高质量发展指数之间存在着显著的空间正相关。为了进一步分析广东省经济高质量发展指数的空间集聚情况，本书通过绘制局部莫兰散点图对其进行进一步解析，具体如图 3-8 所示。图 3-8 局部莫兰散点图显示，2015—2022 年间广东省绝大部分地级市都落在了第一象限和第三象限，处于 H—H 型聚集和 L—L 型聚集区。从图 3-8 即可以看出，除两三个地级市处于第二、四象限之外，其余地级市均处于第一、第三象限，充分表明了广东省经济高质量发展指数的空间相关性特征具有较强的稳定性。

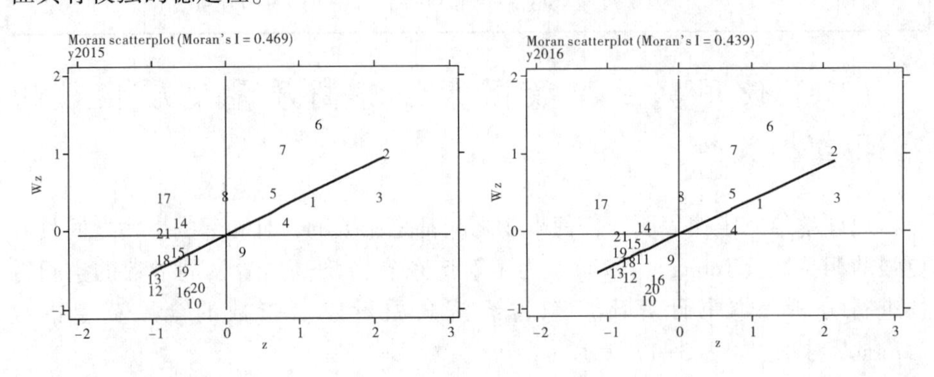

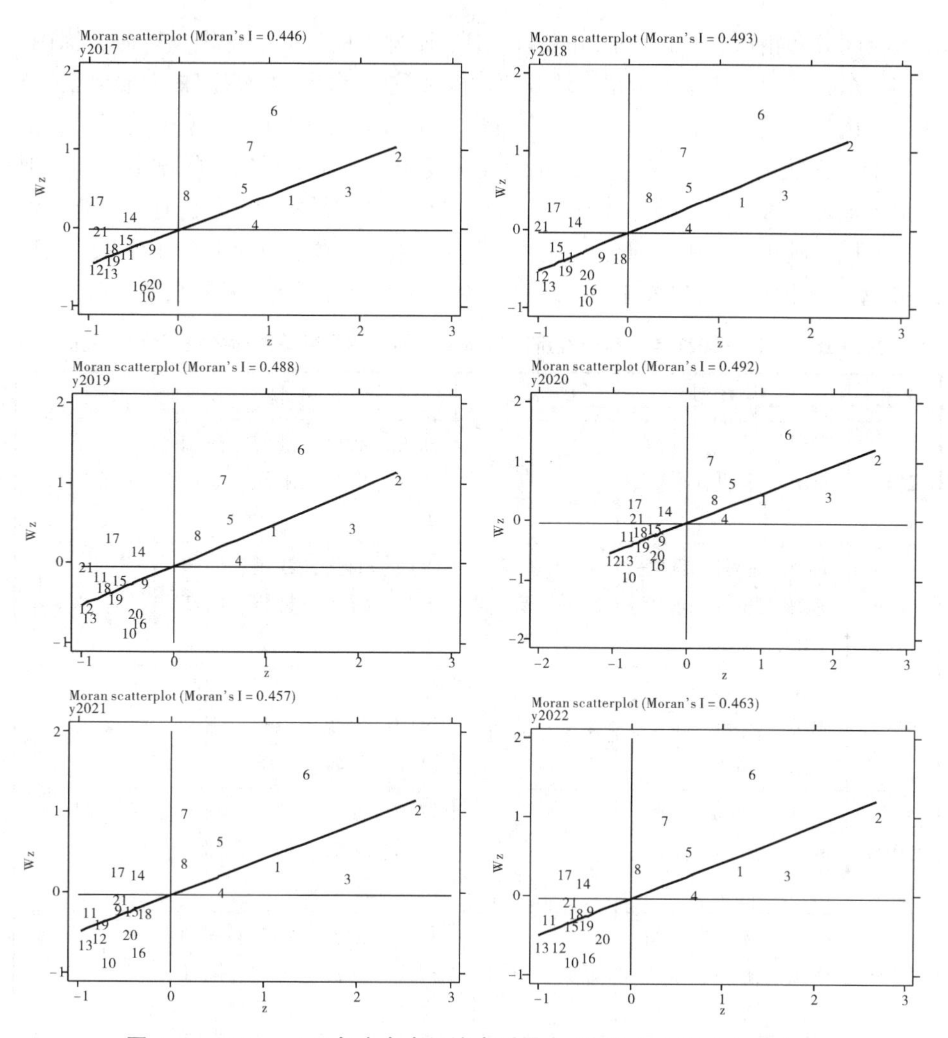

图 3-8　2015—2022 年广东省经济高质量发展指数的局部莫兰散点图

注：图中数字所代表城市如下：1. 广州；2. 深圳；3. 珠海；4. 佛山；5. 惠州；6. 东莞；7. 中山；8. 江门；9. 肇庆；10. 汕头；11. 汕尾；12. 潮州；13. 揭阳；14. 韶关；15. 河源；16. 梅州；17. 清远；18. 阳江；19. 湛江；20. 茂名；21. 云浮。

综上可知，广东省经济高质量发展指数表现出了以 H—H 型聚集和 L—L 型聚集为主的正向聚集特征，即经济高质量发展指数较高的地级市往往被经济高质量发展指数较高的地级市包围、经济高质量发展指数较低的地级市被经济高质量发展指数较低的地级市包围。

根据表 3-18 结果所示 2015—2022 年广东省经济高质量发展指数的局部莫兰

指数空间分布情况，可以看出并发现，H—H 型中的广州、深圳、珠海、佛山、惠州、东莞、中山 7 个地级市连续 8 年出现在这一区域，均属于珠三角地区，整体区位优势优越，毗邻港澳，经济高质量发展水平较好；L—H 型中的韶关、清远属于“常驻嘉宾”，虽然与珠三角中经济高质量发展水平较高的城市相邻，但是由于地理位置、经济条件等原因，其整体经济高质量发展水平仍有待提升；汕头、汕尾、潮州、揭阳、河源、梅州、阳江、湛江、茂名 9 个城市连续 8 年属于 L—L 型，原因在于人口外流、地理位置因素导致经济高质量发展水平略低。

表 3-18　2015—2022 年广东省经济高质量发展指数的局部莫兰指数空间分布情况

年份	H—H 型	L—H 型	L—L 型	H—L 型
2015	广州、深圳、珠海、佛山、惠州、东莞、中山	江门、韶关、清远、云浮	汕头、汕尾、潮州、揭阳、河源、梅州、阳江、湛江、茂名	肇庆
2016	广州、深圳、珠海、佛山、惠州、东莞、中山、江门	韶关、清远	肇庆、汕头、汕尾、潮州、揭阳、河源、梅州、阳江、湛江、茂名、云浮	
2017	广州、深圳、珠海、佛山、惠州、东莞、中山、江门	韶关、清远	肇庆、汕头、汕尾、潮州、揭阳、河源、梅州、阳江、湛江、茂名、云浮	
2018	广州、深圳、珠海、佛山、惠州、东莞、中山、江门	韶关、清远、云浮	肇庆、汕头、汕尾、潮州、揭阳、河源、梅州、阳江、湛江、茂名	
2019	广州、深圳、珠海、佛山、惠州、东莞、中山、江门	韶关、清远	肇庆、汕头、汕尾、潮州、揭阳、河源、梅州、阳江、湛江、茂名、云浮	
2020	广州、深圳、珠海、佛山、惠州、东莞、中山、江门	韶关、清远	肇庆、汕头、汕尾、潮州、揭阳、河源、梅州、阳江、湛江、茂名、云浮	
2021	广州、深圳、珠海、佛山、惠州、东莞、中山、江门	韶关、清远	肇庆、汕头、汕尾、潮州、揭阳、河源、梅州、阳江、湛江、茂名、云浮	

续表3-18

年份	H—H 型	L—H 型	L—L 型	H—L 型
2022	广州、深圳、珠海、佛山、惠州、东莞、中山、江门	韶关、清远	肇庆、汕头、汕尾、潮州、揭阳、河源、梅州、阳江、湛江、茂名、云浮	

整体而言，在样本期内，大部分的地级市的高质量经济发展指数空间分布并未发生跃迁，仅少数地级市向相邻城市跃迁；当前处于 H—L 型集聚的地级市较少，其余三型均有一定分布。其中，珠三角地区主要分布在 H—H 型中，东翼、西翼、山区主要分布在 L—L 型中，说明广东省部分地级市经济高质量发展水平有限、渗透力不足，这也与资源要素流动加快及倾斜政策边际效应递减有关。因此，提升低发展水平地级市的发展内驱力、推动其向 H—H 型区域渗透具有现实迫切性。

（四）使用收敛模型探索经济高质量发展指数的收敛性

本书利用 σ 收敛判断广东省及四大区域经济高质量指数是否收敛状况的指标。表 3-19、图 3-9 的数据显示，2015—2022 年间，广东省总体上经济高质量发展指数的 σ 系数表现出下降态势，但是并非逐年稳定下降，因此，广东省经济高质量发展指数不存在 σ 收敛。分地区看，珠三角、东翼、山区、西翼经济高质量发展指数的 σ 系数同样未表现出稳定的下降趋势，从而珠三角、东翼、山区、西翼经济高质量发展也不存在 σ 收敛。具体而言，珠三角地区 σ 系数较大，明显高于东翼、山区、西翼，说明珠三角地区经济高质量发展指数的区域差异较大，这一差异明显高于东翼、山区、西翼，这与之前泰尔指数的区域差异分析结果基本一致。

表 3-19　2015—2022 年广东省及四大区域经济高质量发展指数 σ 收敛值

地区	2015 年	2016 年	2017 年	2018 年	2019 年	2020 年	2021 年	2022 年
广东省	0. 377	0. 364	0. 326	0. 295	0. 286	0. 268	0. 274	0. 267
珠三角	0. 206	0. 223	0. 215	0. 196	0. 198	0. 201	0. 232	0. 210
东翼	0. 138	0. 098	0. 111	0. 082	0. 076	0. 054	0. 044	0. 048
山区	0. 064	0. 165	0. 087	0. 065	0. 044	0. 056	0. 033	0. 036
西翼	0. 075	0. 096	0. 084	0. 129	0. 076	0. 042	0. 052	0. 049

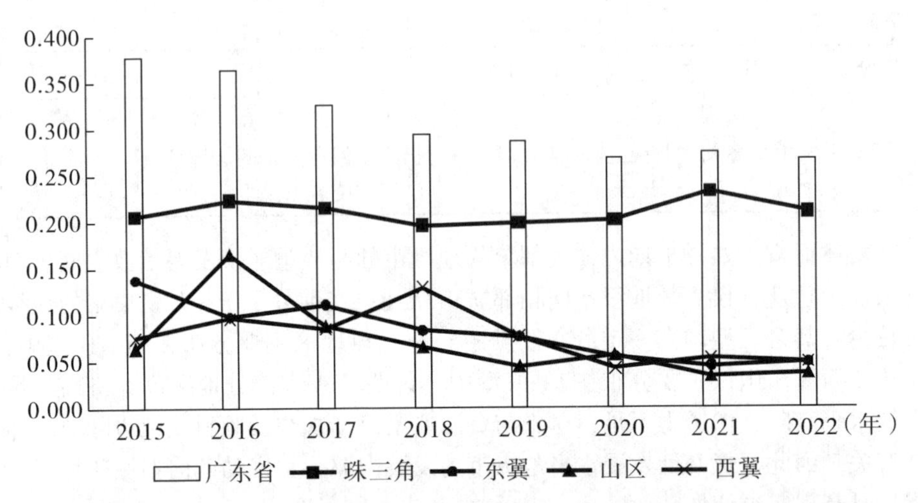

图 3-9　2015—2022 年广东省及四大区域经济高质量发展指数 σ 收敛系数值变化

（五）使用方差分解探索经济高质量发展指数五个维度内部结构差异

为了揭示广东省及四大区域经济高质量发展在哪些领域的问题更为突出，接下来本书运用方差分解方法从全样本层面考察其结构来源。表 3-20 和图 3-10 报告了 2015—2022 年间广东省及四大区域经济高质量发展差异结构来源的贡献。总体而言，广东省及四大区域经济高质量发展差异来源呈现明显的区域性。从广东省层面看，经济高质量发展差异最大的来源是创新发展差异，其贡献率为 40. 78%；其次是共享发展差异，贡献率为 33. 44%；协调发展和绿色发展差异的贡献度比较接近，分别为 22. 36%、21. 15%，开放发展差异是最小来源，但是呈现负向影响，为-17. 72%。从四大区域来看，按照经济高质量发展差异的两大主要贡献，将四大区域划分为如下 4 个类型：第一类为“创新发展差异—开放发展差异”问题突出型，包括珠三角，其经济高质量发展差异的最大来源为创新发展差异，贡献率为 123. 43%，其次为开放发展差异，贡献率为-77. 80%；第二类为“共享发展差异—绿色发展差异”问题突出型，包括东翼，其经济高质量发展的最大差异来源是共享发展差异贡献率为 34. 68%，绿色发展差异贡献第二，贡献率为 30. 92%；第三类为“共享发展差异—协调发展差异”问题突出型，包括西翼，其经济高质量发展的最大差异来源为共享发展差异，贡献率为 38. 60%，协调发展差异贡献第二，贡献率为 23. 39%；

第四类为“共享发展差异—创新发展差异”问题突出型，包括山区，其经济高质量发展的最大差异来源于共享发展差异，贡献率为 49. 95%，创新发展差异排名第二，贡献率为 20. 32%。

表 3-20　广东省及四大区域经济高质量发展差异结构来源的贡献

（单位:%）

区域	创新发展	协调发展	绿色发展	开放发展	共享发展
广东省	40. 78	22. 36	21. 15	-17. 72	33. 44
珠三角	123. 43	28. 18	22. 22	-77. 80	3. 95
东翼	18. 04	23. 94	30. 92	-7. 60	34. 68
西翼	11. 07	23. 39	19. 30	7. 65	38. 60
山区	20. 32	13. 12	13. 90	2. 73	49. 95

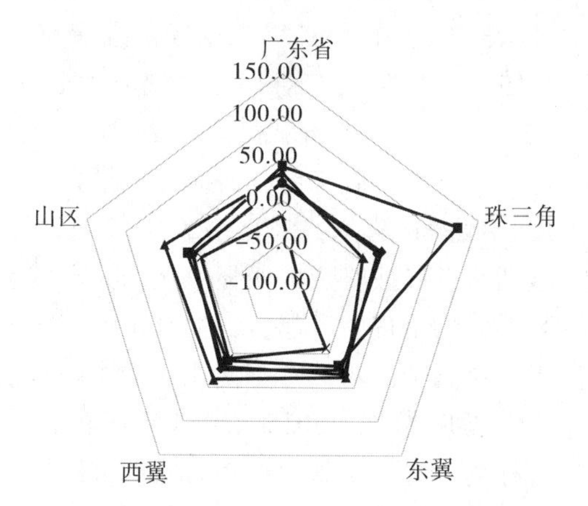

图 3-10　广东省及四大区域经济高质量发展结构差异贡献雷达图

五、广东经济高质量发展特点分析

本章基于新发展理念构建了“创新、协调、绿色、开放、共享”五个维度的经济高质量发展指数，该指标总共包含 5 个准则层、12 个一级指标和 23 个二级指标；并运用组合赋权法为该指标体系权重赋值，测度了 2015—2022 年间广东省 21 个地级市经济高质量发展指数。基于 21 个地级市经济高质量发展指数得分，分别从广东省、四大区域、省内 21 个地级市三个层面出发分析经济高质量发展指数呈现的特点与结构特征，采用核密度函数、泰尔指数、莫兰指数、收敛模型探讨广东省经济高质量发展指数的空间分布动态演化规律与差异情况，最终，总结得出广东经济高质量发展特点如下。

（一）优势

1. 样本期内广东经济高质量发展稳步提升

广东作为国际社会观察我国改革开放的重要窗口，一直都是我国经济发展的重要风向标。广东地区生产总值在 1998 年超过新加坡，2003 年超过香港地区，2007 年超过台湾地区，2021 年超过韩国，2023 年成为全国首个地区生产总值突破 13 万亿的省份，已经连续 35 年居全国首位。2022 年广东省 GDP 占全国比重为 10. 72%，2023 年为 10. 80%，广东经济发展有力稳当。从经济高质量发展指数来看，2015—2022 年广东省得分呈现波动上行态势，从 2015 年的 30. 158 分上升至 2022 年的 35. 295 分，虽然在 2020 年受新冠疫情影响，但整体经济发展势头良好。从五大维度来看，协调发展指数表现抢眼，其指数均值排名首位；创新发展指数增速喜人，2015—2022 年间保持 6. 39%的增速持续增长，说明广东实施创新发展战略成效明显。从四大区域发展来看，四大区域经济高质量发展指数得分均呈现上升趋势，尤其是珠三角地区，经济高质量发展指数得分明显高于其余三个区域。本书使用核密度函数估计分析广东省经济高质量发展分布动态演变时发现，2015—2022 年广东省及四大区域核密度图的主峰位置均呈现右移的态势，反映出广东省及四大区域经济高质量发展不断提高的变化趋势。综上可知，无论是地区生产总值还是经济高质量发展指数的数据计算结果都表明，2015—2022 年广东经济高质量发展成效明显，并呈不断稳步提升态势。

2. 广东省经济高质量发展与经济增长数量一致性较强

党的二十大报告指出：“中国共产党的中心任务就是团结带领全国各族人民全面建成社会主义现代化强国、实现第二个百年奋斗目标，以中国式现代化全面推进中华民族伟大复兴”，“高质量发展是全面建成社会主义现代化国家的首要任务”，“发展是党执政兴国的第一要务”。高质量发展是一个含义丰富的战略性要求，在宏观上，要兼顾增长、就业、价格、国际收支等宏观经济指

标的均衡；在产业上，要实现产业体系现代化，生产方式智能化，产品数字化、低碳化；在空间上，要实现经济、社会、资源、人口的和谐发展；在要素投入上，要实现资本、劳动力、土地、数据等要素效率的提升。经济高质量发展同样涵盖了上述内容，也更为强调发展质量的有效提升和发展数量的稳中有升，质量和数量的同步发展是经济高质量发展的内在要义。本书通过对比2022年广东省21个地级市经济高质量发展指数得分排名与人均GDP排名之间的差异发现，省内有42.86%的地级市经济发展质量和数量保持同步，整体的一致性较高。

3. 广东省经济高质量发展指数存在马太效应

区域是块状经济体，人口、现金、数据等资源在空间上呈非均匀状态分布，呈现出非连续、间断或聚集特征。空间经济学理论认为，由于地理区位优势、优惠政策优势、市场接近效应、生活成本效应等使得资源积累，不同区域之间形成强强联合或弱弱联系。本书通过莫兰指数分析广东省经济高质量发展指数的空间自相关性发现，2015—2022年广东省经济高质量发展指数全局莫兰指数介于［0.439、0.493］之间，且通过了显著性检验，这意味着广东省内经济高质量发展指数之间存在显著的空间正相关，表现出了以H—H型聚集和L—L型聚集为主的正向集聚特征，经济高质量发展指数较高的地级市往往被经济高质量发展指数较高的地级市包围，经济高质量发展指数较低的地级市被经济高质量发展指数较低的地级市包围。具体而言，2015—2022年珠三角地区主要分布在H—H型中，东翼、西翼、山区主要分布在L—L型中。广东省内大部分的地级市的高质量经济发展指数空间分布并未发生跃迁，少数地级市向相邻城市跃迁；当前处于H—L型集聚的地级市较少，其余3型均有一定分布。说明广东省部分地级市经济高质量发展水平有限、渗透力不足，这也与资源要素流动加快及倾斜政策边际效应递减有关。因此，提升低发展水平地级市的发展内驱力、推动其向H—H型区域渗透具有现实迫切性。

（二）关注点

1. 广东省内经济高质量发展指数差异明显

从广东省四大区域经济高质量发展指数五个维度得分情况来看，珠三角地区创新发展优势最为突出，而绿色发展的短板仍存在；东翼地区协调发展优势明显，开放发展短板突出；西翼地区共享发展特色鲜明，创新势头迅猛，五个维度发展较为均衡；山区地区共享发展特征显著，创新发展积极性高，但开放发展瓶颈值得关注。这组数据反映出，广东省四大区域经济高质量发展都存在各自优势和短板。从城市层面分析，深圳经济高质量发展指数得分 64. 147 分，比排名第二位的珠海高出 10. 689 分，是排名最后一位的揭阳（24. 559 分）的 2. 612 倍，城市间存在明显差异。按照经济高质量发展指数得分划分城市类型，珠三角多数地级市属于领先城市和进步城市，而东翼、西翼、山区则以追赶城市、落后城市为主。上述事实数据反映出广东省经济高质量发展指数存在明显差异。从统计上来看，核密度估计、泰尔指数也证明广东省内经济高质量发展指数存在差异，但差异在逐年缩小，这是经济高质量发展水平较低的地级市持续发力向均值迈进的结果。

2. 经济高质量发展指数差距主要来源于区域间差异

党的十九大报告指出：我国社会主要矛盾已经转化为人民日益增长的美好生活需要和不平衡不充分的发展之间的矛盾。2018 年，习近平总书记在广东考察时就明确点出，“城乡区域发展不平衡是广东高质量发展的最大短板”。2022 年，按《广东统计年鉴》（2023）数据计算可知，珠三角 9 个城市的 GDP 占广东省 GDP 的八成以上，东翼、西翼、山区 12 个城市仅占不到两成，区域发展不平衡问题十分明显。本书利用泰尔指数计算 2015—2022 年间广东省经济高质量发展泰尔指数的地区差异及贡献率（见表 3-16），结果发现：广东省经济高质量发展指数的总体差异在不断缩小，造成经济高质量发展指数差异的主要因素是地区间差异，地区间差异对总体差异的贡献率均值为 73. 06%，仅有 26. 94%的总体差异由地区内差异造成，地区内差异最大的因素是珠三角地区内的差异。总体而言，珠三角与东翼、西翼、山区之间的差距较大，是广东省经济高质量发展差异的主要来源。因此，如何通过珠三角地区经济高质量发展带动、辐射、提升东翼、西翼和山区地区的经济高质量发展是关键。

3. 广东省经济高质量发展水平仍有待提升

本书计算的经济高质量发展指数处于［0，100］之间，而 2015—2022 年广东省经济高质量发展指数得分处于［30. 158，35. 572］之间，这意味着广东省经济高质量发展水平不高，亟需继续走经济高质量发展道路，以促进广东省经济高质量发展取得更好成绩。这一结果与陈景华等（2020）在《数量经济技术经济研究》中关于“中国经济高质量发展水平的测度”结果相一致，他

们发现，中国2004—2017年整体的经济高质量发展综合指数处于0.2130～0.2789之间（最大值为1），表明中国经济高质量发展水平不高，2017年广东得分为0.3459分，虽然高于全国平均水平，但是发展水平仍有待提升，其整体分值与本书的测算结果相似，因此，笔者认为这一结果可信可靠。从经济高质量发展指数五个维度得分来看，绿色发展与开放发展两个维度得分低于协调发展、共享发展、创新发展，从年均增长率来看，亦是如此。由此可知，当前广东省经济高质量发展水平仍有很大提升空间，下一步应继续坚持新发展理念，在稳步推进创新、协调、共享发展的基础上，着重提升开放发展、绿色发展两个方面。

4. 对外开放发展是最需要提升改善的维度

对外贸易是经济增长的重要引擎。一直以来，珠三角地区都是中国对外贸易的晴雨表和温度计。近年来，受全球经济疲软和国际形势复杂多变的影响，广东省整体进出口下行，压力加大，经济数据也佐证了这一观点。2023年上半年，珠三角地区，除了广州、深圳、惠州3个城市实现了正增长以外，其余6个城市全部为负增长。从本书测算来看，广东省经济高质量发展指数五个维度中，开放发展指数属于唯一一个波动下行的维度，从2015年的5.301分降至2022年的3.809分，年均增长率为-4.45%。2021年以来，人民币汇率波动、海运费暴涨、原材料成本居高不下、产业链供应链不稳等困难依然十分突出，对外贸行业造成了较大的成本和资金压力，加之全球市场需求仍较低迷、贸易摩擦频发等多重因素，出口形势较为严峻。广东的出口依存度远大于进口依存度，属于出口外向型省份，对国际市场有一定的依赖性。国际形势的复杂多变态势，将会给广东经济高质量发展带来一定的贸易风险，也将带来较大的价格波动风险，广东省如何突围促外贸将是下一步的关注点之一。

5. 创新发展成为经济高质量发展的关键

从构建广东经济高质量发展指数的组合赋权法的权重结果来看，创新发展指数、协调发展指数、开放发展指数、共享发展指数、绿色发展指数的权重分别为31.695、20.426、20.344、15.339、12.198。本书使用方差分解分析发现，广东省经济高质量发展差异最大的来源是创新发展差异，其贡献率为40.78%。上述结果表明，对于经济高质量发展而言，创新发展指数的影响是最大的。党的十九大报告对“创新”赋予了两个重要定位：①创新是引领发展的第一动力；②创新是建设现代化经济体系的战略支撑。2023年中央经济工作会议将科技创新放在2024年经济工作的首位，特别提出要“发展新质生产力”，这是对当前科技创新发展现状的深刻把握，也突显了科技创新作为引领经济高质量发展关键引擎的重要定位。2024年农历新春第一个工作日，广东省委、省政府在深圳召开全省高质量发展大会，黄坤明书记提出“召开全省高质量发展大会，聚焦产业科技话创新、谋未来”。当前广东拥有丰厚的科技创新资源和雄厚的科技创新实力，接下来如何“以新提质”，用科技改造现有生产力、催生新质生产力是重点。

六、推动经济高质量发展的对策建议

基于本章关于广东省经济高质量发展水平的研判，为提高广东省经济高质量发展水平与各子系统得分，同时协同推进广东省各区域经济高质量发展，本章试提出如下对策建议。

（一）突出向“质变”转化的经济高质量发展理念

2023年习近平总书记亲临广东视察。广东经济发展应深入贯彻习近平总书记对广东系列重要讲话和重要指示批示精神，围绕高质量发展这个首要任务和构建新发展格局这个战略任务，统筹推进“五位一体”总体布局，协调推进“四个全面”战略布局，坚定不移贯彻“创新、协调、绿色、开放、共享”新发展理念，打造新发展格局战略支点，切实转变经济发展方式，加快发展新质生产力，坚持稳中求进工作总基调，扎实推进高质量发展，在全面深化改革、扩大高水平对外开放、提升科技自立自强能力、建设现代化产业体系、促进城乡区域协调发展等方面继续走在全国前列，在推进中国式现代化建设中走在全国前列。

一是加快建设现代产业体系。充分发挥“双区”经济实力雄厚、质量效益领先的优势，构建经济高质量发展体制机制，持续推进供给侧结构性改革，挖掘并创造新需求，推动产业数字化转型，做强做大战略性支柱产业，培育发展战略性新兴产业，推动产业基础高级化，强化产业链韧性，提高产业现代化水平，推动建设更具国际竞争力的现代产业体系。二是巩固提升制造业高质量发展地位。持续推进新一代电子信息产业、生物医药产业等产业形成竞争优势。提前布局半导体与集成电路、第三代半导体、高端SOC（系统级）等产

业，重点向高端数控机床、航空装备、智能机器人等方向迈进。三是以产业集群为单位谋划布局。科学评估谋划广东省各区域功能定位和发展优势，提前调整战略性新型产业集群布局，增强产业链韧性和协调性。布局与城市功能定位相协调相匹配的产业集群，珠三角核心区规划为"先进制造业发展基地"，重点发展高精尖制造业；沿海经济带（东翼、西翼地区）重点发展绿色石化、新能源、轻工纺织等产业，构建经济高质量发展新的增长极；北部山区兼顾生态与发展，重点推动工业集中园区化的集约发展，形成环境友好型生态产业圈。

（二）突出向"创新"转化的经济高质量发展理念

坚持将创新发展作为第一动力的发展思路，全力提升广东省科技创新能力。一是充分发挥粤港澳大湾区国际科技创新中心、综合性国家科技创新中心的引领作用，加快广东省与港澳创新资源协同共享，积极顺应产业科技革命发展方向，攻克关键核心技能难题，突破"卡脖子"技术，注重实现科技自立自强。二是突出企业作为创新主体的地位，激活创新人才的创造力、执行力、转化力，从创新制度层面优化制度环境和制度基础，进一步建设以创新为主要动力的经济高质量发展体系，打造全球科技创新高地。三是进一步提高以重大科技基础设施、高水平实验室和科研机构为核心的创新基础能力。健全"政府投入+社会投资"相结合的多元投资模式，持续提高研发经费比重，以省基础研究重大项目为牵引，主攻应用基础研究，完善共性基础技术供给体系。用好重大科技基础设施和高水平实验室，吸引、集聚国内外创新资源和创新人才，强化科技领域国际合作。四是着力攻关产业关键核心技术。支持企业牵头组建创新联合体，落实中央对企业投入基础研究的税收优惠政策，引导企业加大创新研发投入，尤其是在人工智能、区块链、量子信息、生命健康、生物育种等前沿领域加强研发布局。重点推进广东"强芯"等行动，切实保障集成电路、新材料、高端装备等产业链安全。五是探索形成关键核心技术攻关"广东模式"，以企业为主体核心、市场需求为导向，形成"多学科+多主体+多层次"叠加协同的力量团队，协同开展关键核心技术研发，逐步解决"卡脖子"技术难题。六是畅通创新成果转化渠道。实施科技成果转化中试基地建设行动计划，分批次、分层次统筹推进科技成果转化中试基地。加强华南技术转移中心建设，探索建立深圳技术交易服务中心，培育一批技术交易平台、知识产权运营平台以及技术合同认定登记点，加快技术成果扩散与转化。七是实施人才强省战略，依托“广东特支计划”等人才工程，搭建院校、科研院所、企业实验室等合作平台，自主培育一批具有国际视野的战略科技人才和创新团队。建立高层次人才长期稳定支持机制，推动青年优秀人才培育。

（三）突出向“协调”转化的经济高质量发展理念

坚持统筹协调、分类指导与精准施策，深入实施以功能区为引领的区域协调发展战略，高质量构建“一核一带一区”区域发展格局。一是推动珠三角核心区优化发展。突出创新驱动、示范带动，集聚整合高端要素资源，加快构建开放型区域创新体系和高质量发展的现代产业体系，将珠三角核心区打造成为高端功能集聚的核心发展区域。强化广州、深圳“双核”驱动作用，全面提升国际化、现代化水平，增强对周边区域的辐射带动作用。大力支持珠海建设新时代中国特色社会主义现代化国际化经济特区，打造珠江口西岸核心城市。持续增强佛山、东莞两个城市发展能级，推动佛山全力打造高品质现代化、国际化大城市，推动东莞全力打造以科技创新为引领的先进制造之都、富有活力和国际竞争力的高品质现代化都市。二是推动沿海经济带东西两翼地区加快发展。突出陆海统筹、港产联动、引导人口和产业向沿海地区科学布局并协同集聚，着力拓展经济发展腹地，推动东西两翼地区加快形成新的增长极，与珠三角沿海地区形成协同发展效应。加快汕头、湛江省域副中心城市建设，支持汕头建设新时代中国特色社会主义现代化活力经济特区，引领粤东区域整体跃升；支持湛江深度对接海南自由贸易港和国家西部陆海新通道建设，增强其对粤西地区的辐射带动能力。三是推动北部生态发展区绿色发展。突出生态优先、绿色发展，推进产业生态化和生态产业化。合理规划生态功能区城镇布局和形态，进一步提升公共服务资源配置能力，提升北部生态发展区城市综合承载力和人口集聚能力，引导人口有序向市区、县城、中心镇集聚发展，打造“绿水青山就是金山银山”的广东样本。支持韶关、河源、梅州、清远、云浮等地依托高新技术产业开发区等产业平台，重点发展农产品加工、生物医药、清洁能源等绿色产业。四是推动特殊类型地区振兴发展。进一步提升革命老区、原中央苏区基础设施均衡通达程度，加大对老区苏区财政转移支付力度，补齐民生发展短板。支持梅州、汕尾等积极创建革命老区高质量发展示范区，推动连南、连山、乳源等民族地区加快绿色发展，扶持特色产业和生态文化旅游业发展。

（四）突出向“开放”转化的经济高质量发展理念

充分发挥广东省的改革开放试验田和窗口作用，进一步筑牢广东省尤其是珠三角地区对外开放水平较高的综合优势，全力对接好广东省与港澳地区在经济、社会等各领域的规则、机制，强化规则软联通和设施硬联通。一是利用好深圳综合改革试点功能，探索和创造更多具有创新性、引领性、前瞻性的改革举措，向全省推广，辐射带动东翼、西翼、山区地区对外开放水平。二是畅通引领全省更好参与国际循环，在稳住存量市场的基础上拓展多元化国际市场，深度对接国际经贸规则，有效利用国内国际两个市场资源，实现更高水平参与国内国际双循环。三是实施“粤贸全球”计划，调整优化国际市场布局。持续深度耕耘发达经济体等传统国际市场，加速拓展新兴市场，尤其深化与“一带一路”沿线国家的经贸往来，从资源禀赋、人口结构、战略地位等角度评估不同合作伙伴的关系，加大周边国家在广东对外贸易中的权重。四是促进对外贸易进一步均衡发展。从制度层面降低进出口环节中的制度性成本，进一步加大对进口的支持力度，优化《广东省鼓励进口技术和产品目录》，优先进口先进技术设备。谋划筹建一批具有广东特色的进口贸易平台，打造辐射全国的进口集散地和分销中心。五是加快贸易数字化转型步伐。大力推动跨境电子商务综合试验区建设，加快贸易数字化转型，鼓励和引导企业“走出去”。研究完善技术进出口管理体制，支持国内企业围绕“新技术、新产业、新模式、新业态”开展跨境技术合作，通过消化、吸收、再创新培育形成技术出口竞争优势。六是加快对外贸易产品结构向高质量、高端化发展。在稳住传统优势产品出口基础上，持续加大电子信息、高端装备制造、新材料等领域产品的出口力度。加快发展数字贸易，提升企业贸易数字化和智能化水平。

（五）突出向“共享”转化的经济高质量发展理念

一是两手抓社会主义精神文明与物质文明，提高人民思想道德素质、科学文化素质和身心健康素质。进一步丰富人民群众精神生活，传承创新中国优秀传统文化，进一步提高岭南文化影响力，增强文化凝聚力。完善公共文化服务标准化体系建设，加强文化产品、惠民服务与群众文化需求对接。二是多方面满足人民对美好生活的向往和需求，不断筑牢民生底线，提高劳动报酬在经济发展中的比重，让居民人均可支配收入与经济增长同频共振，提高中等收入群体比重，构建更完善的多层次社会保障体系，提高基本公共服务均等化水平，让人民群众更多地享受到经济发展红利。三是推动基础教育高质量发展。适应广东省城镇化发展进程和常住人口增加趋势，扩大普惠性学前教育资源供给，落实乡镇中心幼儿园、村级幼儿园、城镇小区配套幼儿园等建设。统筹推进城乡义务教育一体化发展，调整优化中小学校布局，切实增加公办学位供给。实施薄弱普通高中办学水平提升工程，着力改善粤东、粤西、粤北地区薄弱普通高中办学条件，办好县城高中。深入推进职业教育扩容提质，优化职业教育办学体制机制，提升职业教育现代化水平和服务能力，为促进经济高质量发展提供多层次的技术技能人才支撑。统筹优化高等教育结构布局，加快建设世界一流大学和一流学科以及地方高水平大学。四是以保障人民生命安全和身体健康为中心，优化资源配置，补齐短板弱项，创新体制机制，提升服务能力，加快建立优质高效的整合型医疗卫生服务体系。系统重塑公共卫生体系，提升重大疫情防控能力，加快推进公共卫生治理体系、治理能力现代化。加快优质医疗资源扩容和区域均衡布局，推进高水平医院建设提质增效，筑牢基层医疗卫生服务网底，提升广东医疗卫生服务质量和水平，更好地满足人民群众卫生健康需求。五是强化民生保障，促进更充分、更高质量的就业。强化就业优先政策，创造更多就业岗位，推进全方位公共就业服务，促进重点群体就业创业，营造公平就业环境，实现更加充分、更高质量的就业。坚持按劳分配为主、多种分配方式并存，完善再分配机制，逐步扩大中等收入群体比重，规范收入分配秩序，缩小城乡、区域、群体间收入差距，促进共同富裕。

（六）突出向“绿色”转化的经济高质量发展理念

一是进一步形成清晰合理的国土空间开发保护格局，推动广东生产、生活方式向绿色化转型，建立以国家公园为主体的自然保护地体系，加大力度控制单位地区生产总值能源消耗、单位地区生产总值二氧化碳排放量。推动绿色发展水平较高的地区率先实现碳达峰，持续减少主要污染物排放量，提升生态安全屏障质量，稳步提高森林覆盖率，建设更加优美的生态环境，打造人与自然和谐共生的美丽中国典范。二是大力发展清洁低碳能源，综合发展以新型电力系统为主，海上风电、太阳能发电等为补充的能源供给结构。积极发展核电，合理接收省外清洁能源，推动基于低碳能源的智能化、分布式能源体系建设。三是兼顾能源节约与高效利用原则，推动产业向绿色化发展，加快高效节能技术产品推广应用，深入实施节能重点工程，推进能源综合梯级利用，推动工

业、交通、建筑、公共机构、数字基础设施等重点用能领域能效提升。大力培育新产业、新业态、新模式，推动用能方式变革。倡导绿色生活方式和消费文化，抑制不合理能源消费。加强能源需求侧管理，通过市场化手段推动实施需求侧响应，引导用户自主参与调峰、错峰，提高能源系统经济性和运行效率。四是持续开展能源体制改革，推进能源现代化治理。深化电力体制改革，完善“中长期+现货”的电力市场建设，构建公开透明、平等开放、充分竞争的电力市场体系。深化油气体制改革，加快推动油气基础设施向第三方市场主体公平开放，推动形成上游资源多主体多渠道供应、中间统一管网高效集输、下游销售市场充分竞争的油气市场体系，激发市场活力，提高油气资源配置效率和供应保障能力，设立广东天然气交易中心。

第四章 广东技能人才培养发展水平测算与特点分析

本章旨在通过构建技能人才培养发展指数，定量分析广东省及21个地级市技能人才培养发展的水平及动态演进特征，研判广东省及21个地级市技能人才培养发展的优势与短板所在，并提出因地制宜、现实意义强的对策建议。

一、技能人才培养发展指数构建

（一）构建原则

技能人才培养发展指数是综合反映一个国家或地区技能人才培养发展状况的多维综合性指标体系。构建科学规范的技能人才培养发展指数是本书开展测度中最为重要的基础性工作，既复杂又困难。为更好地开展这一基础性工作，应遵循以下几个原则。

1. “产出成效”导向

坚持“教育质量生产是过程与结果的统一体”理念，以结果为导向，强调“产出效果”，用结果反映过程。职业教育作为培养发展技能人才的主阵地，是一个长期的过程，技能人才培养发展的关键在于最终培养出符合产业转型升级所需的技能人才。为此，技能人才培养发展指数中应包含培养成效。

2. “操作量化”原则

作为一项定量分析广东省及21个地级市技能人才培养发展水平的研究，在选择指标时，应尽量选择能够获得官方数据的指标，减少主观性的影响；同时，关注到数据间的可比性，指标的设计应适用于广东省内21个地级市的情况，从而能够开展定量评估。

3. “代表性”原则

指标体系的选择应能够涵盖技能人才培养发展的主要方面，契合技能人才培养发展目标和要求；同时，指标之间应保持独立性，同一个层次的指标不存在包含、因果等关系，不相互重叠。

4. “完备性”原则

指标体系应能够全面反映出技能人才培养发展的所有相关属性，不能有所遗漏。本书在“投入—产出”理论框架下构建技能人才培养发展指数，要能够囊括技能人才培养发展在投入方面、产出方面的相关属性，真实反映出技能人才培养发展水平，避免以偏概全或遗漏关键变量。

5. “简约性”原则

技能人才培养发展指数各指标之间的关系应简明扼要，以便获取最能够反映技能人才培养发展的指标，保证指标体系在定量测度广东省及 21 个地级市技能人才培养发展水平的同时，结构层次最优。

（二）构建思路

技能人才培养发展是一个内涵丰富、外延较广的概念，其主要培养源头是职业院校。目前，市级层面关于技能人才培养发展的统计数据相对缺乏，纵贯时间序列数据也是相对较少。考虑到数据可得性，本书以中等职业院校发展状况为代理变量，间接评价广东省及 21 个地级市技能人才培养发展水平。技能人才培养发展指数不能是单一简单的指标，而应该是从“投入+产出”的视角构建的涵盖经费、结构、师资、成效的综合指数。为此，本书在借鉴现有研究成果基础上，结合数据可得性和可比性原则，构建了技能人才培养发展指数（见图 4-1）。其中，结构协调属于技能人才培养的内生范畴，经费收支属于技能人才培养的保障范畴，教师资源属于技能人才发展的关键投入，培养成效属于技能人才发展的结果范畴。

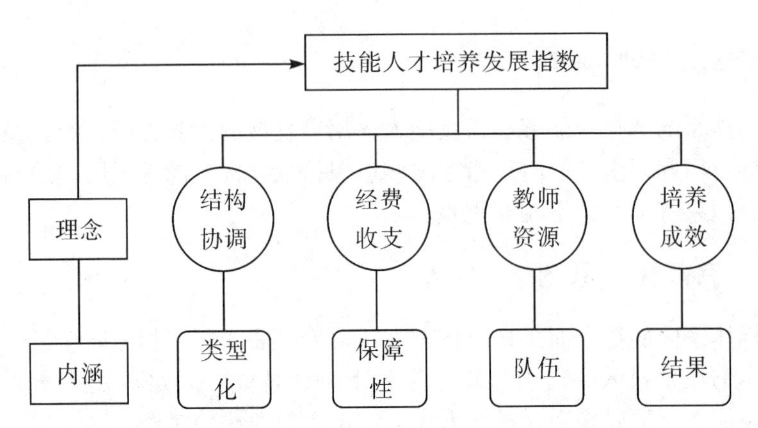

图 4-1　技能人才培养发展水平指数的分析框架

（三）技能人才培养发展指数

基于技能人才培养发展指数的理论阐释与维度设计，按照“十四五”规划中关于职业教育发展所提出的发展目标，参考教育部印发的《中国教育监测与评价统计指标体系（2020 年版）》的指标构建和教育部印发的《本科层次职业学校设置标准（试行）》《职业教育提质培优行动计划（2020—2023 年）》的要求，笔者设计了一个涵盖 4 个一级指标（结构协调、经费收支、教师资源、培养成效），7 个二级指标的技能人才培养发展指数，科学刻画出技能人才培养发展基本面，并定量测度和揭示了广东省及 21 个地级市技能人才培养发展水平和空间分布，所甄选的指标如表 4-1 所示。

表 4-1　技能人才培养发展指数指标体系

一级指标	二级指标	指标单位	指标方向
结构协调	中等职业教育与普通高中在校生数比	%	适度指标
	中等职业教育与普通高中毕业生数比	%	适度指标
经费收支	中职生均公共财政预算教育事业费/人均 GDP		正向指标
	中职/普高生均公共财政预算教育事业费支出差异系数		逆向指标
教师资源	生师比	%	逆向指标
	专任教师占所有教职工比重	%	正向指标
培养成效	每万人口中职学生在校生数	人/万人	正向指标

1. 结构协调

“普职比大体相当”既是国家战略也是产业转型升级的现实要求，这一国家政策已经实施多年。广东省作为制造业强省，对技能人才的需求旺盛。职业教育对于培养制造业所需的技能人才具有重要作用。因此，“普职比大体相当”这一国家政策的高质量贯彻落实对于广东省经济高质量发展的意义更显重大。本书采用中等职业教育与普通高中毕业生数比、中等职业教育与普通高中在校生数比两个指标，监测各地级市普通高中与中等职业院校发展结构，表征各地级市普通高中和中职教育的相对规模与结构差异。计算公式为：中等职业教育与普通高中毕业生数比＝中等职业学校毕业生数/普通高中毕业生数；中等职业教育与普通高中在校生数比＝中等职业学校在校生数/普通高中在校生数。中等职业教育/普通高中的结构协调性越好，越能匹配各地级市经济社会发展，技能人才培养发展会越好。

2. 经费收支

经费投入是职业教育中最为重要的保障之一，省级层面的职业教育财政经费投入数据获取相对容易，但市级层面数据较为缺乏。鉴于数据可得性，本书选择中职生均公共财政预算教育事业费/人均 GDP、中职/普高生均公共财政预算教育事业费支出差异系数两个指标。

其中，中职生均公共财政预算教育事业费等于中等职业学校公共财政预算教育事业费支出除以中职在校生数，用于表征政府部门为各类型教育活动专门拨付的财政性资金额度，也反映出每个中等职业学校学生能够获得的预算内教育事业费的充足性。本书采用中职生均公共财政预算教育事业费/人均 GDP，监测和评价不同经济发展水平的地级市中用于中等职业教育的财政性经费投入的高低。该指标属于正向指标，即该数值越高就越能反映出公共财政对中等职业教育的重视和调控，为技能人才培养发展提供更强有力的经费保障。

3. 教师资源

职业教育中，教师资源的作用不可忽视。本书采用生师比、专任教师占所有教职工比重两个指标。其中，中职生师比＝中等职业学校在校学生数/专任教师数，顾名思义，就是每位专任教师平均需要教育的中等职业学校在校学生数。该指标数值越大，每位专任教师平均所需教育的在校学生数就越多，教育质量就越会受到影响。因此，该指标为逆向指标，数值越小，技能人才培养发展效果越好。专任教师占所有教职工比重是监测教师队伍质量的重要指标之一，专任教师比重越高，教学质量相对越优。

4. 培养成效

所能供给的技能人才规模与质量是职业教育最重要的产出之一。鉴于数据可得性原则，本书采用每万人口中职学生在校生数指标表征。计算公式为：每万人口中职学生在校生数=中职在校生数/常住人口×10000。

（四）数据来源及研究方法说明

1. 数据来源

本章技能人才培养发展指数所有指标数据主要有两大来源：一是来源于《广东统计年鉴》《广州统计年鉴》《深圳统计年鉴》《东莞统计年鉴》《佛山统计年鉴》《珠海统计年鉴》《江门统计年鉴》《中山统计年鉴》《惠州统计年鉴》《汕头统计年鉴》《潮州统计年鉴》《梅州统计年鉴》《河源统计年鉴》《云浮统计年鉴》《肇庆统计年鉴》《揭阳统计年鉴》《韶关统计年鉴》《清远统计年鉴》《汕尾统计年鉴》《湛江统计年鉴》《茂名统计年鉴》《阳江统计年鉴》等，数据时间跨度为2015—2022年；二是来源于广东省教育厅官网上公布的《2016年公共财政教育经费增长情况》《2017年广东省教育经费执行情况统计表》《2018年广东省教育经费执行情况统计表》《2019年广东省教育经费执行情况统计表》《2020年广东省教育经费执行情况统计表》《2021年广东省教育经费执行情况统计表》《2022年广东省教育经费执行情况统计表》。为尽量保证数据统计口径的统一可行，本书主要选取的是广东省层面的官方统计数据。

2. 测度方法

本章采用组合赋权法测度广东省技能人才培养发展水平，基于“指标标准化—熵值法—均等赋值法—组合权重法—加权求总”的测度思路，运用2015—2022年广东省及21个地级市技能人才培养发展水平进行评价。由于技能人才培养发展指数是一个多维综合指标评价体系，因此，必须将不同指标间的计量单位影响消除，才能开展求和分析。

（1）指标标准化计算。

采用极差法对技能人才培养发展指数各指标进行标准化处理，具体的计算公式如下：

$$当 x_{ij} 为正向指标时，y_{ij}=\frac{x_{ij}-\min(x_{ij})}{\max(x_{ij})-\min(x_{ij})}$$

$$当 x_{ij} 为负向指标时，y_{ij}=\frac{\max(x_{ij})-x_{ij}}{\max(x_{ij})-\min(x_{ij})}$$

其中，i 表示广东省 21 个地级市；j 表示不同的指标；x_{ij}、y_{ij} 表示技能人才培养发展水平测度指标原始值和标准化后的值；$\max(x_{ij})$、$\min(x_{ij})$ 分别表示 x_{ij} 的最大值和最小值。

（2）适度指标合理化处理。

数据合理化处理方法。本章“结构协调”的两个指标属于适度指标，并非属于越小越好，或是越大越好，而是越接近 1∶1 则越好，所以不能简单地使用极差法对适度指标进行标准化。适度指标适用于数据合理化处理。根据《国务院关于加快发展现代职业教育的决定》“总体保持中等职业学校和普通高中招生规模大体相当”的要求，“结构协调”维度的两个指标以接近于 1∶1 为宜。数据合理化的计算方法为：$y_{ij}=\sqrt{1/|(x_{ij}-0.1)|}$，其中，$y_{ij}$ 为适度指标合理化处理后的值，x_{ij} 表示适度指标合理化前的原始数值。在完成数据合理化处理后，再按照极差法对指标进行标准化处理。

（3）组合赋权法。

学界对指标进行权重赋值的方法主要分为三大类：主观赋权法、客观赋权法和组合赋权法。本章拟采用组合赋权法对技能人才培养发展指数进行赋值，这样既能够避免主观赋权法太大的主观性，也能避免客观赋权法的完全数据依赖性，能够同时利用二者的优势，从而更好地对技能人才培养发展水平进行评价。需要说明的是，本章使用的组合赋权法中，主观赋权法部分采用均等赋值法，客观赋权法采用熵值法。

其中，主观赋权法方面，本章主要借鉴联合国“人类发展指数（HDI）”和世界经济论坛“全球竞争力指数（GCI）”等影响力较大的评价指标权重赋值的方法，对所有的一级指标、二级指标都采用均等赋值法进行线性分配。

熵值法的指标权重是基于各指标数据变异程度的信息值来确定的，这能有效降低指标赋权时主观人为因素的干扰。技能人才培养发展指数中各指标 y_{ij} 的信息熵 E_j 和权重 $W_j^{(2)}$ 的计算公式为：

$$E_j = -\ln\frac{1}{n}\sum_{i=1}^{n}[y_{ij}/\sum_{i=1}^{n}y_{ij}]\ln(y_{ij}/\sum_{i=1}^{n}y_{ij})$$

$$W_j^{(2)} = (1-E_j)/\sum_{j=1}^{n}(1-E_j)$$

组合赋权法的指标权重设置则通过对技能人才培养发展指数进行赋值，设主观指标权重和客观指标权重分别为 $W^{(1)}=(w_1^{(1)}, w_2^{(1)}, \cdots, w_n^{(1)})$ 和 $W^{(2)}=(w_1^{(2)}, w_2^{(2)}, \cdots, w_n^{(2)})$，线性加权得到的组合指标权重为 $W=(w_1, w_2, \cdots, w_n)$，其中，$w_j=\beta w_j^{(1)}+(1-\beta)w_j^{(2)}$（$j=1, 2, \cdots, n$），$\beta$ 为偏好系数。为了同时兼顾主观赋权法和客观赋权法的优点，本书 $\beta=0.5$。最后通过加权求和的方法 $f_i(W)=\sum_{j=1}^{n}w_j x_{ij}^0$（$i=1, 2, \cdots, n$），计算出广东省及21个地级市的技能人才培养发展水平。

二、技能人才培养发展指数权重设置

技能人才培养发展指数权重设置对2015—2022年广东省及21个地级市技能人才培养发展水平的测度结果具有显著影响。因此，本章需要详细列出技能人才培养发展指数赋权过程。

（一）熵值法为技能人才培养发展指数赋权

利用熵值法为技能人才培养发展指数赋权，这一结果主要取决于各指标原始值之间的变异程度，指标值的变异程度越小则意味着所反映的信息量越少，其对应的权重也越低。按照熵值法的计算公式，得出技能人才培养发展指数的权重值并将权重放大100倍，结果如表4-2所示。

表4-2　技能人才培养发展指数指标体系使用熵值法设置权重

一级指标	二级指标	权重（熵值法）
结构协调	中等职业教育与普通高中在校生数比	19.281
	中等职业教育与普通高中毕业生数比	23.404
经费收支	中职生均公共财政预算教育事业费/人均GDP	26.035
	中职/普高生均公共财政预算教育事业费支出差异系数	11.541

续表4-2

一级指标	二级指标	权重（熵值法）
教师资源	生师比	16.086
	专任教师占所有教职工比重	1.756
培养成效	每万人口中职学生在校生数	1.897

（二）均等赋值法为技能人才培养发展指数赋权

技能人才培养发展指数的四个维度“结构协调”“经费收支”“教师资源”“培养成效”具有同等重要的地位，设置为等权，即每一个维度的权重均为0.25；其次，再对每一个一级指标内的二级指标进行权重设置，以结构协调维度为例，其包含两个二级指标，每一个二级指标的权重等于0.125，以此类推，把每一个二级指标权重设置好，并将所有权重放大100倍，具体如表4-3所示。

表4-3　技能人才培养发展指数指标体系使用等权法设置权重

一级指标	二级指标	权重（主观法）
结构协调	中等职业教育与普通高中在校生数之比	12.5
	中等职业教育与普通高中毕业生数之比	12.5
经费收支	中职生均公共财政预算教育事业费/人均GDP	12.5
	中职/普高生均公共财政预算教育事业费支出差异系数	12.5
教师资源	生师比	12.5
	专任教师占所有教职工比重	12.5
培养成效	每万人口中职学生在校生数	25.0

（三）组合赋权法为技能人才培养发展指数赋权

组合赋权法的理念是将客观赋权法与主观赋权法加权求和，旨在综合客观赋权法与主观赋权法的优点，并在一定程度上规避客观赋权法过于依赖数据变异程度和主观赋权法过于依赖主观意念的缺点。本章对技能人才培养发展指数的权重设置采用组合赋权法，其中，客观赋权法选择熵值法，主观赋权法选择均等赋值法，通过平均二者的权重值，最终确定技能人才培养发展指数的权重，结果如表 4-4 所示。

表 4-4　技能人才培养发展指数指标体系使用组合赋权法设置权重

一级指标	二级指标	权重（组合法）
结构协调	中等职业教育与普通高中在校生数比	15.891
	中等职业教育与普通高中毕业生数比	17.952
经费收支	中职生均公共财政预算教育事业费/人均 GDP	19.267
	中职/普高生均公共财政预算教育事业费支出差异系数	12.021
教师资源	生师比	20.543
	专任教师占所有教职工比重	7.128
培养成效	每万人口中职学生在校生数	7.198

三、广东技能人才培养发展水平测算

（一）整体情况分析结果

1. 样本期内广东省技能人才培养发展水平稳中向好，但整体水平不高

按照技能人才培养发展指数测算 2015—2022 年广东省技能人才培养发展水平，结果显示如下。

首先，样本期内广东省技能人才培养发展指数呈现波动上行态势，由 2015 年的 34.793 分上升至 2022 年的 37.274 分。从图 4-2 能够直观清晰地看到，2015—2022 年的上行路径具有较为频繁波动的特点。从年增长率的角度来看，技能人才培养发展指数保持 1.00%的年增长速度。常言道，“十年树木，百年树人”。技能人才培养发展是一项长期工作，且具有一定的时间滞后性，因此，技能人才培养发展的年增长率保持在 1.00%的水平属于正常状况。

其次，样本期内广东省技能人才培养发展水平整体不高。按照技能人才培养发展指数的构建测算方法，其取值范围为［0，100］，0 表示技能人才培养发展水平最差，100 表示技能人才培养发展水平最好。2015—2022 年广东省技能人才培养发展指数得分处于 34.613～37.274 分之间，与 100 分相距较远。

由此可知，样本期内广东省技能人才培养发展水平整体不高（见图 4-2）。

综上所述，2015—2022 年广东省技能人才培养发展水平呈现波动攀升的态势，表明稳中向好。然而，从绝对值的角度看，整体发展水平仍然有待提升。

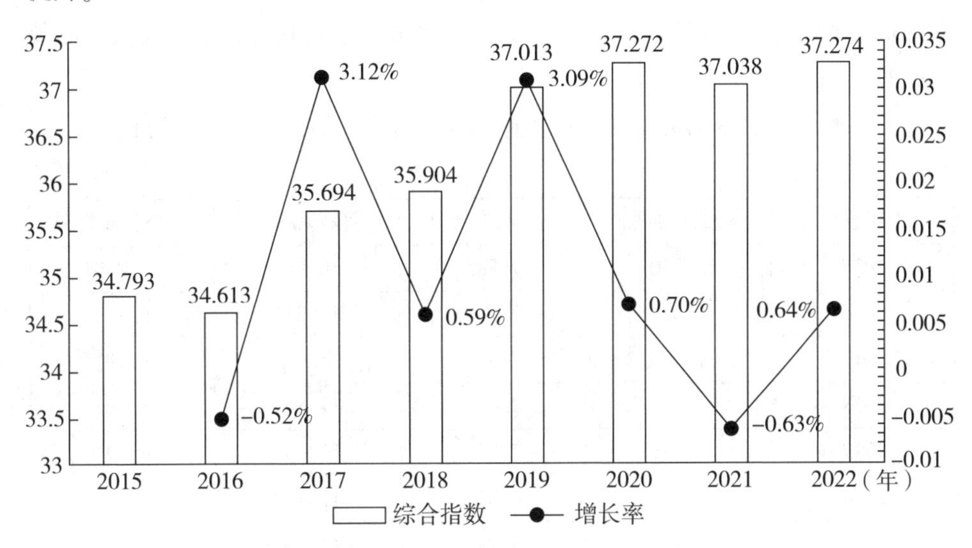

图 4-2　2015—2022 年广东省技能人才培养发展综合指数情况

2. 样本期内广东省结构协调维度增幅和培养成效维度下滑明显

本章具体深入分析技能人才培养发展指数的四个维度，得出以下结果。

首先，结构协调维度和教师资源维度表现较好，培养成效表现有待提升。以 2022 年为例，从广东省技能人才培养发展指数四个维度得分排序来看，结构协调排名首位，教师资源排名第二，经费收支、培养成效分居三、四位。其中，结构协调、教师资源的得分分别为 12.071 分、11.866 分，明显高于经费收支（7.452 分）和培养成效（5.885 分）。

其次，结构协调维度和教师资源维度得分呈现逐年上行态势，经费收支和培养成效维度呈现出波动下行态势。从时间变化趋势来看，在 2015—2022 年技能人才培养发展指数四个维度年均增长率中，结构协调、教师资源分别为 5.77%、1.29%，保持正增长；经费收支、培养成效分别为-0.73%、-3.46%，为负增长。

最后，结构协调指标增长幅度较大，培养成效下降幅度明显。从四个维度 2022 年与 2015 年得分的变化来看，结构协调、教师资源分别增长了 3.841 分、

0.998 分；经费收支、培养成效则分别下降了 0.433 分、1.925 分（见表 4-5、表 4-6）。

总的来看，样本期内广东省技能人才培养发展指数四个指标中，结构协调维度增长速度最快，其排名由 2015 年的第二位，跃升至 2021 年之后的首位；教师资源维度保持缓慢增长趋势，经费收支呈波动下行趋势，培养成效则下滑趋势明显。

表 4-5　2015—2022 年广东省技能人才培养发展指数四个维度具体结果

（单位：分）

年份	结构协调	经费收支	教师资源	培养成效
2015	8.230	7.885	10.868	7.810
2016	9.319	7.340	11.217	6.737
2017	10.523	7.562	11.507	6.101
2018	11.419	7.610	11.867	5.007
2019	12.028	7.947	12.145	4.893
2020	12.116	8.021	12.130	5.004
2021	12.152	7.792	11.667	5.427
2022	12.071	7.452	11.866	5.885
2022 年与 2015 年差值	3.841	−0.433	0.998	−1.925

表 4-6　2016—2022 年广东省技能人才培养发展指数四个维度增长率与年均增长率

（单位：%）

年份	结构协调	经费收支	教师资源	培养成效
2016	13.23	−6.91	3.22	−13.74
2017	12.93	3.02	2.59	−9.44
2018	8.51	0.64	3.13	−17.93
2019	5.33	4.43	2.34	−2.29
2020	0.73	0.92	−0.12	2.27
2021	0.29	−2.85	−3.82	8.45
2022	−0.67	−4.36	1.70	8.45
年均增长率	5.77	−0.73	1.29	−3.46

（二）广东省四大区域技能人才培养发展变化趋势

1. 四大区域技能人才培养发展水平保持上行态势，东翼地区表现最好

从广东省内四大区域技能人才培养发展水平来看，2015—2022 年间，东翼地区一马当先，一直排名首位；随后是西翼、山区，珠三角地区则一直排名末位。分析这一结果，可能的原因有两个：一是由于数据可得性造成的技能人才培养发展指数指标体系未能完全体现出技能人才培养发展的全景特征，如缺少了诸如对口就业率、获得职业资格证书的学生比例等更有代表性的指标；二是为保证可比性，本章构建的技能人才培养发展指标多以比重值为主，由于珠三角地区的经济发展水平较高，虽然用于技能人才的经费投入、培养效果等在绝对值上都比东翼、西翼、山区有明显优势，但从比重的角度则未必能够占优。尽管如此，本章构建的技能人才培养发展指数仍然在一定程度上定量分析出广东省及四大区域技能人才培养发展状况，具有代表性和科学性。

从时间发展变化趋势来看，珠三角地区呈现出“V”型上行态势，由 2015 年的 30. 777 分下降至 2018 年的 29. 320 分，而后再一路上行至 2022 年的 32. 019 分；从图 4-3 中能够清晰看到东翼地区波动上行态势，其中，最为明显的波动是 2020—2021 年，由 2020 年的 51. 941 分降至 2021 年的 47. 192 分，下降了 4. 749 分，这可能是因为新冠疫情冲击地区经济发展所带来的社会领域投入的减少，造成了技能人才培养发展指数的波动；西翼地区呈现“M”型增长态势，波动明显，但整体呈现正向增长趋势，由 2015 年的 36. 933 分增长至 2022 年的 37. 954 分；山区则一直居于四大区域的第三位，其同样呈现出“M”型增长形态（见表 4-7、图 4-3）。

表 4-7　2015—2022 年广东省四大区域技能人才培养发展指数具体结果

（单位：分）

地区	2015 年	2016 年	2017 年	2018 年	2019 年	2020 年	2021 年	2022 年
珠三角	30. 777	29. 876	29. 385	29. 320	29. 804	30. 962	31. 217	32. 019
东翼	41. 847	41. 849	45. 738	48. 485	51. 636	51. 941	47. 192	48. 187
西翼	36. 933	37. 328	37. 891	37. 219	37. 172	36. 038	38. 724	37. 954
山区	34. 635	35. 322	37. 646	36. 823	38. 449	38. 031	38. 296	37. 503

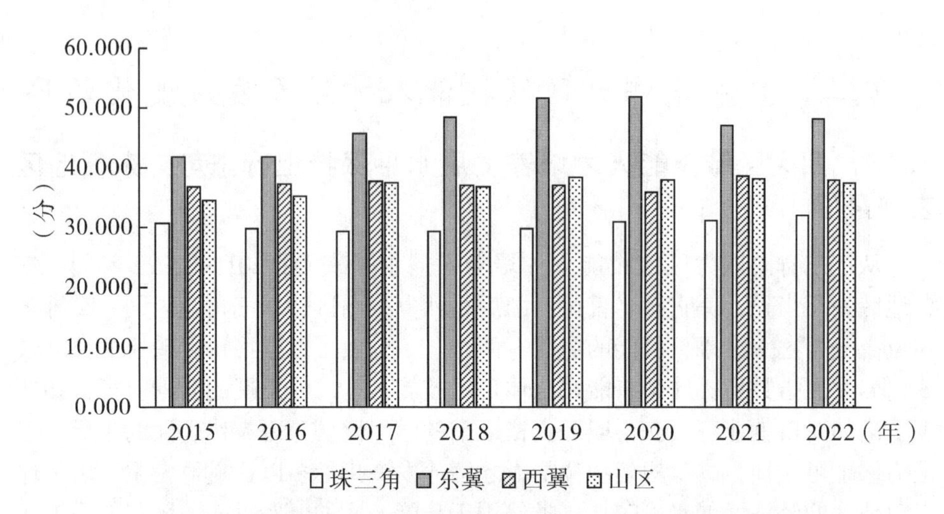

图 4-3　2015—2022 年广东省四大区域技能人才培养发展指数情况

综上可知，样本期内广东省四大区域技能人才培养发展水平均保持了上涨的态势，东翼地区一直居首位，珠三角地区一直居末位，二者差异明显，这也表明四大区域技能人才培养发展水平存在明显差异，不平衡发展的现状值得关注。

2. 四大区域技能人才培养发展四个维度的发展水平和速度存在明显差异

具体从广东省四大区域技能人才培养发展指数四个维度的得分情况来看（见表4-8、图4-4），2015—2022年间珠三角、东翼、山区地区增长最快的是结构协调维度，珠三角、东翼下降最快的是培养成效维度，山区则是经费收支维度；西翼增长最快的则是教师资源维度，下降最快的是经费收支维度。

从图4-4a中，可以直观看出珠三角地区中教师资源维度的表现优异，其始终居于最外圈层，与其他三个维度保持较大距离，而其余三个维度之间则差距较小，形成相互缠绕的三个圈层。进一步从技能人才培养发展指数四个维度得分情况来看，教师资源维度一直遥遥领先，排名第一位；第二、三位分别是结构协调、经费收支；培养成效居于末位。从年增长率来看，结构协调和经费收支保持正增长，年均增长率分别为4.88%、1.22%；培养成效、教师资源则呈现下行趋势，年增长率分别为-3.09%、-0.17%。可见，珠三角地区技能人才培养发展指数中教师资源维度具有发展水平较高的优势，结构协调具有发展速度较快的优势，经费收支发展相对稳定，而培养成效呈下滑态势，亟需关注。

表 4-8　2015—2022 年广东省四大区域技能人才培养发展四个维度指数得分情况

（单位：分）

区域	年份	四个维度			
		结构协调	经费收支	教师资源	培养成效
珠三角	2015	5. 925	6. 404	11. 370	7. 079
	2016	5. 952	6. 161	11. 119	6. 644
	2017	6. 061	6. 398	10. 950	5. 977
	2018	6. 416	6. 507	10. 975	5. 421
	2019	6. 660	6. 922	11. 035	5. 188
	2020	7. 386	7. 278	11. 188	5. 110
	2021	7. 725	6. 881	11. 215	5. 396
	2022	8. 245	6. 929	11. 231	5. 614
	均值	6. 796	6. 685	11. 135	5. 804
	年均增长率（%）	4. 88	1. 22	-0. 17	-3. 09
东翼	2015	10. 736	11. 167	9. 715	10. 230
	2016	14. 053	8. 553	11. 276	7. 967
	2017	18. 655	8. 868	11. 439	6. 776
	2018	22. 726	9. 268	13. 645	2. 845
	2019	25. 341	9. 458	14. 245	2. 591
	2020	25. 468	9. 533	14. 266	2. 675
	2021	24. 073	8. 968	11. 110	3. 042
	均值	20. 554	9. 372	12. 217	4. 967
	年均增长率（%）	12. 73	-2. 31	3. 94	-9. 77
西翼	2022	10. 602	7. 701	10. 901	7. 729
	2015	11. 847	8. 019	11. 043	6. 420
	2016	12. 043	8. 040	11. 726	6. 082
	2017	11. 989	7. 635	11. 844	5. 751
	2018	11. 481	8. 016	12. 007	5. 669
	2019	10. 840	7. 458	11. 861	5. 879

续表4-8

区域	年份	四个维度			
		结构协调	经费收支	教师资源	培养成效
	2020	11. 395	7. 885	13. 025	6. 420
	2021	10. 832	6. 918	13. 074	7. 130
	2022	10. 602	7. 701	10. 901	7. 729
	均值	11. 378	7. 709	11. 935	6. 385
	年均增长率（%）	0. 47	-1. 31	2. 69	-0. 73
山区	2015	8. 538	8. 122	10. 858	7. 117
	2016	9. 632	8. 102	11. 555	6. 034
	2017	10. 912	8. 396	12. 612	5. 725
	2018	10. 801	8. 409	12. 120	5. 493
	2019	11. 342	8. 675	12. 678	5. 755
	2020	10. 685	8. 742	12. 385	6. 219
	2021	10. 950	8. 572	11. 886	6. 888
	2022	10. 609	7. 454	11. 915	7. 526
	均值	10. 433	8. 309	12. 001	6. 345
	年均增长率（%）	3. 38	-1. 07	1. 45	1. 21

从图 4-4b 雷达图中可直观地看到东翼地区在 2015—2016 年发展较为缓慢，2017 年之后，结构协调维度异军突起，成为发展水平最高的维度，始终处于最外圈层，教师资源、经费收支、培养成效顺序排下，形成相互没有交集的圈层。进一步从技能人才培养发展指数四个维度得分情况来看，2015—2022 年结构协调均值为 20. 554 分，比教师资源（12. 217 分）、经费收支（9. 372 分）、培养成效（4. 967 分）分别高出 8. 337 分、11. 182 分、15. 587 分。从年均增长率来看，与珠三角相似，依然是结构协调、教师资源两个维度保持向上增长，其中，结构协调增长率高达 12. 73%；而经费收支、培养成效呈现下滑态势，年均增长率分别为-2. 31%、-9. 77%，培养成效下滑显著。可见，东翼地区技能人才培养发展指数中结构协调维度表现突出，发展水平和发展增速都明显高于其他三个维度，经费收支和教师资源维度发展较为稳定，培养成效发展水平较低且下滑较快。

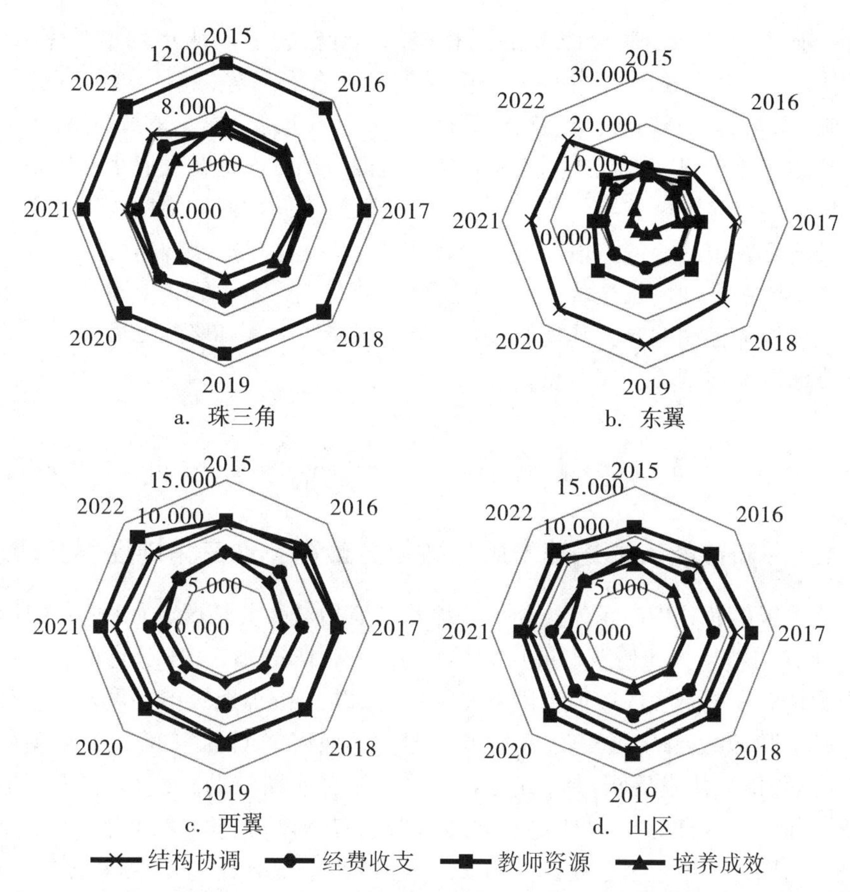

图 4-4　2015—2022 年广东四大区域技能人才培养发展综合指数四个维度变化特征

图 4-4c 雷达图显示西翼地区技能人才培养发展指数四个维度发展相对较为均衡，形成了 4 个相对独立的圈层。进一步从技能人才培养发展指数四个维度得分来看，结构协调维度和教师资源维度发展水平相当，2015—2022 年均值分别为 11.378 分、11.935 分；经费收支维度和培养成效维度发展水平也较为相似，样本期内均值分别为 7.709 分、6.385 分。从年均增长率来看，教师资源维度增长率最高，为 2.69%，结构协调维度保持上行态势，经费收支和培养成效呈逐年下行态势，尤其是经费收支维度，其增长率最低，为-1.31%。

图 4-4d 雷达图显示山区地区技能人才发展指数四个维度发展是四大区域中最为平稳的，四个圈层清晰、独立。进一步从技能人才培养发展指数四个维度得分情况来看，教师资源维度排名第一，2015—2022 年均值为 12.001 分，随后分别是结构协调、经费收支、培养成效，得分均值分别为 10.433 分、

8.309分、6.345分，每个维度之间相差2.000分左右。从年均增长率来看，结构协调、教师资源、培养成效三个维度呈现上涨趋势，年均增长率分别为3.38%、1.45%、1.21%，经费收支维度增长率为负值，属于下滑通道。

总的来看，四大区域技能人才发展指数四个维度无论在发展水平还是在增长速度上均存在区域差异。珠三角、东翼均表现出结构协调维度发展水平较高且增长速度较快的特色，培养成效维度出现下降趋势的情况，值得重点关注；西翼教师资源维度增长显著，经费收支维度有待提升；山区与上述三个区域相较，在发展上存在差异，其技能人才培养发展指数中教师资源发展较好，而经费收支维度表现则不尽如人意。

（三）2022年21个地级市技能人才培养发展分析

1. 揭阳技能人才培养发展指数得分最高，珠三角地区得分较低

从市级层面分析广东省技能人才培养发展指数得分情况，如图4-5所示，21个地级市技能人才培养发展指数得分处于24.166～52.481分之间，按照技能人才培养发展指数的取值范围0～100分来看，21个地级市发展水平整体偏低，且不同地级市存在较为明显的差异，呈现出鲜明的空间分布“差序格局”。从技能人才发展指数得分排名来看，排名前四位的分别是揭阳、汕头、潮州、汕尾，得分为52.481分、48.396分、47.547分，44.324分，东翼地区占据了前四位的位置，也是广东省21个地级市中得分超过40.000分的区域。随后是茂名、河源、江门、云浮、阳江、清远、梅州、韶关、肇庆、湛江，得分处于35.814～39.707分之间，排名后七位的分别是中山（33.758分）、深圳（33.368分）、惠州（32.158分）、佛山（30.518分）、东莞（29.690分）、珠海（29.588分）、广州（24.166分），排名后七位的地级市全部属于珠三角地区，与排名第一位的东翼地区差距明显。

进一步从与广东省技能人才培养发展指数得分（37.274分，见图4-2）的比较来看，超过广东省得分的地级市有10个（揭阳、汕头、潮州、汕尾、茂名、河源、江门、云浮、阳江、清远），剩下11个地级市技能人才培养发展指数得分低于广东省得分（梅州、韶关、肇庆、湛江、中山、深圳、惠州、佛山、东莞、珠海、广州）。这反映出广东省21个地级市技能人才培养发展指数得分分布较为均衡，没有出现一市或多市超大的情况。

整体而言，21个地级市技能人才培养发展指数得分中，揭阳排名第一位，

东翼地区4个地级市排名前四位，优势明显，而珠三角9个城市中有7个排名后七位，发展有待提升。

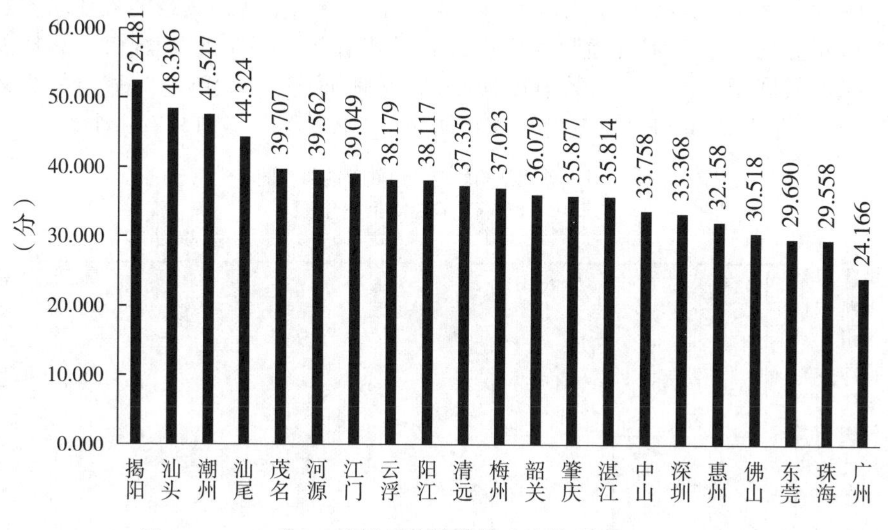

图4-5　2022年21个地级市技能人才培养发展综合指数排名

2. 东翼四市属于领先型城市，珠三角九市以追赶型、落后型为主

为直观体现2022年广东省21个地级市技能人才培养发展水平的城市层面分布格局，本章借鉴朱德全和彭洪莉（2023）关于职业教育高质量发展水平梯队划分的方法，基于层次聚类法中的组间联接法，利用SPSS24. 0对2022年广东省21个地级市技能人才培养发展指数结果进行系统聚类分析，发现技能人才培养发展水平在空间分布格局上明显呈现出四类：第一类是汕头、汕尾、潮州、揭阳；第二类是韶关、河源、梅州、江门、阳江、湛江、茂名、肇庆、清远、云浮；第三类是深圳、珠海、佛山、惠州、东莞、中山；第四类是广州，如图4-6所示。

基于上述21个地级市技能人才培养发展指数系统聚类分析结果（见表4-9），并结合各地级市技能人才培养发展指数水平测算结果，把21个地级市技能人才培养发展水平划分为“领跑型”城市、“进步型”城市、“追赶型”城市、“落后型”城市。其中“领跑型”城市为汕头、汕尾、潮州、揭阳等东翼地区四个地级市，其技能人才培养发展指数显著高于广东省指数均值，得益于东翼地区对职业教育普职结构和经费投入的重视；“进步型”城市包括了韶

关、河源、梅州、江门、阳江、湛江、茂名、肇庆、清远、云浮，这些地级市技能人才培养发展指数得分与东翼地区相比稍显后进；“追赶型”城市包括深圳、珠海、佛山、惠州、东莞、中山，均属于珠三角地区，其技能人才培养发展指数得分均低于广东省指数均值；只有广州属于“落后型”城市，其技能人才培养发展指数得分显著低于其他城市。总体而言，“领跑型”城市较为稀少，“进步型”城市和“追赶型”城市居多，“落后型”城市只有一个。

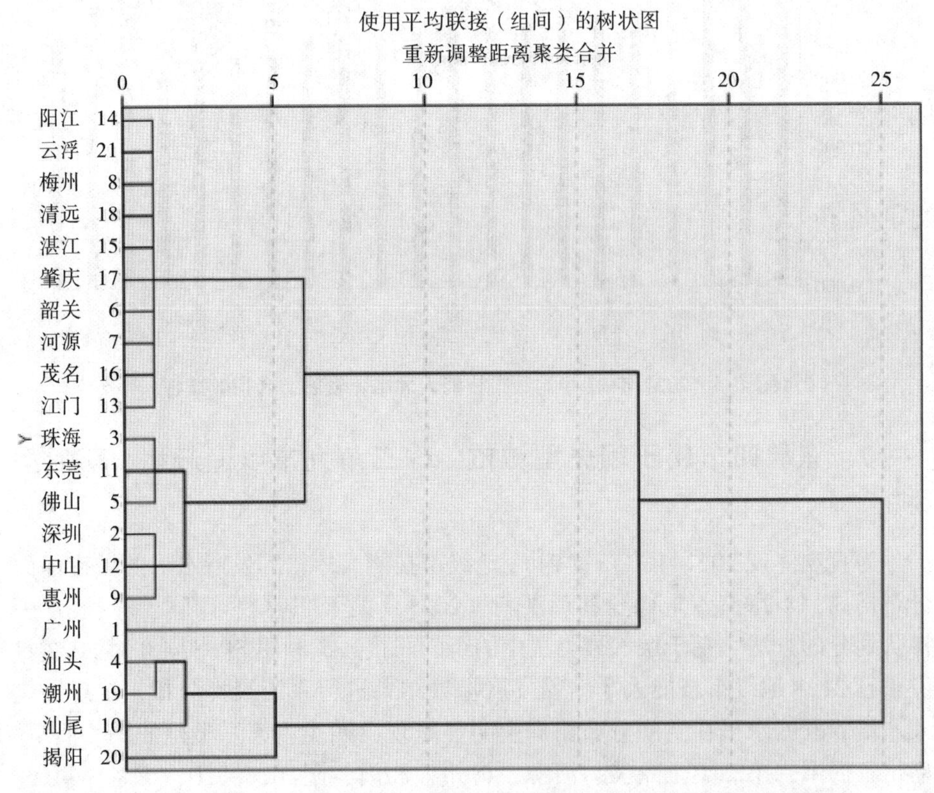

图 4-6　2022 年广东 21 个地级市技能人才培养发展水平聚类分析的谱系图

表 4-9　2022 年广东 21 个地级市技能人才培养发展水平聚类分析结果

梯队划分	包含城市
第一梯队：领跑型	汕头、汕尾、潮州、揭阳
第二梯队：进步型	韶关、河源、梅州、江门、阳江、湛江、茂名、肇庆、清远、云浮
第三梯队：追赶型	深圳、珠海、佛山、惠州、东莞、中山
第四梯队：落后型	广州

3. 结构协调维度发展水平较高但内部差异显著，培养成效维度发展水平较低且内部差异明显

本章从技能人才培养发展指数四个维度得分深入分析 2022 年广东省 21 个地级市技能人才培养发展水平情况（见表 4-10），得出以下结论。

（1）各地级市结构协调维度差异显著。2022 年广东省 21 个地级市结构协调维度均值为 12.071 分（见表 4-5），其中，得分超过广东省指数均值的地级市分别是揭阳（27.583 分）、潮州（26.843 分）、汕头（23.875 分）、深圳（19.615 分）、梅州（16.249 分）、汕尾（15.222 分）、阳江（14.180 分）7 个城市，其余 14 个城市指数得分低于广东省指数均值，尤其是肇庆、广州，其指数得分分别为 3.744 分、1.801 分，与其他地级市相比，仅分别为排名第一位的揭阳的 13.57%、6.53%，差距明显。普职比是高中阶段教育的重要指标之一。2002 年《国务院关于大力推进职业教育改革与发展的决定》中首次提出“保持中等职业教育与普通高中教育的比例大体相当”。2002 年之后，“普职比大体相当”成为一项重要的职业教育政策。随着经济社会的快速发展，产业人才需求不断变化，为了平衡人才结构，2021 年教育部出台了《教育部办公厅关于做好 2021 年中等职业学校招生工作的通知》，再次提到“坚持把发展中职教育作为普及高中阶段教育和建设中国特色现代职业教育体系的重要基础，保持高中阶段教育普职比大体相当，推动普通高中和中等职业教育协调发展”。从结构协调的角度，揭阳、潮州、汕头排名前三位，明显高于排名第四位的深圳，21 个地级市差距明显，东翼表现较好，珠三角地区普职比则有待优化。

（2）各地级市经费收支维度差异较小。2022 年广东省 21 个地级市经费收支维度得分均值为 7.452 分（见表 4-5）。其中，得分超过广东省指数均值的地级市有 11 个，分别是汕尾、潮州、河源、揭阳、汕头、云浮、东莞、中山、佛山、清远、江门，其余 10 个地级市得分低于广东省指数均值。从 21 个地级市指数得分排名来看，汕尾、潮州、河源分别以 9.843 分、9.631 分、9.324 分位居前三，也是 21 个地级市中超过 9.000 分的城市。指数得分处于［8.000，9.000］之间的城市有 6 个（揭阳、汕头、云浮、东莞、中山、佛山）、处于［7.000，8.000］之间的城市有 3 个（清远、江门、广州）、处于［6.000，7.000］之间的城市有 6 个（湛江、肇庆、韶关、阳江、梅州、茂名）、处于［5.000，6.000］之间的城市有 2 个（惠州、深圳）。这说明经费支持是地方政府对职业教育和技能人才培养重视程度最重要的指标之一，21 个地级市差异较小，都给予职业教育足够的重视。

（3）各地级市教师资源维度发展水平较好。2022年广东省21个地级市教师资源维度得分均值为11.866分（见表4-5）。其中，得分超过广东省指数均值的地级市有13个，分别是江门、韶关、茂名、汕尾、清远、中山、揭阳、湛江、肇庆、阳江、珠海、云浮、汕头，其余8个地级市指数得分均低于广东省指数均值。这表明61.90%的地级市指数得分超过广东省均值，广东省整体教师资源维度发展水平较高。从21个地级市技能人才培养发展指数得分之间的差距来看，排名第一位的江门（15.796分）是排名最后一名的深圳（7.505分）的2.10倍，明显低于其他维度最高值与最低值的差距倍数如结构协调（15.32倍）、培养成效（37.13倍）的比值，与经费收支维度（2.04倍）相似，说明教师资源维度内各地级市间差距较小。

（4）各地级市培养成效维度差异较大，肇庆表现优异。2022年广东省21个地级市培养成效维度得分均值为5.885分（见表4-5），是四个维度中广东省指数均值得分最低的维度，说明其发展水平相对较低。其中，得分超过广东省指数均值的地级市有10个（肇庆、韶关、河源、茂名、湛江、清远、惠州、云浮、广州、珠海），其余11个地级市指数得分低于广东省指数均值。从21个地级市技能人才培养发展指数得分排名来看，肇庆以12.996分居首位，比排名第二位的韶关（9.677分）高出了3.319分，而深圳以0.350分排名最后，呈现明显的空间“差序格局”。

总的来看，广东省21个地级市技能人才培养发展指数四个维度发展存在不均衡、不平衡现象，其中，结构协调维度发展水平较高，但城市间差异明显；教师资源和经费收支维度发展水平位居第二、三，城市间差异较小；培养成效维度发展水平较低，且内部差异也十分显著。

表4-10　2022年广东省21个地级市技能人才培养发展指数四个维度指标排名情况

（单位：分）

排名	城市	结构协调指数	城市	经费收支指数	城市	教师资源指数	城市	培养成效指数
1	揭阳	27.583	汕尾	9.843	江门	15.796	肇庆	12.996
2	潮州	26.843	潮州	9.631	韶关	14.500	韶关	9.677
3	汕头	23.875	河源	9.324	茂名	14.496	河源	9.149
4	深圳	19.615	揭阳	8.684	汕尾	14.241	茂名	8.979
5	梅州	16.249	汕头	8.485	清远	13.880	湛江	8.136
6	汕尾	15.222	云浮	8.385	中山	13.132	清远	7.027

续表4-10

排名	城市	结构协调指数	城市	经费收支指数	城市	教师资源指数	城市	培养成效指数
7	阳江	14.180	东莞	8.356	揭阳	13.129	惠州	6.982
8	河源	12.025	中山	8.084	湛江	12.815	云浮	6.511
9	江门	10.957	佛山	8.005	肇庆	12.637	广州	6.488
10	云浮	10.916	清远	7.735	阳江	12.620	珠海	6.006
11	茂名	10.203	江门	7.525	珠海	12.447	汕尾	5.019
12	惠州	9.217	广州	7.224	云浮	12.366	佛山	4.993
13	清远	8.709	湛江	6.834	汕头	12.293	阳江	4.893
14	中山	8.426	肇庆	6.500	东莞	10.783	江门	4.771
15	湛江	8.029	韶关	6.447	梅州	10.214	梅州	4.250
16	佛山	7.417	阳江	6.424	佛山	10.103	中山	4.116
17	东莞	6.722	梅州	6.310	惠州	10.021	东莞	3.828
18	珠海	6.304	茂名	6.028	河源	9.064	汕头	3.743
19	韶关	5.454	惠州	5.938	广州	8.653	揭阳	3.086
20	肇庆	3.744	深圳	5.898	潮州	8.483	潮州	2.589
21	广州	1.801	珠海	4.831	深圳	7.505	深圳	0.350

四、广东技能人才培养发展的分布动态演变分析

（一）使用核密度估计探索技能人才培养发展的分布动态演变特征

图4-7展示了2015年、2019年和2022年三个年份广东省技能人才培养发展指数的演变情况。结果显示，2015年、2019年、2022年广东省技能人才培养发展指数核密度曲线有明显右移倾向，说明了广东省技能人才培养发展处于从低水平向高水平不断运动的动态过程。由主峰分布形态来看，主峰高度呈现先下降后上升的态势，整体表现为下降趋势，宽度收窄，说明广东省范围内各地级市技能人才培养发展差距表现为缩小趋势。基于分布延展性而言，核密

度曲线的左拖尾特征明显减弱，右拖尾现象进一步增强，表明广东省范围内技能人才培养发展水平较低的地级市具有向均值靠拢的趋势，而发展水平较高的地级市依然保留“榜样力量”。从极化现象来看，核密度曲线保持“一主峰一侧峰”的多峰状态，预示着各地级市之间两极分化现象一直存在。

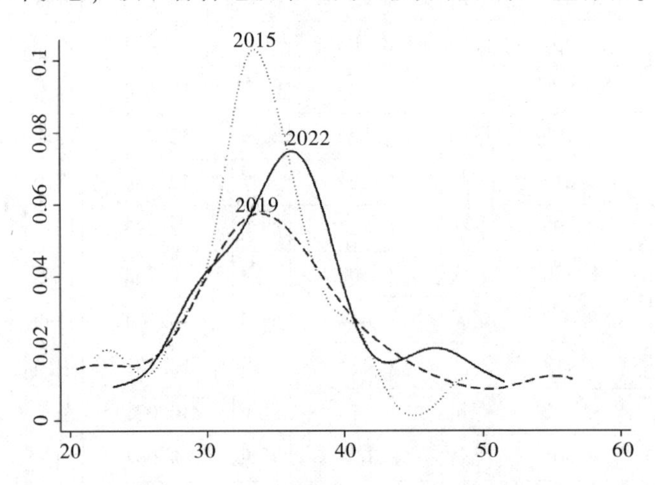

图 4-7　2015 年、2019 年、2022 年广东省技能人才培养发展指数二维核密度图

从图 4-8（a-d）广东省四大区域技能人才培养发展指数的演变情况来看，四大区域主峰位置均呈现先右移后左移的趋势，整体呈现右移态势，说明四大区域技能人才培养发展水平呈波动提升态势。珠三角、东翼地区主峰分布形态呈现出先下降后上升的趋势，整体呈上升态势，说明珠三角、东翼地区技能人才培养发展水平差距呈扩大趋势。西翼、山区地区主峰分布形态呈现出先下降后上升且整体下降态势，说明西翼、山区技能人才培养发展水平差距在缩小。从分布延展性来看，表现为轻微右拖尾、延展宽度多为变宽的特征，表明珠三角、东翼、西翼、山区四大区域内技能人才培养发展发水平较低的地级市具有向区域均值靠拢的趋势，而区域内发展水平较高的地级市依然保持了绝对的领先优势特征，如东翼的揭阳、汕尾等。从极化现象来看，珠三角、东翼、山区不存在极化现象，而西翼地区在 2015 年、2022 年均存在两个峰值，表明存在两极分化现象，其余年份则无极化现象。

总体而言，样本期广东省技能人才培养发展呈现从低水平向高水平不断运动的动态趋势，全省范围内各地级市技能人才培养发展水平差距在缩小，技能人才培养发展水平较低的地级市具有向均值靠拢的趋势，而发展水平较高的地级市依然保持领先态势，各地级市之间两极分化现象一直存在的特点。四大区

域的技能人才培养发展水平呈现波动上行态势，珠三角、东翼地区内部差距在扩大，西翼和山区地区内部差距缩小，四大区域都出现了技能人才培养发展水平较低的地级市向区域均值靠拢的特征，除了西翼地区部分年份存在极化现象外，珠三角、东翼、山区并不存在两极分化现象（表4-11）。

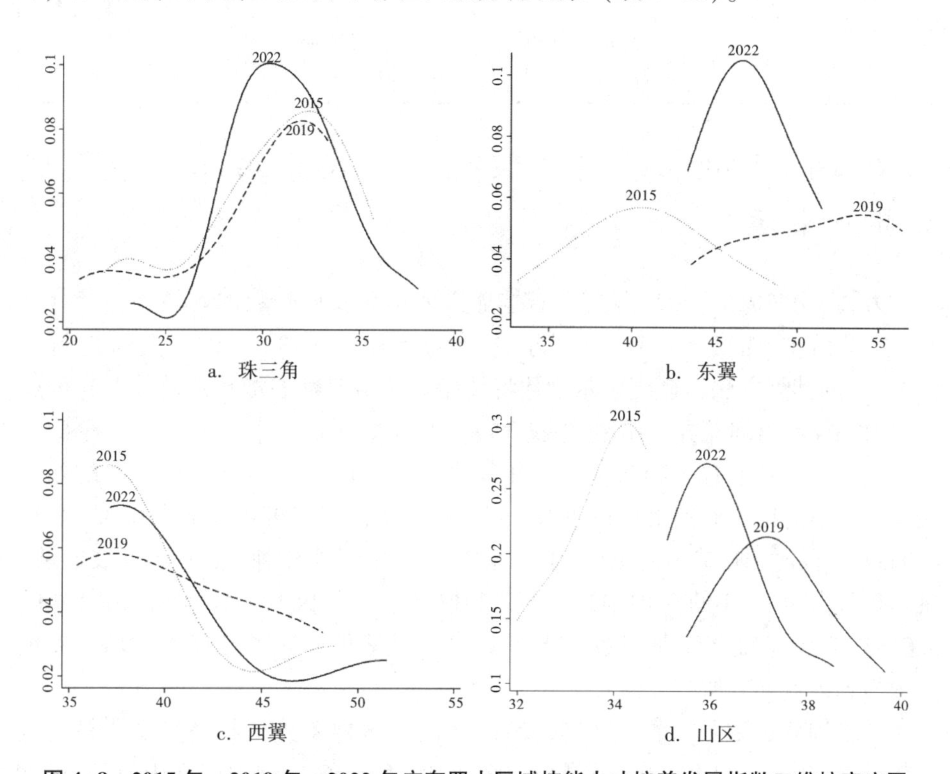

图4-8 2015年、2019年、2022年广东四大区域技能人才培养发展指数二维核密度图

表4-11 广东省及四大区域技能人才培养发展的分布动态演变特征

地区类型	分布位置	主峰分布形态	分布延展性	极化现象
广东省	右移	峰值先下降后上升，宽度收窄	右拖尾，延展不变	两极分化，存在两峰现象
珠三角	先右移后左移	峰值先下降后上升，宽度变宽	轻微右拖尾，延展不变	无极化现象
东翼	先右移后左移	峰值上升，宽度收窄	轻微右拖尾，延展变宽	无极化现象

续表4-11

地区类型	分布位置	主峰分布形态	分布延展性	极化现象
西翼	先右移后左移	峰值先下降后上升，宽度收窄	轻微右拖尾，延展变宽	两极分化，2015 年和 2022 年存在两个峰值
山区	先右移后左移	峰值先下降后上升，宽度收窄	轻微右拖尾，延展变宽	无极化现象

(二) 使用泰尔指数探索技能人才培养发展区域差异及来源

为了揭示 2015—2022 年广东省技能人才培养发展指数的区域差异及其来源，本章借鉴 Theil（1967）、周小亮和吴武林（2018）、聂长飞和简新华（2020）的计算方法，运用泰尔指数将技能人才培养发展指数的总体差异分解为组内差异和组间差异，结果详见表 4-12 所示。

从总体差异来看，2015—2022 年间广东省技能人才培养发展指数的差异最大和最小的年份分别出现在 2018 年和 2015 年，泰尔指数分别为 0.02983 和 0.01341；同时，广东省技能人才培养发展指数呈现出倒“U”形发展趋势，泰尔指数由 2015 年的 0.01341 上升至 2018 年的 0.02983，而后降至 2022 年的 0.01559，但 2022 年泰尔指数高于 2015 年，这表明广东省技能人才培养发展指数的总体差异有所扩大。

从结构分解结果来看，2015—2022 年间地区内差异贡献率呈现明显下行态势，由 2015 年的 47.80%下降至 2022 年的 23.16%，这说明 2015 年广东省技能人才培养发展指数的总体差异中 47.80%的差异来源于地区内差异，2022 年广东省技能人才培养发展指数总体差异中只有 23.16%的差异来源于地区内差异。换言之，2015—2022 年间广东省技能人才培养发展指数的总体差异主要来源于地区间差异，地区间差异贡献率从 2015 年起一直都超过 50.00%，2019 年之后更是超过了 70.00%。虽然技能人才培养发展指数的地区内差异对总体差异的贡献度在逐渐降低，但是仍需要剖析其内在变化趋势。2015—2022 年珠三角、东翼、西翼、山区技能人才培养发展指数的泰尔指数平均值分别为 0.01207、0.00875、0.00367、0.00065，表明珠三角地区内差异最大，东翼、西翼地区次之，山区地区相对较小。另外，珠三角、东翼、西翼、山区对总体差异贡献率的均值分别为 20.69%、9.72%、3.16%、0.67%，且珠三角、东

翼、西翼地区贡献率呈现快速下滑趋势，山区地区的贡献率略有上升，表明珠三角地区对总体差异的贡献率最大，东翼、西翼次之，山区地区对总体差异的贡献率最小。

综上可知，样本期内广东省技能人才培养发展指数的总体差异有所扩大，总体差异70%以上的贡献来自地区间差异，地区内差异在逐渐减小，其中，珠三角地区内差异是地区内差异的最大构成部分。

表4-12　2015—2022年广东省技能人才培养发展的泰尔指数及其贡献率

年份	总体差异	地区内差异					地区间差异
		总体	珠三角	东翼	西翼	山区	
2015	0.01341	0.00641 (47.80%)	0.01066 (30.14%)	0.00879 (15.02%)	0.00132 (1.99%)	0.00047 (0.66%)	0.00700 (52.20%)
2016	0.01515	0.00643 (42.44%)	0.00901 (22.00%)	0.00886 (13.47%)	0.00410 (5.56%)	0.00109 (1.40%)	0.00872 (57.56%)
2017	0.02720	0.01252 (46.03%)	0.01573 (20.40%)	0.02271 (20.38%)	0.00682 (5.07%)	0.00024 (0.18%)	0.01468 (53.97%)
2018	0.02983	0.01143 (38.32%)	0.01572 (18.44%)	0.01809 (15.60%)	0.00614 (4.06%)	0.00032 (0.21%)	0.01841 (61.72%)
2019	0.02954	0.00746 (25.25%)	0.01397 (16.32%)	0.00495 (4.45%)	0.00615 (3.98%)	0.00074 (0.50%)	0.02208 (74.75%)
2020	0.02586	0.00607 (23.47%)	0.01387 (19.10%)	0.00194 (1.99%)	0.00239 (1.70%)	0.00092 (0.69%)	0.01979 (76.53%)
2021	0.01719	0.00472 (27.46%)	0.00968 (20.34%)	0.00285 (4.02%)	0.00179 (2.07%)	0.00086 (0.99%)	0.01248 (72.60%)
2022	0.01559	0.00361 (23.16%)	0.00794 (18.75%)	0.00181 (2.86%)	0.00067 (0.83%)	0.00058 (0.71%)	0.01198 (76.84%)
均值	0.02172	0.007733 (34.24%)	0.01207 (20.69%)	0.00875 (9.72%)	0.00367 (3.16%)	0.00065 (0.67%)	0.01439 (65.77%)

（三）使用莫兰指数探索技能人才培养发展的空间自相关性

地理学明确指出，任何事物之间都具有相关性，且相邻事物之间的相关性会更强。为了分析广东省技能人才培养发展的空间特征，分析其是否存在空间相关性，本章采用全局莫兰指数和局部莫兰指数方法进行定量测度。结果表明，2015—2022 年广东省技能人才培养发展的全局莫兰指数处于 0.167～0.599 之间，且均通过了显著性检验。上述结果表明，广东省技能人才培养发展水平之间存在显著的空间正相关性。换言之，存在空间聚集效应（见表 4-13）。

为了进一步分析广东省技能人才培养发展的空间聚集结构，特地绘制了 2015—2022 年广东省技能人才培养发展的局部莫兰散点图，具体如图 4-9 所示。在图 4-9 中，2015—2022 年间广东省绝大多数的地级市均处于第一、第三象限中，也就是处于 H—H 型聚集和 L—L 型聚集区，技能人才培养发展指数呈现负向离群特征。从图上看，除了零星的三五个地级市处于第二、第四象限，其余的地级市具有聚集特点，表明广东省技能人才培养发展的空间相关性特征具有较强的稳定性。

表 4-13　2015—2022 年广东省技能人才培养发展的全局莫兰指数

年份	Moran's Ⅰ	*P* 值
2015	0.278	0.013
2016	0.281	0.014
2017	0.167	0.067
2018	0.228	0.028
2019	0.438	0.001
2020	0.537	0.000
2021	0.551	0.000
2022	0.599	0.000

综上可知，广东省技能人才培养发展表现出明显的空间正向相关关系，也就是存在明显的聚集效应。具体体现在：技能人才培养发展水平较高的地级市往往被技能人才培养发展水平较高的地级市包围，技能人才培养发展水平较低的地级市往往被技能人才培养发展水平较低的地级市包围。

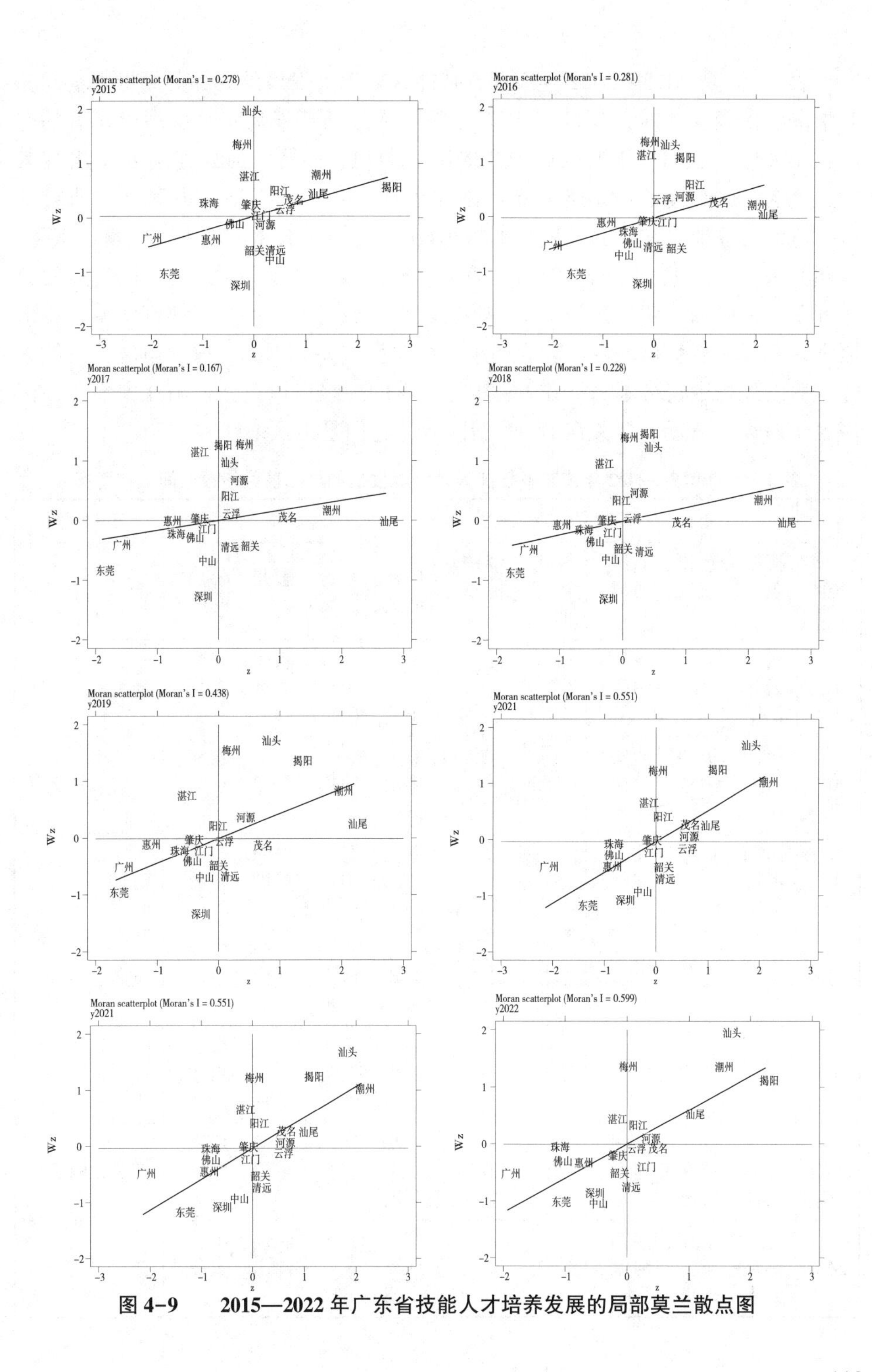

图 4-9　　2015—2022 年广东省技能人才培养发展的局部莫兰散点图

表4-14是2015—2022年广东省技能人才培养发展的局部莫兰指数空间分布情况。由表4-14可以看出，广东省技能人才培养发展水平呈现出显著的空间正相关性。在H—H型区域中，揭阳、潮州、汕尾、河源连续8年出现其中，茂名、云浮和汕头出现6年，阳江出现4年。该类型多为东翼和西翼地区，它们的技能人才培养发展水平相对较高。在L—L型区域中，广州、东莞、惠州、佛山、深圳、江门、中山、肇庆、珠海属于“常驻嘉宾”。该类型的分布几乎全部以珠三角地区为主，这些区域拥有较为发达的高等教育体系，相形之下，其职业教育体系发展较为弱小、协调性较差，因此，珠三角地区技能人才培养发展指数得分不高。在L—H型区域的地级市以湛江、阳江为主，该区域属于西翼。清远、韶关在H—L型区域，它们是山区地区。

表4-14　2015—2022年广东省技能人才培养发展的局部莫兰指数空间分布情况

年份	H—H型	L—H型	L—L型	H—L型
2015	揭阳、潮州、汕尾、茂名、阳江、云浮、河源、江门	珠海、肇庆、湛江、梅州、汕头	广州、东莞、惠州、佛山、韶关、深圳	清远、中山
2016	揭阳、阳江、河源、云浮、茂名、潮州、汕尾	梅州、湛江、汕头	肇庆、江门、惠州、珠海、佛山、中山、清远、深圳、东莞、广州	韶关
2017	揭阳、梅州、汕头、河源、阳江、云浮、茂名、潮州、汕尾	湛江	肇庆、惠州、江门、珠海、佛山、中山、广州、东莞、深圳	韶关、清远
2018	梅州、揭阳、汕头、河源、云浮、潮州、汕尾、茂名	湛江、阳江	肇庆、惠州、珠海、佛山、江门、中山、深圳、东莞、韶关、广州	清远
2019	梅州、汕头、揭阳、河源、潮州、汕尾	湛江、阳江	云浮、肇庆、江门、韶关、惠州、珠海、佛山、中山、深圳、广州、东莞	茂名、清远
2020	梅州、汕头、揭阳、河源、潮州、汕尾	湛江、阳江	云浮、肇庆、江门、珠海、佛山、韶关、广州、惠州、东莞、中山、深圳	茂名、清远
2021	汕头、揭阳、潮州、汕尾、茂名、河源、云浮、梅州	湛江、阳江	肇庆、江门、中山、珠海、佛山、惠州、东莞、广州、深圳、	韶关、清远
2022	汕头、揭阳、潮州、汕尾、阳江、河源、云浮、梅州、茂名	湛江	肇庆、韶关、深圳、中山、珠海、东莞、佛山、惠州、广州	江门、清远

（四）使用收敛模型探索技能人才培养发展的收敛性

σ 收敛是指在时间序列上广东省及四大区域的技能人才培养发展水平偏离平均水平的幅度逐渐下降。σ 系数主要用于衡量整个样本的离散程度，研究广东省及四大区域技能人才培养发展离散程度是否逐渐变小或形成均值收敛的态势。广东省及四大区域技能人才培养发展的 σ 收敛系数如表 4-15、图 4-10 所示。从广东省层面看，2015—2022 年 σ 收敛系数呈现先上升后下降的倒“U”形态势，由 2015 年的 0.167 上升至 2019 年的 0.246，而后一路下行至 2022 年的 0.177，这表明广东省范围内技能人才培养发展并没有出现 σ 收敛，而是发散的。根据 σ 收敛系数的含义，可以得出技能人才培养发展的地区差异在扩大的结论。珠三角地区的 σ 收敛系数波动较为剧烈，呈现先下降后上升再下降的态势，这表明珠三角地区也没有出现 σ 收敛。西翼地区的 σ 收敛系数呈现先快速攀升而后快速下降的趋势，由 2015 年的 0.134 上升至 2017 年的 0.213，随后降至 2022 年的 0.060，由此可知，西翼地区也不存在 σ 收敛，技能人才培养发展水平也是发散的。东翼地区 σ 收敛系数呈现明显的倒“U”形特征，同样没有出现 σ 收敛。山区地区则呈现“M”型结构，2022 年比 2015 年的 σ 收敛系数要高，这说明山区地区技能人才培养发展水平呈现发散特征，且内部出现了一定差异。

综上所述，无论是广东省整体情况还是四大区域情况，技能人才培养发展都没有出现 σ 收敛，技能人才培养发展的地区不平衡更加明显了。

表 4-15　2015—2022 年广东省及四大区域技能人才培养发展指数 σ 收敛值

区域	2015 年	2016 年	2017 年	2018 年	2019 年	2020 年	2021 年	2022 年
广东省	0.167	0.178	0.237	0.245	0.246	0.229	0.191	0.177
珠三角	0.152	0.141	0.192	0.189	0.177	0.175	0.147	0.129
东翼	0.134	0.134	0.213	0.192	0.101	0.061	0.076	0.060
西翼	0.052	0.090	0.115	0.108	0.111	0.070	0.060	0.037
山区	0.031	0.046	0.022	0.025	0.038	0.042	0.041	0.034

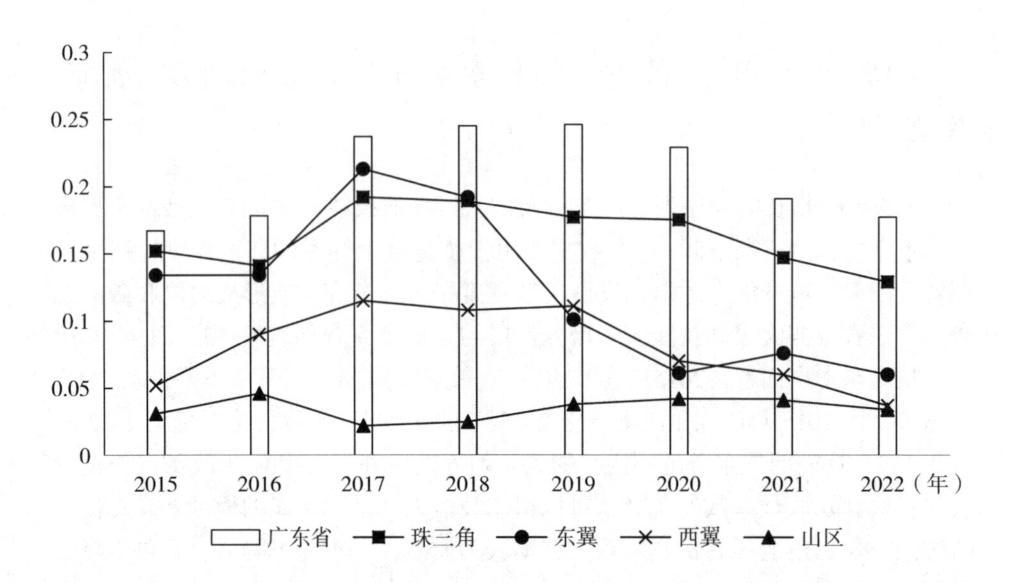

图 4-10　2015—2022 年广东省及四大区域技能人才培养发展 σ 收敛系数变化情况

（五）使用方差分解探索技能人才培养发展四个维度内部结构差异

技能人才培养发展指数由结构协调、经费收支、教师资源、培养成效四个维度构成。为了研究广东省及四大区域技能人才培养发展水平的差异在哪些领域的问题更加突出，本章运用方差分析方法从全样本层面考察其结构来源，具体如表 4-16 所示，该表报告了广东省及四大区域技能人才培养发展水平的差异结构来源的贡献。从广东省来看，技能人才培养发展水平差异的最大来源是结构协调，其贡献率为 127. 30%；其次是培养成效，对广东省的贡献率为 -71. 05%；教师资源和经费收支的贡献率分别为 34. 78%、8. 97%。从四大区域内部来看，根据技能人才培养发展水平差异的两大主要贡献，将四大区域划分为如下类型：第一类为“结构协调差异—经费收支差异”问题突出型，包括珠三角地区，其技能人才发展水平差异的最大来源是结构协调差异，其次是经费收支差异；第二类为“结构协调差异—培养成效差异”问题突出型，包括东翼，其技能人才培养发展水平差异的最大来源也是结构协调差异，培养成效差异的贡献第二；第三类为“结构协调差异—教师资源差异”类型，包括西翼和山区。西翼的技能人才培养发展水平差异最大来源是教师资源差异，结

构协调差异排名第二；山区的技能人才培养发展水平差异最大的来源是结构协调差异，教师资源差异的贡献率位居第二。

表 4-16　广东省及四大区域技能人才培养发展差异结构来源的贡献

（单位：%）

区域	结构协调	经费收支	教师资源	培养成效
广东省	127. 30	8. 97	34. 78	-71. 05
珠三角	72. 88	21. 30	11. 68	-5. 86
东翼	134. 63	-3. 54	38. 35	69. 45
西翼	21. 82	5. 02	58. 69	14. 50
山区	60. 51	12. 35	36. 07	-8. 93

从图 4-11 广东省及四大区域技能人才培养发展结构差异贡献雷达图能够更为直观清晰地看出结构协调差异问题在广东省、东翼更加突出，其贡献率显著高于珠三角、西翼和山区；在经费收支差异问题上珠三角相对来说最为严重，其对技能人才培养发展水平差异比其他地区贡献率要高；教师资源差异问题在西翼最为突出，其贡献率对应的点比其余地区都高；培养成效差异问题在广东省和东翼比较严重，其贡献率均在 70. 00%左右。

整体而言，在广东省层面上，结构协调差异和培养成效差异是对技能人才培养发展水平差异贡献度最高的两个方面，亟需关注。从四大区域内部来看，珠三角、东翼、山区技能人才培养发展水平差异的最大来源是结构协调差异，西翼则是教师资源差异，四大区域分化明显。

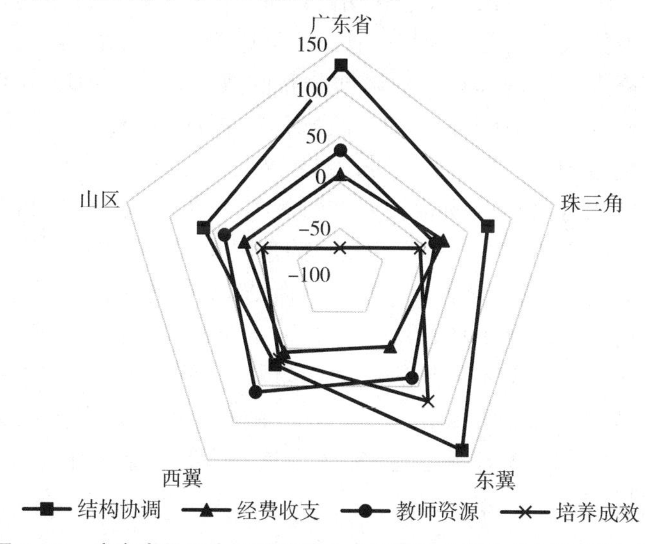

图 4-11　广东省及四大区域技能人才培养发展结构差异贡献雷达图

五、广东技能人才培养发展特点分析

本章在借鉴经济学、教育学、社会学等领域关于职业教育发展、技能人才培养发展的相关研究基础上，基于产出成效导向和操作量化、代表性、完备性、简约性原则构建了包含结构协调、经费支出、教师资源、培养成效四个维度的技能人才培养发展指标体系，并运用组合赋权法测度了2015—2022年广东省技能人才培养发展水平，随后采用核密度估计、泰尔指数、莫兰指数、收敛模型、方差分解方法对广东省及四大区域技能人才培养发展的现状、时空演变特征、区域差异及收敛性进行研究。经过上述研究，本章得到如下主要结论。

（一）优势

1. 样本期内广东省及四大区域技能人才培养发展整体向好

技能人才是强国之基、立业之本。近年来，广东省紧紧围绕产业布局，优化技能人才结构，大力发展技工教育，扩大技能人才有效供给。作为全国用工第一大省，广东肩负着强化培养、使用、评价技能人才的责任重担。因此，广东省不断深化技能人才培养、使用、评价、激励改革，破解技能人才结构性用工矛盾。广东省人力资源和社会保障厅公布的数据显示：2023年年底，广东省技能人才规模为1934万人，其中，高技能人才657万人，占比34.00%。从现实证据角度能看到，广东省大力推动技能人才培养发展全链条的政策改革，有效提升了技能人才规模与质量，为贯彻落实“制造业当家”和高质量发展战略奠定了坚实的人才基础。从本章测算的角度来看，样本期内广东省技能人才培养发展指数得分呈现波动上行态势，由2015年的34.793分上升至2022年的37.274分，保持1.00%的年增长速度。同时，本章采用核密度估计结果，发现样本期广东省技能人才培养发展确实呈现出从低水平向高水平不断运动的动态过程。由此可以看出，2015—2022年，随着广东省对职业教育、技能人才培养使用的重视，广东省技能人才培养发展水平有明显提升，为产业转型升级和高质量发展夯实了人才基础。

2. 样本期内广东省技能人才培养发展水平具有一定马太效应

本章在利用全局莫兰指数和局部莫兰指数测算广东省及四大区域技能人才培养发展的空间相关性的基础上发现，广东省技能人才培养发展存在明显的空间正向相关关系，也就是存在明显的聚集效应。具体体现在：技能人才培养发展水平较高的地级市往往被技能人才培养发展水平较高的地级市包围，技能人才培养发展水平较低的地级市往往被技能人才培养发展水平较低的地级市包围。其中，H—H 型区域中，多为东翼和西翼地区地级市，它们的技能人才培养发展水平相对较高。L—L 型区域中，几乎全部是珠三角地区的地级市，这些区域拥有较为发达的高等教育体系，相形之下，其职业教育体系发展较为弱小，协调性较差，因此，珠三角地区技能人才培养发展指数得分不高。L—H 型区域的地级市以湛江、阳江为主，它们在西翼地区。清远、韶关属于 H—L 型区域，它们在山区地区。上述数据表明，广东省技能人才培养发展存在一定的区域聚集性，需要重视并发挥区域内技能人才培养发展高地的辐射带动作用。

3. 样本期内广东省培养技能人才的教师资源稳步提升

依据广东省技能人才培养发展指数四个维度得分情况来看，2015—2022 年教师资源维度保持了年均增长率为 1.29%的正向增长，并且其 2022 年得分在四个维度中得分排名第二位。在广东省技能人才培养发展四个维度中，教师资源维度发展稳步提升，是技能人才培养发展水平提高的关键因素之一。教师是职业教育的基础和制高点。党的二十大报告提出“加强师德师风建设，培养高素质教师队伍，弘扬尊师重教社会风尚”。广东省高质量贯彻落实党的二十大报告精神，实施了“强师工程”和“教师教育振兴行动计划”，使得职业教育教师队伍学历层次、能力素质有明显提升，对技能人才培养起到了重要的促进推动作用。

（二）关注点

1. 样本期内广东省技能人才培养发展水平依然不高

尽管从时间演变上看，2015—2022 年间广东省技能人才培养发展水平呈现逐步上升态势，但是本章测算结果显示，2015—2022 年广东省技能人才培养发展指数得分处于 34.613～37.274 分之间，与技能人才培养发展指数的范围［0，100］中的最好水平仍有明显差距，所以，广东省技能人才培养发展水平整体上仍有较大提升空间。近年来，广东省认真学习贯彻习近平总书记关于职业教育的重要指示批示精神和全国职业教育大会精神，聚焦提质培优、增值赋能，持续强化职业教育的适应性，推动职业教育与区域产业相互促进、融合发展。但是，多种原因叠加导致广东省职业教育发展水平总体上依然不高。一方面，职业教育社会认可度不高，导致优秀的学生不愿意就读职业学校。2021年《教育家》杂志发布的《中国职业教育发展大型问卷调查报告》结果显示，“社会认可度”是职业教育发展面临最大困难的主要因素之一。另一方面，以往对职业教育的内容和方式定位比较模糊，使得职业教育参照高等教育的学科教育开展，导致职业教育培养的学生与市场需求存在脱节，市场认可度不高，影响了教育质量。

2. 广东省技能人才培养发展面临区域间均衡发展难题

从2015—2022年广东省技能人才培养发展指数得分结果来看，样本期内广东省四大区域技能人才培养发展水平存在明显差异，东翼地区一直居首位，珠三角地区一直居末位，二者差异显著，不平衡发展现状较为突出。从广东省技能人才培养发展指数四个维度得分情况来看，四大区域技能人才培养发展指数四个维度无论在发展水平还是增长速度上均存在区域差异。珠三角、东翼、西翼均表现为结构协调维度发展水平较高且增长速度较快，而培养成效维度出现下降趋势，这一现象值得重点关注。山区与上述三个区域发展存在差异，山区技能人才培养发展指数中教师资源维度发展较好，但经费收支维度却表现不尽如人意。同时，从统计上来看，核密度估计和泰尔指数分析结果证明，广东省及各地级市之间技能人才培养发展的两极分化现象一直存在：珠三角、东翼地区内部差距在扩大，西翼和山区差距在缩小，且广东省及四大区域技能人才培养发展水平不存在σ收敛，广东省及四大区域的技能人才发展水平地区差异在扩大；泰尔指数分析结果指出，样本期内广东省技能人才培养发展的总体差异有所扩大，总体差异70%以上的贡献来自地区间差异，地区内差异在逐渐减小，其中，珠三角地区内差异是地区内差异的最大构成部分。因此，广东省技能人才培养发展的区域间差异在扩大，亟须关注其发展不平衡、不充分的问题。

3. 普职结构协调问题对于技能人才培养发展水平提升作用较大

2015—2022年，广东省在深入贯彻落实国家关于高中阶段“普职比大体

相当”政策要求上成效是明显的。从广东省技能人才培养发展指数四个维度得分来看，2022 年结构协调维度得分排名首位，2015—2022 年年均增长率保持在 5. 77%的正增长。从方差分解结果来看，广东省层面结构协调差异和培养成效差异是对技能人才培养发展水平差异贡献度最高的两个方面，亟需关注。四大区域内部，珠三角、东翼、山区技能人才培养发展水平差异的最大来源是结构协调差异，结构协调差异也是西翼地区技能人才培养发展水平差异的第二大来源。因此，如何有效优化广东省 21 个地级市普职比结构问题是下一步职业教育和技能人才培养的关键点之一。

4. 经费支出下滑对技能人才培养发展的影响

从广东省技能人才培养发展指数四个维度得分来看，经费支出得分排名第三位，但呈现出年均增长率为-0. 73%的下滑态势。办学经费是职业教育改革与发展的重要基础，也是技能人才培养发展的重要保障。随着经济增长速度放缓，各地级市在教育等领域的投资也相应地有所减少。这一趋势负向冲击了职业教育和技能人才培养发展水平，进而影响到产业转型升级中的技能人才基础。因此，为了促进经济高质量发展，政府需进一步强化和优化职业教育和技能人才培养发展的财政投入，加大对工科类职业院校的财政投入。

六、促进技能人才高质量发展的对策建议

（一）强化职业教育的基础性地位，提高技能人才培养规模

《中华人民共和国职业教育法》规定“职业教育是指为了培养高素质技术技能人才，使受教育者具备某种职业或者实现职业发展所需要的职业道德、科学文化与专业知识、技术技能等职业综合素质和行动能力而实施的教育，包括职业学校教育和职业培训。”中等职业教育的基础性地位是由我国经济社会发展的现状和需要所决定的。广东省作为我国经济最为发达的省份之一，当前正在实施“制造业当家”战略，亟须依靠中等职业教育、高等职业教育培养初级工、中级工、高级工、技师、高级技师等，尤其是在产业网络化、智能化、数字化转型阶段强化对复合型技能人才的培养。一是通过构建现代职业教育体

系扩大技能人才供给。搭建中等、专科、本科职业教育和专业学位研究生教育纵向贯通的现代职业教育体系。明确职业教育类型定位，促进职业教育特色发展、高端迈进。坚持学历教育和培训并举，落实激励政策，鼓励职业院校广泛开展职业培训，提高技能人才供给量。二是深化省属技能人才培养发展院校集团化办学。有效整合各方资源，充分挖掘办学潜力，扩大优质职业教育资源。高质量推进省职业教育城、广州科学教育城、深圳职业教育创新发展高地等重大平台项目建设。统筹发展职业教育（含技工教育），加强职业、技工院校校区和实习实训设施、场所等基础能力建设，形成层次结构合理、类型特色鲜明的职业教育集群。三是大力发展广东特色技工教育，实现技师学院21个地级市全覆盖，按照高等学校要求设置制度规定，推动符合条件的技师学院纳入高等学校序列，实现政策互通。以地级市为主统筹中等职业教育，扩大优质高等职业教育资源，高标准建设广东省职业教育城。支持条件成熟的高职院校开展本科层次职业教育试点，鼓励有条件的高职院校与本科学校联合培养专业学位研究生。四是健全人才服务体系，引导技能人才合理流动和有效配置。建立健全技能人才柔性流动机制，鼓励技能人才通过兼职、服务、技术攻关、项目合作等方式更好地发挥作用。鼓励各地将急需紧缺技能人才纳入人才引进目录，建立人才入县下乡激励机制，引导技能人才向东翼、西翼、山区流动，将技能人才引进纳入城市直接落户范围，其配偶、子女按有关规定享受公共就业、教育、住房等保障服务。

（二）优化职业教育经费投入，夯实产业转型升级人才基础

职业教育经费投入是职业教育事业发展的物质基础和前提。须合理优化和布局职业教育经费投入，在经费投入方面追赶教育公平，提高农村地区职业教育财政投入。一是坚持德技并修、育训结合，把德育融入课堂教学、技能培训、实习实训等环节，注重学生工匠精神和精益求精习惯的养成。深入实施高水平职业院校和专业建设计划，打造一批国家级和省级高水平职业院校和专业群。二是深入推进珠三角地区与东翼、西翼、山区地区职业院校结对帮扶，开展协同育人、协同创新、协同创业模式，有效提高东翼、西翼、山区技能人才培养发展质量。三是以“粤菜师傅”“广东技工”“南粤家政”三大工程为抓手，为产业转型升级提供优质技能人才队伍。全面推行现代学徒制和企业新型

学徒制，对符合条件的企业按规定给予职业培训补贴，一体化设计中职、高职高专、本科职业教育贯通培养机制。四是从教师队伍建设方面优化技能人才培养发展质量。着重提升教师素养、改革教材实训、创新教学方法，探索“岗课赛证”综合育人，深化学生学习实训环节。五是高质量推进“1+X”证书试点，逐步实现学历证书与职业技能等级证书互通。进一步高效畅通职业教育与专业教学标准和课程标准研究与成果转化应用，尝试开展行业主导的第三方技术技能型人才培养质量评价模式的调整优化。六是支持各地级市出台鼓励社会资金投入技能人才培养领域的政策，引导企业按规定足额提取和使用职工教育培训经费，60%以上用于一线职业教育和培训。落实企业职工教育经费税前扣除政策，探索建立省级统一的企业职工教育经费使用管理制度。

（三）强化市场需求为导向，创新技能人才培养模式

技能人才培训发展的最终目的是服务经济社会发展，服务市场需求。因此，一是增强技能人才培养发展的市场适应性，立足“产业链人才链”两链融合，紧跟技术变革和产业优化升级发展方向，动态调整技能人才培养发展目标与方案。聚焦广东省十大战略性支柱产业集群和十大战略性新兴产业集群，建立健全技能人才培养专业设置的常态化调整机制，优化技能人才培养发展的结构、规格和质量，强化技能人才培养对广东“制造业当家”战略的支撑作用。围绕“一核一带一产”的产业布局，优化技能人才培养的人才布局，突出职业教育对产业发展的引领作用。二是创新产教融合模式。构建以城市为节点、行业为支点、企业为重点、学校为基点的产教融合新路径和模式，完善技能人才培养的产教融合政策支撑体系，出台鼓励国有企业参与产教融合的管理办法，规范指导各类技能人才培养学校和机构与行业协会、各类企业开展合作办学，由订单式培养向共同教学设计、共同研发等纵深方向发展。认定一批产教融合型企业，建设一批综合性高水平产教融合实训基地和产教融合园区。对于高质量落实产教融合政策并取得明显成效的企业，采取多维度激励政策，包括金融、财政、土地、信用等维度，支持并鼓励上市公司、龙头企业积极参与到技能人才培养发展的工作中来。

（四）推进技能人才分类评价政策落实，引领技能人才发展

一是发挥政府、行业协会、企业等多元主体作用，建立健全以职业资格评价、职业技能等级认定和专项职业能力考核等为主要内容的技能人才评价制度。力推企业自主开展技能人才评价，统筹推进技工院校职业技能等级认定，推动技能人才分类评价政策落实。二是贯通职业技能等级认定与相关系列职称评审制度，扫清管理人才、专业技术人才、技能人才之间发展通道的障碍，探索"一试多证"职业技能评价模式。三是瞄准人社部公布的新职业，开发适合广东产业所需的新技能标准和评价规范，支持鼓励行业协会、龙头企业、职业院校等共同开发职业技能标准、评价规范、课程标准等，引领技能人才发展。四是完善职业竞赛体系。以省政府名义定期举办广东省职业技能大赛，将省有关职能部门、行业协会、企业、职业院校等集合起来开展技能竞赛活动，构建以省赛、行业大赛为主体，企业、院校、地方各级职业技能比赛为基础的职业技能竞赛体系。五是落实技能价值导向的激励机制。强化技能价值导向，引导企业建立健全基于岗位价值、能力素质、业绩贡献的技能人才薪酬分配制度。国有企业工资总额分配应向高技能人才倾斜，高技能人才人均工资增幅不得低于本单位管理人员人均工资增幅。鼓励国有企业在工资结构中针对评聘的高级工、技师、高级技师、特级技师、首席技师设置技能津贴等体现技能价值的工资单元。完善企业薪酬调查和信息公布制度，发布分职业（工种、岗位）、分技能等级的工资价位信息。

第五章　广东技能人才培养与经济高质量发展关系研究

一、技能人才培养与经济高质量发展的耦合协调因果关系分析

所谓“耦合关系”，是指两个及以上系统通过良性互动而形成的相互依赖、相互协调、相互促进的动态关联。“协调关系”是耦合关系在进化过程中所产生的良性结果，指两者在和谐一致、均衡配合、良性循环的基础上所产生的由低级到高级、由无序到有序的整体演化过程。技能人才培养发展与经济高质量发展之间存在紧密的耦合协调关系，如图5-1所示，二者相互影响、相互促进，从而形成强大合力，推动技能人才培养发展与经济高质量发展的协调共生。

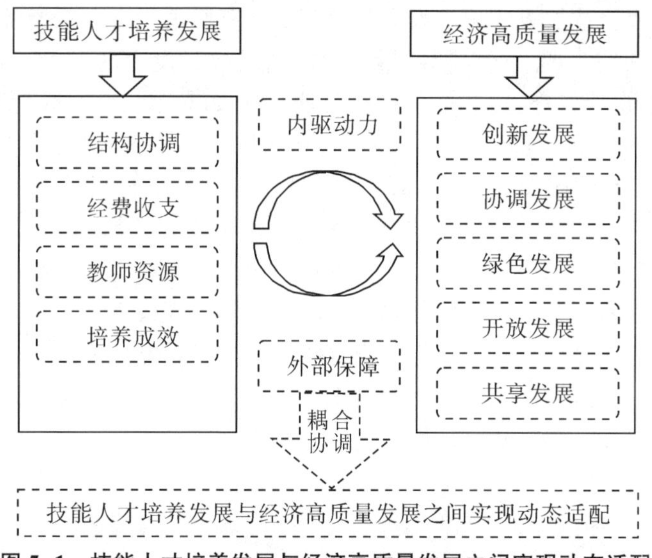

图5-1　技能人才培养发展与经济高质量发展之间实现动态适配

（一）研究假设

经济高质量发展与技能人才培养发展之间存在相互影响，主要表现如下：

1. 技能人才培养发展是经济高质量发展的内驱动力

无论是在全国层面还是在广东省层面，在“普职比大体相当”的政策要求下，技能人才培养发展的适度扩张和质量提升对经济高质量发展都具有显著的正向影响。一方面，在经济规模上，郑宇梅和周旺东（2011）的研究显示，职业教育作为培养技能人才的摇篮，所培养的技能人才数量每增加 1%，就能促进经济规模增长 0.825%。在经济结构上，陈夏瑾和潘建林（2022）通过研究表明，职业教育通过培养大量的高素质技能人才为产业转型升级夯实了人力资本基础和智力支撑，对促进产业结构高级化具有正向推动作用，从而推动经济高质量发展。由此可见，技能人才培养发展是推动经济高质量发展的内驱动力和重要基础性力量。

2. 经济高质量发展是技能人才培养发展的外部保障

技能人才的培养教育是一项高成本、高投入、高产出、时间周期长的类型教育。技能人才培养对于经济高质量发展的推力共生于经济高质量发展的拉力。也就是说，技能人才培养发展依赖于经济高质量发展。在投资规模上，郭萍（2022）研究表明，经济高质量发展推动了教育投入的增长，我国 GDP 与教育经费之间存在着正向显著关系，即 GDP 每增长 1%，教育经费则增长 1.160%，这充分说明经济高质量发展将会为技能人才培养教育增加财政投入，促进其发展。在设备规模上，郭萍（2022）通过实证分析认为，技能人才培养教育需要投入高成本，因为技能人才培养尤其是工程类的技能人才培养需要及时更新重资产类的设备，也需要实训场地等保障，只有经济高质量发展才能为技能人才培养教育提供雄厚的物质保障。在师生规模上，经济高质量发展将通过提升技能人才市场价格、提升家庭收入、满足技能人才需求等方面，影响技能人才培养的规模和质量。综上可知，经济高质量发展是技能人才培养发展的重要外部保障。

（二）回归模型

1. 耦合协调度模型

耦合效应与耦合协调发展是评价不同系统相互均衡发展状况的有效研究工具。在耦合协调度模型中，耦合是物理学概念，包含了子系统之间的发展和协调两个演变过程，耦合协调度能够体现技能人才培养发展子系统和经济高质量发展子系统从低级到高级的协同发展过程。现有关于耦合协调效应研究的文献，多采用如下方法，具体公式如下：

$$C = 2\sqrt{\frac{U_1 U_2}{(U_1 + U_2)^2}}$$

$$T = aU_1 + bU_2$$

$$D = \sqrt{C \times T}$$

C 表示耦合度，取值处于［0，1］之间；U_1、U_2 分别表示经济发展指数、技能人才培养发展指数；T 表示技能人才培养发展子系统和经济高质量发展子系统的耦合协调发展指数；D 为耦合协调度。

但需要指出的是，从目前关于社会科学领域的研究结果来看，耦合协调度数值很少呈现出大比例差值，也就是说，社会科学领域中的 D 值多数集中在 0.7 以上的紧密区域内，用现有的耦合协调度划分标准不具有区分度。为解决这一难题，本章借鉴王淑佳等（2021）的调整模型公式。

n 表示子系统的个数；当 $n = 2$ 时，子系统则为 U_1、U_2，假定 $\max(U_1$、$U_2) = U_2$：

$$C = \sqrt{[1 - (U_2 - U_1)] \times \frac{U_1}{U_2}}$$

$$T = \alpha_1 U_1 + \alpha_2 U_2$$

$$\alpha_1 + \alpha_2 = 1$$

该模型的优势是使 C 尽可能分布于［0，1］之间，加大 C 值的区分度，从而让耦合协调度模型在社会科学领域的分析使用具有更高的效度。

2. 灰色预测模型 GM(1，1)

白色系统是指内部所有特征全部为已知的系统；黑色系统则是指内部所有特征均为未知的系统。而存在于社会科学内的系统，绝大多数处于白色系统和黑色系统之间，只有部分特征是已知的，这类系统则被称为灰色系统。这些灰色系统能够通过已有的特征信息进行预测。灰色预测就是预测系统内部特征不断发展变化的方法，预测系统可以根据已知信息预测未知信息，还可以预测一定范围内变化的时序灰色过程。

灰色预测理论是1980年由华中理工大学邓聚龙教授提出。该预测的基础是混沌理论，认为系统的现象是模糊的、数据是复杂的，但结果是有秩序的。灰色预测理论一经提出就引起了众多学者的关注和应用。目前，应用最为广泛的是在社会科学领域和自然科学领域。

与传统的预测方法不同，灰色预测模型具有建模信息量要求少、运算过程精简、建模精度较高的特点，是用小标本进行短期预测的有效工具。灰色预测模型GM(1，1）的原理和计算如下。

对原始时间序列进行累加处理。设原始数值的序列为 $X^{(0)}=\{x^{(0)}(1),x^{(0)}(2),\cdots,x^{(0)}(n)\}$，通过对 $X^{(0)}$ 进行一次累加，生成一个新的累加序列为 $X^{(1)}$，$X^{(1)}=\{x^{(1)}(1),x^{(1)}(2),\cdots,x^{(1)}(n)\}$，其中，$x^{(1)}(t)=\sum_{i=1}^{t}x^{(0)}(i)\ (t=1,2,\cdots,n)$。

由于灰色预测系统的微分方程是针对离散序列建立的，GM(1，1）是一阶微分方程模型，其形式为：$\frac{\mathrm{d}x}{\mathrm{d}t}+ax=u$。$x^{(0)}(t)$ 表示时间的原始序列，$x^{(1)}(t)$ 表示累加生成的新序列。利用GM(1，1）的一阶微分方程求解：

$$\Delta^{(1)}[x^{(1)}(t+1)]+a[x(t+1)]=u\hat{x}(t+1)=[x^{(1)}(1)-\frac{\hat{u}}{\hat{a}}]e^{-\hat{a}t}+\frac{\hat{u}}{\hat{a}}$$

由导数定义可知：$\frac{\mathrm{d}x}{\mathrm{d}t}=\lim_{\Delta\to 0}\frac{x(t+\Delta t)-x(t)}{\Delta t}$

当 Δt 取很小一个单位时，可近似地有 $x(t+1)-x(t)=\frac{\Delta x}{\Delta t}$

写成离散形式为 $\frac{\Delta x}{\Delta t}=x(t+1)-x(t)=\Delta^{(1)}[x(t+1)]$

$\frac{\Delta x^{(1)}}{\Delta t}$ 涉及累加序列 $x^{(1)}$ 的两个时刻值，$x^{(1)}(i)$ 取前后两个时刻的平均代替更为合理，因此，将 $x^{(1)}(i)$ 替换为 $\frac{1}{2}[x^{(1)}(i)+x^{(1)}(i-1)]\ (i=2,\cdots,n)$

整理后得到 $X^{(0)}(t+1)=a\left\{-\frac{1}{2}[x^{(1)}(t)+x^{(1)}(t+1)]\right\}+u$

变换为矩阵形式 $\begin{bmatrix} x^{(0)}(2) \\ \cdots \\ x^{(0)}(N) \end{bmatrix} = \begin{bmatrix} -\frac{1}{2}[x^{(1)}(2)+x^{(1)}(1)] & 1 \\ \cdots & 1 \\ -\frac{1}{2}[x^{(1)}(N)+x^{(1)}(N-1)] & 1 \end{bmatrix} \begin{bmatrix} a \\ u \end{bmatrix}$

令 $y=(x^{(0)}(2), x^{(0)}(3), x^{(0)}(4), \cdots, x^{(0)}(N))^T$，此处的 T 表示转置，令

$$B=\begin{bmatrix} -\frac{1}{2}[x^{(1)}(2)+x^{(1)}(1)] & 1 \\ \cdots & 1 \\ -\frac{1}{2}[x^{(1)}(N)+x^{(1)}(N-1)] & 1 \end{bmatrix}, U=\begin{bmatrix} a \\ u \end{bmatrix}$$

$$y=BU, \hat{U}=\begin{bmatrix} \hat{a} \\ \hat{u} \end{bmatrix}=(B^TB)^{-1}B^Ty$$

（三）实证结果

基于第三、四章广东省及四大区域经济高质量发展指数和技能人才培养发展指数的计算结果，测算出 2015—2022 年广东省、四大区域、21 个地级市技能人才培养发展与经济高质量发展两大系统的耦合协调度系数。

1. 广东省层面技能人才培养发展与经济高质量发展的耦合协调情况

首先，2015—2022 年广东省技能人才培养发展指数和经济高质量发展指数得分来看（见表 5-1），样本期内技能人才培养发展指数和经济高质量发展指数均保持了逐步上升的特征，二者发展水平都不高，发展缓慢。两个系统具有较强的相似性。但是从整体上看，经济高质量发展水平比较滞后，滞后于技能人才培养发展水平，随着时间的推移，二者之间的差距呈现出缩小的特征。

表 5-1 2015—2022 年技能人才培养发展指数与经济高质量发展指数

年份	技能人才培养发展指数	经济高质量发展指数	关系类型
2015	34. 793	30. 158	经济高质量发展滞后
2016	34. 613	31. 166	经济高质量发展滞后

续表5-1

年份	技能人才培养发展指数	经济高质量发展指数	关系类型
2017	35.694	32.503	经济高质量发展滞后
2018	35.904	33.313	经济高质量发展滞后
2019	37.013	34.419	经济高质量发展滞后
2020	37.272	35.572	经济高质量发展滞后
2021	37.038	34.768	经济高质量发展滞后
2022	37.274	35.295	经济高质量发展滞后

其次，从2015—2022年广东省技能人才培养发展与经济高质量发展的耦合度计算结果来看，借鉴潘海生和翁幸（2021）、蔡文伯和甘雪岩（2021）耦合协调度等级划分标准进行评价（见表5-2）：整体而言，广东省技能人才培养发展与经济高质量发展水平系统之间具有较好的同步性，存在耦合互动发展关系。2015—2022年广东省耦合度系数呈现出波动上行的态势，年均增长率为0.83%，总体上其耦合度较高，均在0.900以上，处于高水平耦合阶段（见表5-3）。从2015—2022年广东省技能人才培养发展与经济高质量发展的耦合协调度来看（见表5-4），8年间呈现出小幅上升的良好态势，年均增长率为1.22%，从2015年的0.543上升至2022年的0.591，耦合协调等级属于勉强耦合协调水平，类型为过渡调和型。由此表明，广东省经济高质量发展方式的转变，产业结构的转型升级优化，逐渐增强了技能人才培养发展与经济高质量发展的耦合互动效应，耦合协调度不断优化，两个系统的耦合协调关系正向着良性方向发展。

进一步分析耦合度和耦合协调度的变化情况，2015—2022年广东省技能人才培养发展与经济高质量发展的耦合协调度增长速度明显快于耦合度，总的来看，技能人才培养发展与经济高质量发展的耦合度和耦合协调度之间存在一定差距，耦合协调度虽然增长速度较快，属于勉强耦合协调阶段，但协调程度仍较低。结合经济高质量发展指数一直低于技能人才培养发展指数这一情况，可以判断经济高质量发展是影响耦合协调关系程度的重要因素（见图5-2）。

表 5-2　耦合协调等级及耦合协调发展度的划分标准

C 耦合度	发展类型	D 耦合协调度	耦合协调等级	耦合协调层次
0	无关状态	[0.0，0.1)	极度失调衰退	低层次（失调衰退类）
[0，0.3)	低水平耦合	[0.1，0.2)	严重失调衰退	
[0.3，0.5)	颉颃时期	[0.2，0.3)	中度失调衰退	
[0.5，0.6)	初步磨合阶段	[0.3，0.4)	轻度失调衰退	中层次（过渡调和类）
[0.6，0.8)	深度磨合阶段	[0.4，0.5)	濒临失调衰退	
[0.8，1.0)	高水平耦合	[0.5，0.6)	勉强耦合协调	
1.0	最大耦合	[0.6，0.7)	初级耦合协调	
		[0.7，0.8)	中级耦合协调	高层次（协调发展类）
		[0.8，0.9)	良好耦合协调	
		[0.9，1.0]	优质耦合协调	

表 5-3　2015—2022 年广东省技能人才培养发展与经济高质量发展的耦合度系数和发展类型

年份	C	增长率	发展类型
2015	0.909	—	高水平耦合
2016	0.932	2.53%	高水平耦合
2017	0.939	0.75%	高水平耦合
2018	0.951	1.28%	高水平耦合
2019	0.952	0.11%	高水平耦合
2020	0.969	1.79%	高水平耦合
2021	0.958	-1.14%	高水平耦合
2022	0.963	0.52%	高水平耦合
均值	0.947	0.83%	高水平耦合

表 5-4　2015—2022 年广东省技能人才培养发展与经济高质量发展的耦合协调等级及层次

年份	T	D	增长率	耦合协调等级	耦合协调层次
2015	0.325	0.543	—	勉强耦合协调	过渡调和类
2016	0.329	0.554	2.03%	勉强耦合协调	过渡调和类
2017	0.341	0.566	2.17%	勉强耦合协调	过渡调和类
2018	0.346	0.574	1.41%	勉强耦合协调	过渡调和类

续表5-4

年份	T	D	增长率	耦合协调等级	耦合协调层次
2019	0. 357	0. 583	1. 57%	勉强耦合协调	过渡调和类
2020	0. 364	0. 594	1. 89%	勉强耦合协调	过渡调和类
2021	0. 359	0. 586	-1. 35%	勉强耦合协调	过渡调和类
2022	0. 363	0. 591	0. 85%	勉强耦合协调	过渡调和类
均值	0. 348	0. 574	1. 22%	勉强耦合协调	过渡调和类

注："T"表示耦合协调发展指数；"D"表示耦合协调度；"C"表示耦合度。

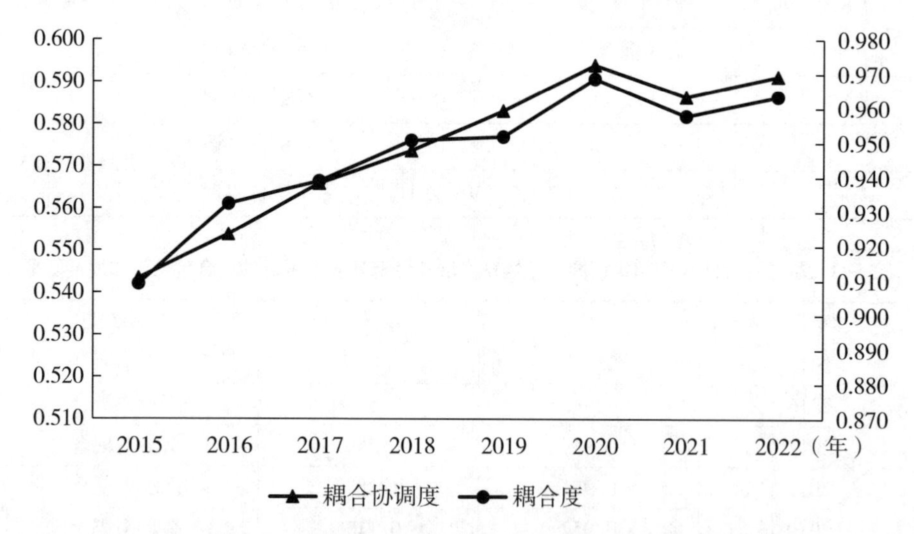

图 5-2　2015—2022 年技能人才培养发展与经济高质量发展的耦合协调变化

2. 四大区域层面技能人才培养发展与经济高质量发展的耦合协调情况

从四大区域技能人才培养发展与经济高质量发展的耦合度来看，2015—2022 年珠三角地区的耦合度系数在 0. 753 ～0. 799 之间，区间跨度较小，属于深度磨合阶段。东翼地区的耦合度系数在 0. 602 ～0. 649 之间，区间跨度也较小，且低于珠三角地区，同样处于深度磨合阶段。但从耦合度系数来看，东翼地区技能人才培养发展与经济高质量发展的互动融合程度低于珠三角地区。西翼、山区的耦合度系数取值分别在 0. 692 ～0. 864、0. 727 ～0. 853 之间，西翼和山区均处于从深度磨合阶段跨越至高水平耦合阶段，这说明西翼和山区的技能人才培养发展水平与经济高质量发展水平两个系统之间已经达到了相互促进、共同发展的良性共振耦合阶段，西翼、山区的经济高质量发展对技能人才培养发展起到了推动作用，同时西翼、山区的技能人才培养发展对其经济高质量发展的促进和支撑作用也与来越明显（见表 5-5）。

表 5-5　2015—2022 年广东省四大区域技能人才培养发展与经济高质量发展的耦合度系数和发展类型

区域	年份	C	发展类型
珠三角	2015	0. 799	深度磨合阶段
	2016	0. 775	深度磨合阶段
	2017	0. 759	深度磨合阶段
	2018	0. 761	深度磨合阶段
	2019	0. 753	深度磨合阶段
	2020	0. 765	深度磨合阶段
	2021	0. 784	深度磨合阶段
	2022	0. 788	深度磨合阶段
东翼	2015	0. 619	深度磨合阶段
	2016	0. 648	深度磨合阶段
	2017	0. 637	深度磨合阶段
	2018	0. 622	深度磨合阶段
	2019	0. 602	深度磨合阶段
	2020	0. 606	深度磨合阶段
	2021	0. 643	深度磨合阶段
	2022	0. 649	深度磨合阶段
西翼	2015	0. 692	深度磨合阶段
	2016	0. 712	深度磨合阶段
	2017	0. 739	深度磨合阶段
	2018	0. 803	深度磨合阶段
	2019	0. 797	深度磨合阶段
	2020	0. 864	高水平耦合
	2021	0. 812	高水平耦合
	2022	0. 842	高水平耦合

续表5-5

区域	年份	C	发展类型
山区	2015	0.727	深度磨合阶段
	2016	0.743	深度磨合阶段
	2017	0.754	深度磨合阶段
	2018	0.787	深度磨合阶段
	2019	0.811	高水平耦合
	2020	0.853	高水平耦合
	2021	0.840	高水平耦合
	2022	0.836	高水平耦合

从2015—2022年广东省四大区域技能人才培养发展与经济高质量发展的耦合协调度来看（见表5-6），珠三角地区耦合协调度数值跨度在0.526～0.551之间，耦合协调度区间跨度较小，城市间差距不明显。样本期内珠三角地区的技能人才培养发展与经济高质量发展处于勉强耦合协调状态。东翼地区耦合协调度数值跨度在0.439～0.491之间，跨度较小，城市间同样差距不明显，处于濒临失调衰退的阶段，说明东翼地区技能人才培养发展与经济高质量发展的相互关联程度一般。西翼、山区地区耦合协调度数值跨度分别为0.448～0.533、0.450～0.539，区域跨度都较大，城市间差距明显，均从2015年的濒临失调衰退阶段迈上了勉强耦合协调阶段，而西翼地区跃升勉强耦合协调阶段的时间快于山区，此部分数据充分说明西翼、山区地区技能人才培养发展与经济高质量发展正逐步形成互助合力。

表5-6　2015—2022年广东省四大区域技能人才培养发展与经济高质量发展的耦合协调等级及层次

区域	年份	T	D	耦合协调等级	耦合协调层次
珠三角	2015	0.367	0.541	勉强耦合协调	过渡调和类
	2016	0.365	0.532	勉强耦合协调	过渡调和类
	2017	0.365	0.527	勉强耦合协调	过渡调和类
	2018	0.364	0.526	勉强耦合协调	过渡调和类
	2019	0.373	0.530	勉强耦合协调	过渡调和类
	2020	0.381	0.540	勉强耦合协调	过渡调和类

续表5-6

区域	年份	T	D	耦合协调等级	耦合协调层次
珠三角	2021	0. 377	0. 544	勉强耦合协调	过渡调和类
	2022	0. 385	0. 551	勉强耦合协调	过渡调和类
东翼	2015	0. 311	0. 439	濒临失调衰退	过渡调和类
	2016	0. 319	0. 455	濒临失调衰退	过渡调和类
	2017	0. 347	0. 470	濒临失调衰退	过渡调和类
	2018	0. 365	0. 477	濒临失调衰退	过渡调和类
	2019	0. 385	0. 482	濒临失调衰退	过渡调和类
	2020	0. 389	0. 485	濒临失调衰退	过渡调和类
	2021	0. 361	0. 482	濒临失调衰退	过渡调和类
	2022	0. 371	0. 491	濒临失调衰退	过渡调和类
西翼	2015	0. 290	0. 448	濒临失调衰退	过渡调和类
	2016	0. 298	0. 460	濒临失调衰退	过渡调和类
	2017	0. 310	0. 478	濒临失调衰退	过渡调和类
	2018	0. 320	0. 507	勉强耦合协调	过渡调和类
	2019	0. 318	0. 503	勉强耦合协调	过渡调和类
	2020	0. 325	0. 530	勉强耦合协调	过渡调和类
	2021	0. 336	0. 522	勉强耦合协调	过渡调和类
	2022	0. 337	0. 533	勉强耦合协调	过渡调和类
山区	2015	0. 279	0. 450	濒临失调衰退	过渡调和类
	2016	0. 289	0. 463	濒临失调衰退	过渡调和类
	2017	0. 311	0. 484	濒临失调衰退	过渡调和类
	2018	0. 312	0. 496	濒临失调衰退	过渡调和类
	2019	0. 333	0. 520	勉强耦合协调	过渡调和类
	2020	0. 340	0. 539	勉强耦合协调	过渡调和类
	2021	0. 339	0. 534	勉强耦合协调	过渡调和类
	2022	0. 331	0. 526	勉强耦合协调	过渡调和类

进一步从 2015—2022 年广东省四大区域技能人才培养发展与经济高质量发展水平的耦合度变化趋势来看（见图 5-3），珠三角、东翼地区整体的变化较小，始终处于深度磨合阶段，西翼、山区变化相对较大，从深度磨合阶段跃升至高水平耦合阶段，说明珠三角、东翼地区经济高质量发展和技能人才培养发展相关关联程度一般，西翼、山区则迈向了相互共生融合阶段（见表 5-5）。在这 8 年间，四大区域两个系统的耦合协调度增长较为明显，虽然都在 2021 年因新冠疫情受到负向冲击，但是其发展速度和变化程度仍高于耦合度。这表明自 2015 年以来，广东省四大区域技能人才培养发展与经济高质量发展的协调关系逐年改善，失调状况有所缓解。

虽然这 8 年间二者耦合协调度一直不高，但呈现逐渐好转的态势，结合二者的综合指数得分来看（如表 3-8 和表 4-7），珠三角地区经济高质量发展指数得分一直高于技能人才培养发展指数得分，并且二者差距有所扩大，说明技能人才培养发展水平不高是导致珠三角地区两个系统发展不协调的重要原因。东翼、西翼、山区地区则是技能人才培养发展指数得分高于经济高质量发展指数得分，东翼地区二者差距在放大，西翼、山区二者差距在缩小，上述结果表明经济高质量发展水平不高是导致东翼、西翼、山区地区两个系统发展不协调的重要原因。

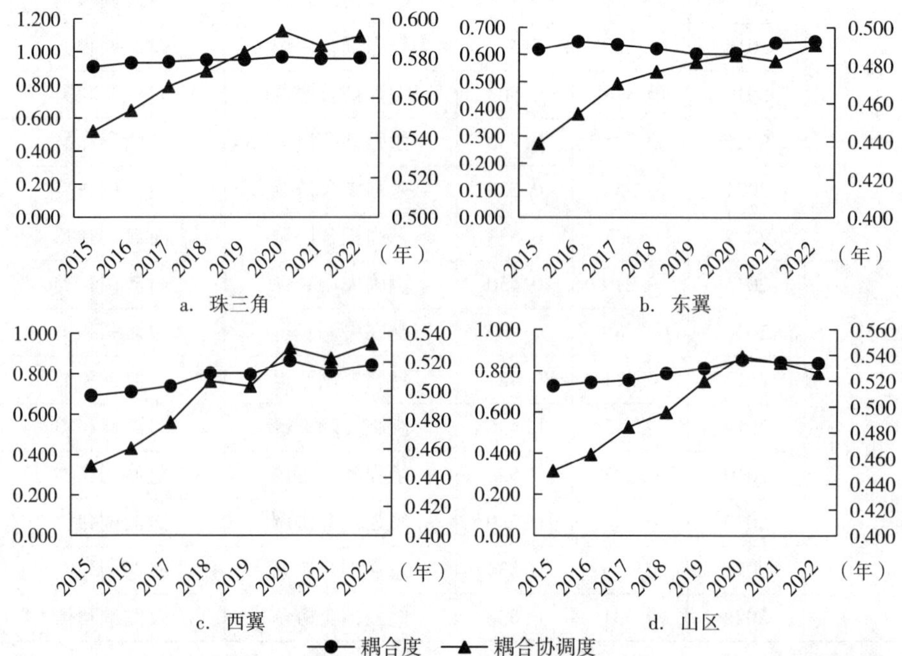

图 5-3 2015—2022 年广东省四大区域技能人才培养发展与经济高质量发展的耦合协调变化

3. 市级层面技能人才培养发展与经济高质量发展的耦合协调情况

从2015—2022年广东省21个地级市技能人才培养发展与经济高质量发展的耦合度系数变化来看（如表5-7所示），在2015年、2019年、2022年三年中，处于颉颃时期的地级市数量由2015年的1个（揭阳）变为2019年的0个、2020年的0个；处于初步磨合阶段的地级市由2015年的1个（潮州）变为2019年的3个（潮州、汕尾、东莞）、2020年的1个（揭阳）；处于深度磨合阶段的地级市由2015年的13个变为2019年的11个、2020年的8个；处于高水平耦合阶段的地级市数量由2015年的6个变为2019年的7个、2020年的12个（见表5-8）。按照耦合度系数划分结果来看，技能人才培养发展与经济高质量发展的城市数量特征逐步由“橄榄型”转为“水滴型”。从地级市数量特征上我们能看出，广东省经济高质量发展和技能人才培养发展的耦合度在向着积极的方向发展，近年来大力发展职业教育培育技能人才的政策取得了明显成效。

表5-7　2015—2022年广东省21个地级市技能人才培养发展与经济高质量发展的耦合度系数

地级市	2015年	2016年	2017年	2018年	2019年	2020年	2021年	2022年
广州	0.631	0.615	0.589	0.595	0.605	0.603	0.592	0.621
深圳	0.662	0.652	0.628	0.645	0.634	0.641	0.592	0.600
珠海	0.620	0.623	0.640	0.672	0.643	0.670	0.649	0.649
汕头	0.801	0.802	0.833	0.777	0.736	0.632	0.651	0.678
佛山	0.860	0.851	0.823	0.845	0.839	0.865	0.830	0.795
韶关	0.745	0.778	0.759	0.823	0.867	0.916	0.866	0.866
河源	0.716	0.710	0.745	0.745	0.761	0.809	0.802	0.802
梅州	0.778	0.841	0.812	0.839	0.832	0.886	0.877	0.869
惠州	0.842	0.793	0.789	0.756	0.741	0.714	0.830	0.833
汕尾	0.651	0.599	0.516	0.534	0.545	0.654	0.690	0.682
东莞	0.655	0.645	0.569	0.538	0.560	0.600	0.646	0.696
中山	0.949	0.826	0.865	0.897	0.899	0.926	0.975	0.905
江门	0.896	0.937	0.990	0.973	0.949	0.927	0.994	0.944
阳江	0.670	0.672	0.748	0.937	0.799	0.852	0.857	0.821
湛江	0.760	0.760	0.799	0.836	0.900	0.929	0.816	0.883
茂名	0.705	0.721	0.710	0.726	0.762	0.851	0.797	0.856

续表5-7

地级市	2015 年	2016 年	2017 年	2018 年	2019 年	2020 年	2021 年	2022 年
肇庆	0.970	0.917	0.920	0.933	0.958	0.925	0.858	0.894
清远	0.668	0.639	0.698	0.741	0.786	0.803	0.817	0.809
潮州	0.573	0.565	0.541	0.518	0.539	0.532	0.586	0.659
揭阳	0.486	0.650	0.716	0.703	0.606	0.611	0.652	0.581
云浮	0.638	0.696	0.707	0.723	0.739	0.830	0.781	0.810

表 5-8　2015 年、2019 年、2022 年广东省 21 个地级市耦合度等级划分结果

等级划分	2015 年	2019 年	2022 年
颉颃时期	揭阳（1 个）		
初步磨合阶段	潮州（1 个）	潮州、汕尾、东莞（3 个）	揭阳（1 个）
深度磨合阶段	珠海、广州、云浮、汕尾、东莞、深圳、清远、阳江、茂名、河源、韶关、湛江、梅州（13 个）	广州、揭阳、深圳、珠海、汕头、云浮、惠州、河源、茂名、清远、阳江（11 个）	深圳、广州、珠海、潮州、汕尾、汕头、东莞、佛山（8 个）
高水平耦合阶段	汕头、惠州、佛山、江门、中山、肇庆（6 个）	梅州、佛山、韶关、中山、湛江、江门、肇庆（7 个）	清远、河源、云浮、阳江、惠州、茂名、韶关、梅州、湛江、肇庆、中山、江门（12 个）

从 2015—2022 年广东省 21 个地级市技能人才培养发展与经济高质量发展的协调度系数变化（表 5-9）和广东省 21 个地级市耦合协调度等级划分结果（表 5-10）来看，2015 年、2019 年、2022 年三年中，处于濒临失调衰退的地级市数量由 2015 年的 14 个变为 2019 年的 8 个、2020 年的 4 个；处于勉强耦合协调的地级市数量由 2015 年的 6 个变为 2019 年的 13 个、2020 年的 17 个；处于初级耦合协调的地级市数量由 1 个变为 0 个。总的来看，广东省技能人才培养发展与经济高质量发展的城市数量特征逐步由“倒金字塔”型转向“金字塔”型，与耦合度变化趋势相同，说明广东省经济高质量发展和技能人才培养发展的协调度也在向好变化，进一步表明近年来经济高质量发展与技能人才培养发展相互融合促进的效果变好。

就变化程度而言，2015—2022 年间，广州、潮州、揭阳 3 个地级市一直处于［0.4，0.5］范围内，保持在濒临失调衰退阶段；韶关、河源、梅州、东莞、阳江、湛江、茂名、清远、云浮 9 个地级市处于［0.4，0.6］范围内，实现了由濒临失调衰退阶段向勉强耦合协调阶段的提升，占广东省的 42.86%；深圳、珠海、佛山、江门、肇庆 5 个地级市处于［0.5，0.6］范围内，保持在勉强耦合协调阶段；汕头、惠州、汕尾 3 个地级市呈现出波动上行态势，中山呈现出波动下行趋势。可见，广东省 21 个地级市技能人才培养发展与经济高质量发展之间的变化程度和互动关系存在着明显的区域差异性。

表 5-9　2015—2022 年广东省 21 个地级市技能人才培养发展与经济高质量发展的耦合协调度系数

地市级	2015 年	2016 年	2017 年	2018 年	2019 年	2020 年	2021 年	2022 年
广州	0.461	0.453	0.449	0.451	0.454	0.455	0.452	0.473
深圳	0.545	0.543	0.543	0.547	0.548	0.563	0.533	0.541
珠海	0.513	0.527	0.519	0.524	0.526	0.546	0.528	0.519
汕头	0.484	0.490	0.520	0.512	0.519	0.495	0.499	0.509
佛山	0.557	0.553	0.553	0.550	0.559	0.566	0.544	0.539
韶关	0.458	0.483	0.494	0.505	0.535	0.559	0.542	0.531
河源	0.452	0.463	0.484	0.481	0.508	0.534	0.532	0.523
梅州	0.464	0.500	0.509	0.520	0.531	0.548	0.542	0.540
惠州	0.533	0.520	0.524	0.503	0.499	0.491	0.542	0.555
汕尾	0.454	0.461	0.463	0.476	0.475	0.504	0.483	0.488
东莞	0.480	0.479	0.427	0.430	0.445	0.472	0.501	0.524
中山	0.602	0.541	0.570	0.573	0.578	0.582	0.588	0.574
江门	0.540	0.554	0.575	0.581	0.581	0.589	0.599	0.595
阳江	0.439	0.450	0.476	0.561	0.499	0.525	0.537	0.523
湛江	0.461	0.457	0.471	0.491	0.513	0.532	0.502	0.538
茂名	0.467	0.495	0.507	0.510	0.525	0.546	0.531	0.553
肇庆	0.568	0.536	0.531	0.542	0.552	0.553	0.527	0.544
清远	0.426	0.403	0.451	0.477	0.505	0.513	0.518	0.511

续表5-9

地市级	2015 年	2016 年	2017 年	2018 年	2019 年	2020 年	2021 年	2022 年
潮州	0.414	0.435	0.443	0.451	0.461	0.467	0.472	0.493
揭阳	0.404	0.432	0.453	0.465	0.471	0.475	0.474	0.473
云浮	0.426	0.438	0.457	0.464	0.475	0.516	0.520	0.517

表 5-10　2015 年、2019 年、2022 年广东省 21 个地级市耦合协调度等级划分结果

等级划分	2015 年	2019 年	2022 年
濒临失调衰退	揭阳、潮州、清远、云浮、阳江、河源、汕尾、韶关、广州、湛江、梅州、茂名、东莞、汕头（14 个）	东莞、广州、潮州、揭阳、汕尾、云浮、惠州、阳江（8 个）	广州、揭阳、汕尾、潮州（4 个）
勉强耦合协调	珠海、惠州、江门、深圳、佛山、肇庆（6 个）	清远、河源、湛江、汕头、茂名、珠海、梅州、韶关、深圳、肇庆、佛山、中山、江门（13 个）	汕头、清远、云浮、珠海、河源、阳江、东莞、韶关、湛江、佛山、梅州、深圳、肇庆、茂名、惠州、中山、江门（17 个）
初级耦合协调	中山（1 个）		

（四）灰色预测模型 GM(1，1) 预测分析

本节利用灰色预测模型 GM(1，1) 对广东省及四大区域 2015—2022 年技能人才培养发展与经济高质量发展耦合协调度构建预测模型，并开展 2023—2032 年广东省及四大区域技能人才培养发展与经济高质量发展耦合协调度的预测。

1. 广东省层面技能人才培养发展与经济高质量发展的耦合协调度预测

首先，评判模型选择的合理性。采用灰色预测模型 GM(1，1) 对广东省 2015—2022 年技能人才培养发展与经济高质量发展两个系统耦合协调度进行预测，要对模型合理性进行评判，将二者耦合协调度的实际值与预测值进行相对误差计算，相对误差结果处于 0.00%～1.62%之间（见表 5-11 所示）。一

般而言，相对误差值越小越好，小于20%则说明拟合良好。2015—2022年广东技能人才培养发展与经济高质量发展耦合协调度实际值与预测值相对误差远小于20%。由此可以判断出，本节使用灰色预测模型GM(1，1）对广东省技能人才培养发展与经济高质量发展两个系统耦合协调度进行预测是合理恰当的。

表5-11　2015—2022年广东省两个系统耦合协调度实际值与预测值对比

年份	耦合协调度实际值	耦合协调度预测值	残差	相对误差（%）
2015	0.543	0.543	0.000	0.00
2016	0.554	0.560	0.006	1.11
2017	0.566	0.566	0.000	0.02
2018	0.574	0.572	0.002	0.28
2019	0.583	0.578	0.005	0.84
2020	0.594	0.584	0.010	1.62
2021	0.586	0.591	0.004	0.71
2022	0.591	0.597	0.006	0.96

其次，对2023—2032年广东省技能人才培养发展与经济高质量发展耦合协调度进行预测。结果显示：2023—2032年间，广东省技能人才培养发展与经济高质量发展耦合协调度呈现出逐年上升态势，二者耦合协调度系数处于[0.603，0.664]之间，也就是说，由2023年开始，广东省技能人才培养发展与经济高质量发展关系迈入了初级耦合协调阶段，未来广东省技能人才培养发展与经济高质量发展之间将逐步形成相互融合促进的局面（见表5-12、图5-4）。

表5-12　2023—2032年广东省两个系统耦合协调度预测结果

预测年份（年）	耦合协调度预测值	预测年份（年）	耦合协调度预测值
2023	0.603	2028	0.636
2024	0.610	2029	0.643
2025	0.616	2030	0.650
2026	0.623	2031	0.657
2027	0.630	2032	0.664

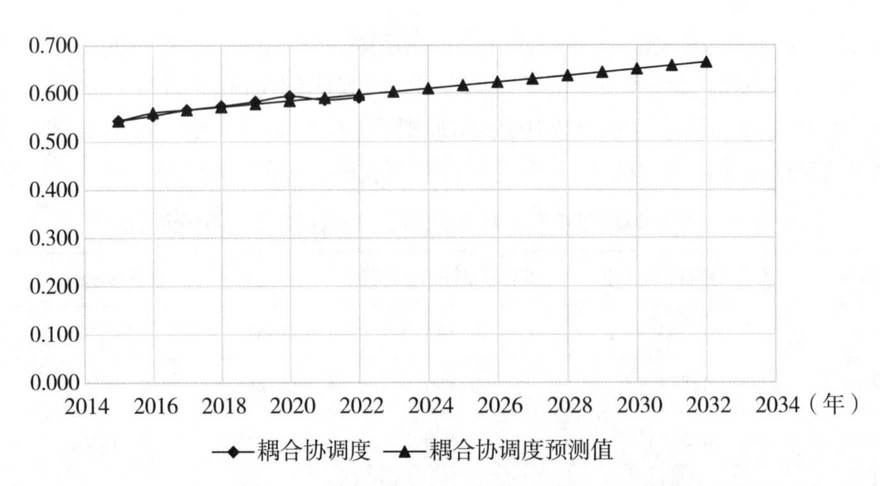

图 5-4　2015—2032 年广东省两个系统耦合协调度实际值与预测值拟合情况

2. 四大区域层面技能人才培养发展与经济高质量发展两个系统耦合协调度预测

首先，评判模型选择的合理性。采用灰色预测模型 GM(1, 1) 对广东省四大区域 2015—2022 年技能人才培养发展水平与经济高质量发展水平耦合协调度两个系统进行预测，将二者耦合协调度的实际值与预测值进行相对误差计算，珠三角、东翼、西翼、山区相对误差的结果分别处于 0.00%～1.41%、0.00%～1.75%、0.00%～2.74%、0.00%～3.48%之间。一般而言，相对误差值越小越好，小于 20%则说明拟合良好（如表 5-13 所示）。由此可以判断出，本节使用灰色预测模型 GM(1, 1) 对四大区域技能人才培养发展与经济高质量发展两个系统耦合协调度进行预测是合理恰当的。

表 5-13　2015—2022 年广东省四大区域两个系统耦合协调度实际值与预测值对比

区域	年份	耦合协调度实际值	耦合协调度预测值	相对误差（%）	区域	年份	耦合协调度实际值	耦合协调度预测值	相对误差（%）
珠三角	2015	0.541	0.541	0.00	东翼	2015	0.439	0.439	0.00
	2016	0.532	0.524	1.41		2016	0.455	0.462	1.75
	2017	0.527	0.528	0.27		2017	0.470	0.467	0.64
	2018	0.526	0.532	1.06		2018	0.477	0.472	0.92

续表5-13

区域	年份	耦合协调度实际值	耦合协调度预测值	相对误差（%）	区域	年份	耦合协调度实际值	耦合协调度预测值	相对误差（%）
珠三角	2019	0. 530	0. 536	1. 10	东翼	2019	0. 482	0. 477	0. 93
	2020	0. 540	0. 539	0. 17		2020	0. 485	0. 482	0. 62
	2021	0. 544	0. 543	0. 13		2021	0. 482	0. 487	1. 07
	2022	0. 551	0. 547	0. 68		2022	0. 491	0. 492	0. 35
西翼	2015	0. 448	0. 448	0. 00	山区	2015	0. 450	0. 450	0. 00
	2016	0. 460	0. 471	2. 24		2016	0. 463	0. 475	2. 50
	2017	0. 478	0. 482	0. 70		2017	0. 484	0. 486	0. 24
	2018	0. 507	0. 493	2. 74		2018	0. 496	0. 497	0. 22
	2019	0. 503	0. 504	0. 20		2019	0. 520	0. 508	2. 22
	2020	0. 530	0. 516	2. 63		2020	0. 539	0. 520	3. 48
	2021	0. 522	0. 528	1. 07		2021	0. 534	0. 532	0. 33
	2022	0. 533	0. 540	1. 42		2022	0. 526	0. 544	3. 46

其次，对2023—2032年广东省四大区域技能人才培养发展与经济高质量发展两个系统耦合协调度进行预测。预测结果如表5-14、图5-5所示：2023—2032年间四大区域技能人才培养发展与经济高质量发展两个系统耦合协调度呈现出逐年上升态势。其中，珠三角地区两个系统耦合协调度处于［0. 551，0. 586］之间，说明未来十年珠三角地区技能人才培养发展与经济高质量发展之间呈勉强耦合阶段。东翼地区两个系统耦合协调度处于［0. 498，0. 547］之间，由濒临失调衰退阶段迈进勉强耦合协调阶段。西翼地区两个系统耦合协调度则处于［0. 553，0. 680］之间，由勉强耦合协调阶段跃升至初级耦合协调阶段，实现较大进步；山区地区两个系统耦合协调度处于［0. 557，0. 684］之间，同样实现了由勉强耦合协调阶段跨越至初级耦合协调阶段的进步。总的来看，未来十年，广东省四大区域的技能人才培养发展与经济高质量发展两个系统之间相互融合局面都向好发展。其中，西翼、山区的技能人才培养发展与经济高质量发展两个系统之间相互共生进步局面要好于珠三角、东翼地区。

表 5-14　2023—2032 年广东省四大区域两个系统耦合协调度预测结果

预测年份	区域			
	珠三角	东翼	西翼	山区
2023	0. 551	0. 498	0. 553	0. 557
2024	0. 554	0. 503	0. 566	0. 570
2025	0. 558	0. 508	0. 579	0. 583
2026	0. 562	0. 513	0. 592	0. 596
2027	0. 566	0. 519	0. 606	0. 610
2028	0. 570	0. 524	0. 620	0. 624
2029	0. 574	0. 530	0. 635	0. 639
2030	0. 578	0. 535	0. 649	0. 654
2031	0. 582	0. 541	0. 664	0. 669
2032	0. 586	0. 547	0. 680	0. 684

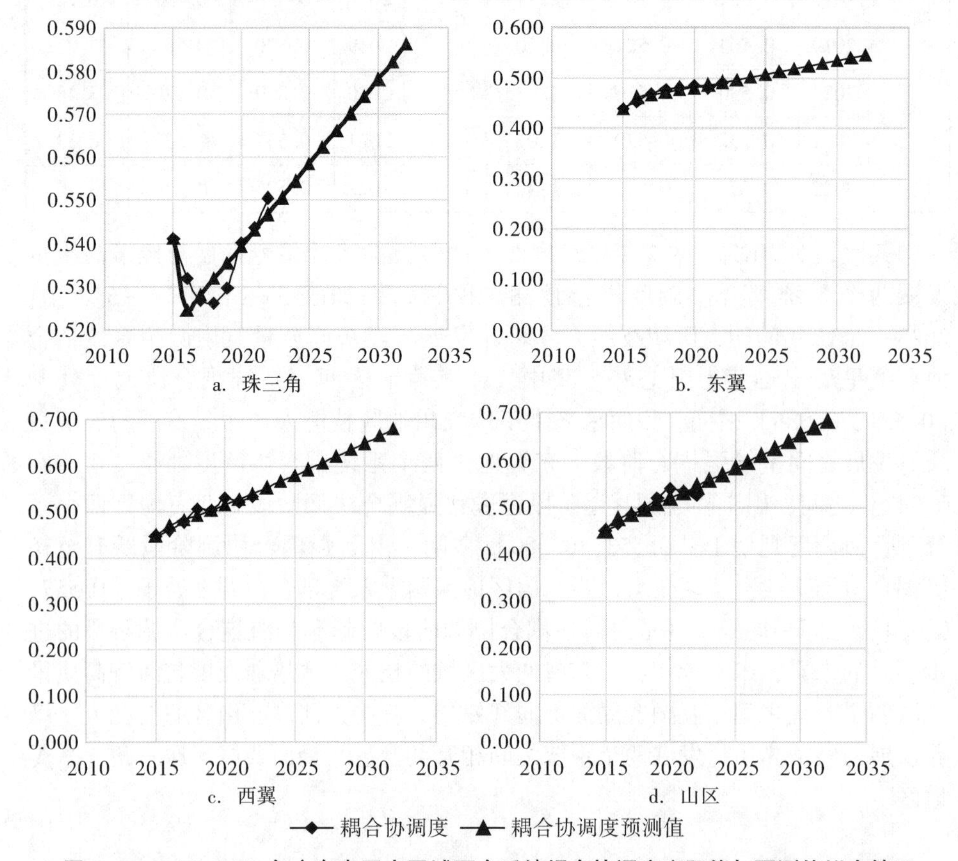

图 5-5　2015—2032 年广东省四大区域两个系统耦合协调度实际值与预测值拟合情况

（五）研究发现

本节利用耦合协调度模型对2015—2022年广东省、四大区域、21个地级市技能人才培养发展与经济高质量发展两个系统的耦合度、耦合协调度进行测算分析，得到如下结论：

第一，广东省技能人才培养发展与经济高质量发展耦合协调度呈现向好态势。

2015—2022年技能人才培养发展和经济高质量发展具有较强的相似性。整体上，经济高质量发展水平比较滞后，滞后于技能人才培养发展水平，二者之间的差距随着时间的推移呈现出缩小的特征。从耦合度来看，两个系统耦合系数均在0.900以上，处于高水平耦合阶段。从耦合协调度来看，两个系统耦合协调系数呈现小幅上升的良好态势，年均增长率为1.22%。通过灰色预测模型GM(1，1)对2023—2032年广东省技能人才培养发展与经济高质量发展耦合协调度进行预测同样发现，二者耦合协调度同样呈现出逐年上升态势。这说明广东省经济高质量发展方式的转变和产业结构的转型升级优化，逐渐增强了技能人才培养发展与经济高质量发展的耦合互动效应，耦合协调度不断优化，两个系统的耦合协调关系正向着良性方向发展。

第二，广东省技能人才培养发展与经济高质量发展相互融合的水平较低。

2015—2022年技能人才培养发展指数和经济高质量发展指数均保持了逐步上升的特征，但二者发展水平都不高，发展缓慢。根据灰色预测模型GM(1，1)对2023—2032年广东省技能人才培养发展与经济高质量发展耦合协调度预测结果（见表5-12)，二者耦合协调度系数处于［0.603，0.664］之间，也就是说，由2023年开始，广东省技能人才培养发展与经济高质量发展的关系迈入了初级耦合协调阶段，但整体耦合协调水平仍有待提升。

第三，无论是当前还是未来，区域内差异明显，西翼、山区表现优于珠三角、东翼。

从四大区域技能人才培养发展与经济高质量发展的耦合度来看，2015—2022年珠三角、东翼的耦合度处于深度磨合阶段，西翼和山区则从深度磨合阶段跨越至高水平耦合阶段，这说明西翼、山区技能人才培养发展与经济高质量发展两个系统之间已经达到了相互促进、共同发展的良性共振耦合阶段，西翼、山区的经济高质量发展对技能人才培养发展起到了推动作用，同时西翼、山区的技能人才培养发展对其经济高质量发展的促进和支撑作用也越来越明显，发展明显优于珠三角、东翼地区。从四大区域技能人才培养发展与经济高质量发展两个系统的耦合协调度来看，珠三角处于勉强耦合状态，东翼处于濒临失调衰退的阶段，西翼、山区地区从2015年的濒临失调衰退阶段迈上了勉强耦合协调阶段。灰色预测模型GM(1，1）对四大区域两个系统耦合协调度的预测结果显示，珠三角地区两个系统之间耦合协调度处于［0.551，0.586］之间，说明未来十年珠三角地区技能人才培养发展与经济高质量发展之间呈勉强耦合阶段。东翼地区二者耦合协调度处于［0.498，0.547］之间，由濒临失调衰退阶段迈进勉强耦合协调阶段。西翼地区二者耦合协调度则处于［0.553，0.680］之间，由勉强耦合协调阶段跃升至初级耦合协调阶段，实现较大进步；山区地区二者耦合协调度处于［0.557，0.684］之间，同样实现了由勉强耦合协调阶段跨越至初级耦合协调阶段的进步。总的来看，未来十年，广东省四大区域的技能人才培养发展与经济高质量发展之间相互融合局面都向好发展。其中，西翼、山区的技能人才培养发展与经济高质量发展之间相互共生进步局面要好于珠三角、东翼地区。上述结果反映出，广东省四大区域技能人才培养发展与经济高质量发展耦合协调度存在明显差异。

第四，市级层面两个系统耦合度系数城市数量由“倒金字塔”型转向“金字塔”型，向好发展态势明显。

从2015—2022年广东省21个地级市技能人才培养发展与经济高质量发展的耦合度变化来看，技能人才培养发展与经济高质量发展耦合关系由“颉颃时期”演变至“初步磨合阶段”“深度磨合阶段”和“高水平耦合阶段”的城市数量特征逐步由橄榄型转为水滴型，处于“高水平耦合阶段”的城市数量增多。从2015—2022年广东省21个地级市技能人才培养发展与经济高质量发展的耦合协调度变化来看，技能人才培养发展与经济高质量发展耦合协调关系由“濒临失调衰退”演变为“勉强耦合协调”“初级耦合协调”的城市数量特征逐步由“倒金字塔”型转向“金字塔”型，与耦合度变化趋势相同，充分说明广东省经济高质量发展和技能人才培养发展的耦合协调度也在向好变化，进一步证实了近年来经济高质量发展与技能人才培养发展相互融合促进的效果向好的趋势。

二、技能人才培养发展水平对经济高质量发展影响的实证分析

随着数字经济时代的到来，广东省吹响了高质量发展的号角，对产业网络化、数字化、智能化转型的需要空前强烈，由此催生出对技能人才的强烈需求。职业教育是培养技能人才的主力军和摇篮，为了快速提升技能人才培养发展的水平，从中央到广东省都出台了一系列优化职业教育发展的政策措施。最具影响力的是2004年教育部等七部委发布的《教育部等七部门关于进一步加强职业教育工作的若干意见》，要求进一步扩大中等职业学校招生规模，保持中等职业教育与普通高中教育大体相当。2022年第十三届全国人民代表大会常务委员会第三十四次会议修订通过《中华人民共和国职业教育法》，旨在加强职业教育，助力技能人才培养发展。2024年广东省印发了《关于加强新时代广东高技能人才队伍建设的实施意见》，为加强广东高技能人才队伍建设、培养更多高技能人才夯实了制度基础。随着各项鼓励和扶持职业教育的政策纷纷实施落地，广东省职业教育发展稳健，为产业转型升级和经济高质量发展输送了大量的技能人才。以中等职业在校生规模为例，广东省中等职业教育发展较为平稳，虽然总体规模呈现出下降态势，由2015年的117.21万人降至2022年的94.22万人，但是，这与职业教育本身关系不大，这是由于国家整体人口规模下降导致的。那么，作为与经济高质量发展关联密切的技能人才培养发展，其规模扩张、质量提升对于广东省经济高质量发展是否起到了有效的促进作用？究竟是技能人才培养发展的规模对经济高质量发展作用大，还是技能人才培养发展的质量对经济高质量发展影响大呢？以上问题是本部分重点探索的议题之一。

本节借鉴国内外关于技能人才培养发展规模、质量对经济高质量发展的研究成果，基于经济增长回归模型，利用2015—2022年广东省21个地级市面板数据进行静态面板估计，解释技能人才规模、质量对经济高质量发展的影响。

（一）研究假设

1. 技能人才培养质量与经济高质量发展的影响机制

现有研究指出高素质技能人才对当前经济高质量发展具有显著的促进作

用。Hanushek 和 Kimko（2000）首次论述了教育质量对促进经济增长的重要作用，并在实证研究中引入了教育质量变量，重新解释了教育对于经济发展的影响。而后 Hanushek 和 Woessmann（2012）、王奕俊和赵晋（2017）、蔡文伯和莫亚男（2021）研究表明，教育规模与经济增长呈强正相关，但是引入教育质量后，教育数量的影响发生了不同变化，同时，教育质量则与经济增长保持了显著的正相关关系。从影响机制上看，高质量、高水平的职业教育能够培养出高素质的技能人才，进而发展成为产业转型升级所必须的人力资本，并分别从提高劳动生产率和创新转化率两方面助力经济高质量发展。

假设 1：技能人才培养质量对经济高质量发展具有正向激励作用。

2. 技能人才培养规模与经济高质量发展的影响机制

从人力资本理论出发，人力资本对经济增长具有重要作用，技能人才作为人力资本的重要构成部分，其对经济高质量发展同样具有影响力。由于技能人才的数据较难获得，因此，现有文献多从技能人才培养的主渠道——职业教育会对经济高质量发展产生影响的角度探讨了二者的关系。一方面，部分学者认为职业教育能够通过提高劳动力的技能水平，提高学生就业率和教育收益率，进而促进产业结构升级、经济持续增长（Sianesi 和 Reenen，2000；蔡文伯和莫亚男，2021）。另一方面，职业教育规模的盲目扩张会对经济高质量发展产生抑制作用。这是因为职业教育只有培养出更多匹配产业发展所需的技能人才时，才能助力产业转型升级，推动经济高质量发展；一旦职业教育所培养的技能人才不符合产业发展所需时，培养的技能人才规模越大，对社会而言负担越重，反而会阻碍经济高质量发展（杨勇和赵晓爽，2018）。就广东省而言，由于职业教育与产业发展存在一定的“两张皮”现象，职业教育遵循着本科教育的发展套路，以基础教育为发展方向，对产业动态变化的敏感性不够，或是就算敏锐捕捉到产业动态变化的趋势，由于缺乏相应的教师、设备等资源，也难以及时快速调整职业教育以匹配产业发展。因此，本书认为技能人才培养规模对经济高质量发展存在抑制作用。

假设 2：技能人才培养规模对经济高质量发展具有抑制作用。即：技能人才培养规模越大，越会降低经济高质量发展成效。

3. 技能人才培养发展质量与规模共同促进经济高质量发展的机制

技能人才培养发展不仅包含了规模的扩张，还包括质量的提升。站在新的历史方位上，高质量发展作为新时代的发展要求，技能人才培养发展不仅要关

注其素质技能培养，也要关注其创新精神的培养。按照人力资本理论，经济增长的推动力量是人力资本。只有经过技能培养教育的劳动者才能成为人力资本。换言之，技能人才培养发展质量对经济高质量发展的作用更大。从经济发展规律来看，发展一般遵循“先注重规模后注重质量”的路径，技能人才培养发展同样不例外。当技能人才培养发展到一定规模时，只有注重技能人才培养发展质量，才能更好地提升经济高质量发展。

假设3：相较于技能人才培养规模，技能人才培养发展质量更能促进经济高质量发展。

假设4：不同的技能人才培养规模下，技能人才培养发展质量对经济高质量发展存在非线性时变特征，即存在门槛效应。

（二）回归模型

1. 模型构建

（1）静态面板模型设定。新经济增长理论强调经济增长的内生决定因素，人力资本被明确地作为生产函数的重要因素。借鉴现有研究成果，本节通过构建静态面板模型分析技能人才培养发展规模、技能人才培养发展质量对经济高质量发展的影响具有合理性，其表达式为：

$$\ln lpgdp_{it} = \alpha_0 + \alpha_1 \ln leq_{it} + \alpha_2 \ln les_{it} + \alpha_3 urban_{it} + \alpha_4 open_{it} + \alpha_5 path_{it} + \alpha_6 innova_{it} + \alpha_7 industry_{it} + \alpha_8 lpfiscal_{it} + \varepsilon_{it}$$

其中，i 表示广东省内21个地级市（$i=1, 2, \cdots, 21$）；t 表示年份（$t=2015, 2016, \cdots, 2022$）；*lpgdp* 表示经济高质量发展水平；*leq* 表示技能人才培养发展质量；*les* 表示技能人才培养发展规模；*urban* 表示城镇化率；*open* 表示对外开放程度；*path* 表示交通设施水平；*innova* 表示技术创新水平；*industry* 表示产业结构高级化程度；*lpfiscal* 表示财政收入状况；

（2）面板门槛效应模型设定。为了探究技能人才培养发展规模、技能人才培养质量对经济高质量发展的非线性关系，本节通过设定模型，分别将技能人才培养质量、技能人才培养规模作为门槛变量，分别在其他控制变量不变下探究其对经济高质量发展的影响，以便能够进一步检验前文提出的假设。本节借鉴 Hansen（1999）的面板门槛效应模型，分别构建了以技能人才培养发展规模、技能人才培养发展质量为门槛的面板模型，表达式分别如下：

$$\ln lpgdp_{it} = \alpha_0 + \beta_1 \ln leq_{it} \times I(les \leqslant \delta_1) + \beta_2 \ln leq_{it} \times I(\delta_1 < les \leqslant \delta_2) + \cdots$$

$$+\beta_n \ln leq_{it} \times I(les > \delta_n) + \alpha_2 urban_{it} + \alpha_3 open_{it} + \alpha_4 path_{it} + \alpha_5 innova_{it} + \alpha_6 industry_{it} + \alpha_7 lpfiscal_{it} + \varepsilon_{it}$$

$$\ln lpgdp_{it} = \alpha_0 + \beta_1 \ln les_{it} \times I(leq \leqslant \delta_1) + \beta_2 \ln les_{it} \times I(\delta_1 < leq \leqslant \delta_2) + \cdots + \beta_n \ln les_{it} \times I(leq > \delta_n) + \alpha_2 urban_{it} + \alpha_3 open_{it} + \alpha_4 path_{it} + \alpha_5 innova_{it} + \alpha_6 industry_{it} + \alpha_7 lpfiscal + \varepsilon_{it}$$

其中，i 表示广东省内 21 个地级市（$i=1, 2, \cdots, 21$）；t 表示年份（$t=2015, 2016, \cdots, 2022$）；$I$ 表示示性函数；$\beta_1, \cdots, \beta_n$ 分别表示门槛变量处于各门槛区间时技能人才培养发展质量、规模对经济高质量发展影响的估计系数；$\delta_1, \cdots, \delta_n$ 表示待估计的门槛值；$\alpha_2, \cdots, \alpha_7$ 表示各控制变量的估计系数。

2. 变量选择

（1）被解释变量。借鉴现有文献最为常见的方法，本部分采用人均 GDP 作为衡量经济高质量发展的变量。同时，以 2015 年为基期的 GDP 平减指数对人均 GDP 进行价格调整。为消除异方差的影响，对广东省 21 个地级市平减后的人均 GDP 取对数，最终数据确定为被解释变量。

（2）关键解释变量。

第一，技能人才培养发展规模。学界常用入学率、劳动力受教育年限、在校生规模、毕业生规模、招生规模等指标作为技能人才培养发展规模的代理变量。如 Barro 等人（2013）将小学、中学招生数占同龄人口数量的比重作为衡量人力资本规模的变量。考虑到技能人才培养发展规模属于潜在的人力资本资源，其对经济增长而言存在一定的滞后效应（Barro et al.，2013；朱承亮，2011；陈仲常和谢波，2013），所以采用毕业生数量衡量技能人才培养发展规模更为合理。与此同时，本节考虑到，相较于毕业生数、招生规模等指标，在校生数具有一定的鲁棒性，更具平稳特征。因此，本节采用中等职业学校在校生数作为技能人才培养发展规模的代理变量，并取对数以消除异方差。

第二，技能人才培养发展质量。常用的衡量技能人才培养发展质量的指标包括生均投入（Barro，et al. 2013）、生师比或师生比（Benos 和 Zotou，2014）、教育效果（Hanushek 和 Kimko，2000）等变量。对于技能人才培养发展而言，师资队伍水平是影响技能人才培养的重要因素，师生比在一定程度上体现了地方政府和中等职业学校在提高教学质量上的努力，但是由于职业教育的社会认可度较低，使得职业教育的生源易受到较大影响，从而让生师比指标由此被动提升。因此，本节认为生师比难以客观地评价技能人才培养发展的质量。此外，从教育效果来看，现有文献通常采用学业成绩、获得双证学生比重等指标衡量，由于技能人才培养成效的相关数据在市级层面上较为缺乏，因此本节不考虑以教育效果评价技能人才培养发展质量。本节借鉴王伟和孙芳城（2017）的做法，采用职业教育生均公共财政预算教育事业费作为衡量技能人才培养质量的指标。但是由于高等职业教育生均公共财政预算教育事业费数据无法获得，所以，本节采用中职生均公共财政预算教育事业费为代理变量。教育经费的投入规模不仅表征地方政府对于技能人才培养的重视程度，也能在一定程度上反映技能人才培养发展质量。

3. 控制变量

（1）城镇化率。有研究表明人口城镇化水平推动了经济高质量发展（吴士炜和汪小勤，2017）。因此，本节采用地区当年城镇常住人口数/总人口数的比重测量人口城镇化率。

（2）对外开放程度。进出口总额表征外向型经济的规模，是经济高质量发展的重要影响因素（林毅夫和姜烨，2006）。因此，选取一个地区进出口总额占 GDP 比重作为对外开放程度的代理变量。该变量系数预期为正。

（3）基础设施建设水平。一直以来，“要想富，先修路”的理念成为经济高质量发展的重要方式。本节借鉴相关研究，采用人均地区年末公路里程数作为当地基础设施供给水平的测量变量。

（4）科技创新水平。创新驱动战略是推动经济高质量发展的重要制度安排，科技创新水平在很大程度上影响经济高质量发展的速度和效果。因此，本节选取研发经费投入强度作为代理变量。该系数预期为正。

（5）产业结构高级化程度。产业结构高级化对推动经济高质量发展具有举足轻重的作用，可通过第三产业与第二产业比重衡量一个地区的产业结构高级化状况。该变量系数预期为正。

（6）一般公共预算财政收入。本节借鉴同类研究的方法，采用地区当年人均一般公共预算财政收入来测量地区财政收入水平。

表 5-15 为上述变量的定义和测量结果

表 5-15　变量定义与测量

变量类型	变量名称	变量代码	变量定义与测量
被解释变量	经济高质量发展	*lpgdp*	平减后的人均地区年度生产总值

续表5-15

变量类型	变量名称	变量代码	变量定义与测量
门槛变量	技能人才培养发展规模	*les*	中职在校生数（取对数）
	技能人才培养发展质量	*leq*	中职生均公共财政预算教育事业费（取对数）
控制变量	城镇化率	*urban*	地区当年城镇常住人口数/总人口数的比重
	对外开放程度	*open*	地区进出口总额占 GDP 比重
	基础设施建设水平	*path*	人均地区年末公路里程数
	科技创新水平	*innova*	研发经费投入强度
	产业结构高级化程度	*industry*	第三产业与第二产业的比重
	一般公共预算财政收入	*lpfiscal*	地区当年人均一般公共预算财政收入

4. 数据来源

本节使用2015—2022年广东省21个地级市的平衡面板数据来考察技能人才培养发展规模、质量对经济高质量发展的影响作用。被解释变量、技能人才培养发展规模、控制变量的原始数据均来源于《广东统计年鉴》（2016—2023），技能人才培养发展质量数据来源于广东省教育厅教育经费数据。样本中所有变量的数据完整无缺失。

（三）实证结果

1. 描述性统计

首先对所有变量进行描述性统计，结果如表5-16所示。其中，对外开放程度的标准差为39.130，由此说明广东省21个地级市对外开放程度存在较大差异。城镇化率、基础设施建设水平的标准差分别为19.138、16.053，也说明广东省21个地级市城镇化率、基础设施建设水平也存在明显差异。总的来看，所有变量并不存在异常值。

表 5-16　描述性统计

变量代码	样本量	均值	标准差	最小值	最大值
lpgdp	168	10.918	0.496	10.047	11.998
les	168	10.481	0.676	9.085	12.380
leq	168	9.506	0.492	8.579	11.002
urban	168	64.215	19.138	36.980	99.850
open	168	41.977	39.130	4.016	157.152
path	168	21.240	16.053	0.406	61.034
innova	168	1.291	1.032	0.201	4.605
industry	168	1.222	0.390	0.595	2.701
lpfiscal	168	8.268	0.795	6.863	10.258

2. 平稳性检验

基于面板数据的特点与实证分析的逻辑，为实现模型回归与理论预设的自洽性，实证分析将从静态面板回归再到门槛效应模型回归。鉴于面板数据存在时间效应，为避免时间序列中的“伪回归”问题，需要在开展系数回归和门槛模型之前进行平稳性检验。本节采用 LLC、IPS、HT、ADF - Fisher、Phillips-Perron（PP）5 种单位根方法对所有变量进行平稳性检验。结果显示，按照 LLC、ADF-Fisher 的检验方法，所有的变量都是平稳序列，不存在单位根，具体如表 5-17 所示。

表 5-17　平稳性检验结果

变量代码	检验方法					检验结果
	LLC	IPS	HT	ADF-Fisher	PP	
lpgdp	-17.848***	1.202	0.517	194.901***	25.722	平稳
les	-2.657**	1.496	0.332	11.067	68.605*	平稳
leq	-3.994***	-2.482*	-2.720**	79.728***	184.575***	平稳
urban	-9.278***	-1.773**	0.211	166.271***	30.401	平稳
open	-17.624***	-2.217**	-1.332*	271.001***	91.268***	平稳
path	-11.923***	-2.647**	0.030**	56.756*	57.600*	平稳

续表5-17

变量代码	检验方法					检验结果
	LLC	IPS	HT	ADF-Fisher	PP	
innova	-9.121***	-2.021*	0.191	178.380***	97.684***	平稳
industry	-15.949***	-0.350	0.406	225.968***	23.379	平稳
lpfiscal	-11.190***	-1.439*	0.179	131.062***	155.966***	平稳

注：“***”“**”“*”分别表示在1%、5%和10%水平上显著。

3. 静态面板模型

对全样本做静态面板估计，结果如表5-18所示，混合效应模型由于估计中忽视了面板数据的截面相关性，回归结果容易产生偏误。由于固定效应模型、随机效应模型结果在数值和方向上较为统一，且克服了混合效应模型中忽视截面相关性的问题，因此，有理由认为固定效应模型结果和随机效应模型结果更为可靠。本节通过进一步运用Hausman检验发现，检验统计量为90.567，伴随概率也为0.000，拒绝了个体固定效应模型与个体随机效应模型不存在系统差异的原假设，可从个体固定效应模型中对结果进行解释。固定效应模型结果显示，技能人才培养发展规模（les）系数为-0.064，无论是固定效应模型还是随机效应模型，估计系数均为负数，说明技能人才培养发展规模对经济高质量发展具有一定抑制作用，意味着技能人才培养发展规模的扩张不仅不会促进经济高质量发展，反而会损害经济高质量发展，支持了假设2。在固定效应模型结果中，技能人才培养发展质量（leq）系数为0.078，无论是固定效应模型还是随机效应模型，估计系数均为正值，表明技能人才培养发展质量有效促进了经济高质量发展，换言之，高素质的技能人才更能为产业转型升级提供人力支撑，更好地服务于经济高质量发展，支持了假设1。

固定效应模型结果显示在影响经济高质量发展的因素中，城镇化率（urban）、基础设施建设水平（path）、科技创新水平（innova）、产业结构高级化（industry）、一般公共预算财政收入（lpfiscal）均呈现显著的正向作用，在固定效应模型中的估计系数分别为0.016、0.005、0.038、0.125、0.225，即越高的城镇化率、越健全的基础设施、越高的创新水平、越高级的产业结构、越雄厚的财政收入对经济高质量发展越具有显著的推动作用。从估计系数的大小来看，一般公共预算财政收入效果最大，其次是产业结构高级化、科技创新水平、城镇化率，最后是基础设施建设水平。

上述结果说明，当前技能人才培养发展规模与新时代高质量发展背景下的产业发展需求吻合度不高，使得技能人才培养发展规模阻碍了经济高质量发展，或是说对经济高质量发展促进作用不理想。而技能人才培养发展的质量才是助力经济高质量发展的重要因素。下一阶段，技能人才培养发展的方向应以内涵式发展为主，需对当前技能人才培养进行优化、调整、改革，以期更好地服务于经济高质量发展。

表 5-18　静态面板数据模型估计结果

变量代码	混合效应模型	固定效应模型	随机效应模型
les	0.555***	−0.064**	−0.042**
	(0.021)	(0.023)	(0.021)
leq	0.074*	0.078***	0.074***
	(0.041)	(0.017)	(0.017)
urban	0.006***	0.016***	0.016***
	(0.002)	(0.005)	(0.002)
open	−0.003***	−0.001	−0.001
	(0.001)	(0.001)	(0.001)
path	−0.005***	0.005**	0.004***
	(0.001)	(0.002)	(0.001)
innova	0.024	0.038*	0.039*
	(0.030)	(0.021)	(0.020)
industry	0.019	0.125**	0.145***
	(0.043)	(0.042)	(0.039)
lpfiscal	0.428***	0.225***	0.235***
	(0.042)	(0.036)	(0.035)
常数项	5.844***	7.703***	7.400***
	(0.513)	(0.437)	(0.320)
观测值	168	168	168
R^2	0.902	0.806	0.828
个体数（城市数）	21	21	21

注：“***”“**”“*”分别表示在1%、5%和10%水平上显著。

4. 门槛效应模型

(1) 门槛值确定。

门槛效应模型主要检验和确定技能人才培养发展规模对经济高质量发展是否存在技能人才发展质量的门槛效应；同时，检验技能人才培养发展质量对经济高质量发展的作用是否存在技能人才培养发展规模的门槛效应。按照前文给出的面板门槛效应模型设定，本部分通过1000次的“自抽样”检验重复，按照门槛个数由少到多的顺序，对具有统计学显著性意义的门槛数和门槛值进行识别，以无法拒绝零假设前的最大门槛数来确定存在几重门槛值，得到了样本门槛检验的最终结果（如表5-19所示）。表5-19呈现了理论阐释中相关变量的门槛效应估计值和显著性水平，其中，技能人才培养发展规模扩大对技能人才培养发展质量之于经济高质量发展的促进作用存在单一门槛效应，且达到了5%的显著性水平；技能人才培养发展质量提升对技能人才培养发展规模之于经济高质量发展的影响存在单一门槛效应，且达到1%的显著性水平。

为了检验表5-19中的门槛值是否真实存在，笔者根据门槛模型中，似然比统计量LR趋近于0时对应的x值就是门槛估计值的原理，绘制了上述两个门槛估计值11.678、9.612在95%的置信区间下的似然比函数图，结果依次见图5-6。其中，虚线表示临界点7.35，LR统计量最低点为对应的真实门槛值，显见的是2个门槛值的LR统计量均低于7.35，据此可知，上述2个门槛值是真实有效的。

表5-19　技能人才培养发展规模和质量门槛变量的显著性检验和置信区间

门槛变量	门槛数	F值	临界值			门槛值	95%的置信区间
			1%	5%	10%		
les	单一	39.07**	42.200	25.094	20.335	11.678**	[10.681, 11.819]
	双重	20.95	116.424	80.785	64.1333		
leq	单一	44.12***	25.320	18.268	15.759	9.612***	[9.581, 9.616]
	双重	7.76	23.383	17.226	14.761		

注：“***”“**”“*”分别表示在1%、5%和10%水平上显著，下同。

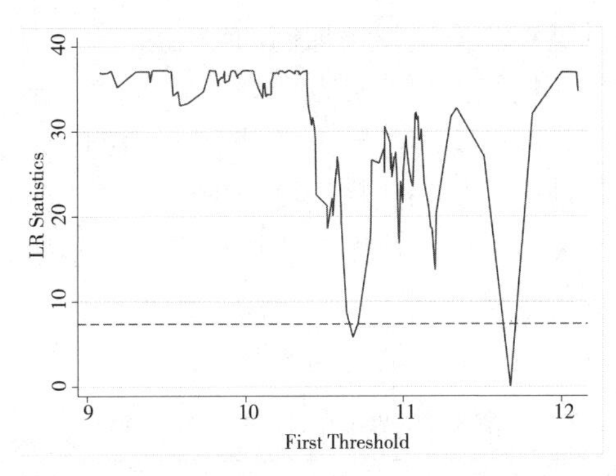

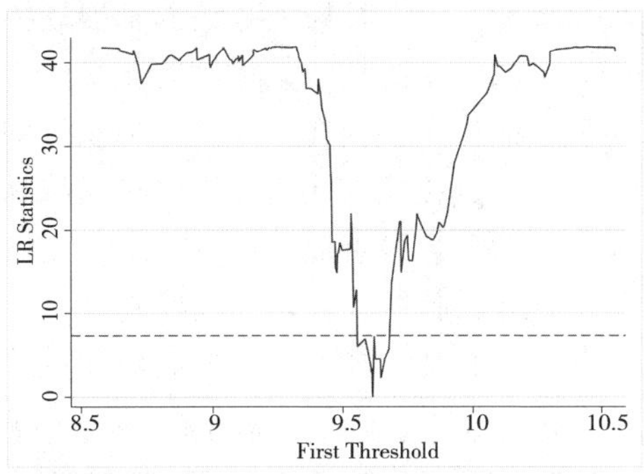

图 5-6　技能人才培养发展规模和质量的门槛值估计结果

（2）门槛效应分析。

在门槛值显著性检验基础上，表 5-20 的（1）列显示了以技能人才培养发展规模为门槛变量的技能人才培养发展质量影响经济高质量发展的门槛模型参数估计。结果表明，技能人才培养发展规模对技能人才培养发展质量影响经济高质量发展的门槛值为 $e^{11.678}$（117948 人），依据门槛变量的系数，当技能人才培养发展规模低于 117948 人时，技能人才培养发展质量对经济高质量发展的影响系数为 0.172，在 1%的统计水平上显著；当技能人才培养发展规模高于 117948 人时，技能人才培养发展质量对经济高质量发展的影响系数为 0.132，同样在 1%的统计水平上显著。由此说明，技能人才培养发展质量对于经济高质量发展促进作用明显。从样本可知，不同技能人才培养规模的地区，技能人才培养发展质量对经济高质量发展的影响也存在差异。在技能人才培养规模低于 117948 人的地区，其技能人才培养发展质量对经济高质量发展的促进作用大于技能人才培养发展规模高于 117948 人的地区。因此，技能人才培养发展规模不大的地区，应该注重匹配产业发展所需，提升技能人才培养发展质量，更好地推进经济高质量发展。

表 5-20 的（2）列显示了以技能人才培养发展质量为门槛变量的技能人才培养发展规模影响经济高质量发展的门槛模型参数估计结果。技能人才培养发展质量对技能人才培养发展规模影响经济高质量发展的门槛值为 $e^{9.612}$（14943 元），依据门槛变量的系数，当技能人才培养发展质量也就是中职生均公共财政预算教育事业费低于 14943 元时，技能人才培养发展规模对经济高质量发展的影响系数为-0.055，在 5%的统计水平上显著；当技能人才培养发展质量也就是中职生均公共财政预算教育事业费高于 14943 元时，技能人才培养发展规模对经济高质量发展的影响系数为-0.048，同样在 5%的统计水平上显

著。由此说明，技能人才培养发展规模对经济高质量发展抑制的作用显著。从样本可知，不同技能人才培养质量的地区，技能人才培养发展规模对经济高质量发展的作用也存在差异。在中职生均公共财政预算教育事业费高于 14943 元的地区，其技能人才培养规模对经济高质量发展的抑制作用要小于中职生均公共财政预算教育事业费低于 14943 元的地区。因此，技能人才培养发展质量较低的地区，技能人才培养规模越大对经济高质量发展的负向作用也越大。由此可见，让技能人才培养发展走向注重质量、内涵式发展道路才是正道。

表 5-20　技能人才培养发展规模和质量影响经济高质量发展的门槛效应估计结果

变量代码	(1)	(2)
leq（*les*≤11.678）	0.172*** (0.023)	
leq（*les*>11.678）	0.132*** (0.019)	
les（*leq*≤9.612）		−0.055** (0.022)
les（*leq*>9.612）		−0.048** (0.021)
urban	0.015*** (0.004)	0.021*** (0.004)
open	−0.001 (0.001)	−0.001 (0.001)
path	0.003** (0.002)	0.003** (0.002)
innova	0.016 (0.020)	0.044** (0.020)
industry	0.074* (0.038)	0.148*** (0.040)
lpfiscal	0.195*** (0.033)	0.197*** (0.035)
常数项	6.533*** (0.353)	8.219*** (0.424)

续表5-20

变量代码	(1)	(2)
R^2	0.777	0.823
观测值	168	168

注：“***”“**”“*”分别表示在1%、5%和10%水平上显著。

（四）研究发现

本节在理论与实证相结合的研究思路指引下，站在新制度经济学、内生经济增长学说、人力资本理论等理论基础上，构建了技能人才培养发展规模、质量对经济高质量发展协同促进的理论演绎框架，进而以2015—2022年广东省21个地级市数据为样本展开了实证研究。主要结论如下。

1. 技能人才培养发展质量有效促进经济高质量发展

固定效应模型结果指出，技能人才培养发展质量（leq）系数为0.078，且随机效应模型估计系数也为正值，表明技能人才培养发展质量有效促进了经济高质量发展。培养高素质技能人才能够通过匹配产业转型升级所需，更好地助力经济高质量发展。

2. 技能人才培养发展规模抑制了经济高质量发展

固定效应模型结果显示，技能人才培养发展规模（les）系数为-0.064，且随机效应模型的估计系数也为负数，表明技能人才培养发展规模对经济高质量发展具有一定抑制作用，换言之，无序扩张的技能人才培养发展规模将会阻碍经济高质量发展。因此，与新时代产业发展匹配度不高的技能人才队伍，其规模越大，社会负担越重，失业压力越大，不利于经济高质量发展要求。

3. 不同技能人才培养发展规模的地区，技能人才培养质量对经济高质量发展的促进作用存在差异

门槛模型参数估计结果显示，当技能人才培养发展规模低于117948人时，技能人才培养发展质量对经济高质量发展的影响系数为0.172，在1%的统计水平上显著；当技能人才培养发展规模高于117948人时，技能人才培养发展质量对经济高质量发展的影响系数为0.132，同样在1%的统计水平上显著。

不同技能人才培养规模的地区，技能人才培养发展质量对经济高质量发展的影响也存在差异。在技能人才培养规模低于117948人的地区，技能人才培养发展质量要好于技能人才培养发展规模高于117948人的地区。由此可知，经济高质量发展背景下，关注技能人才培养质量是本质要求，尤其是对技能人才培养发展规模不足的地区更是如此。

4. 不同技能人才培养发展质量的地区，技能人才培养发展规模对经济高质量发展抑制的作用存在差异

门槛模型参数估计结果表明，当技能人才培养发展质量也就是中职生均公共财政预算教育事业费低于14943元时，技能人才培养发展规模对经济高质量发展的影响系数为-0.055，在5%的统计水平上显著；当技能人才培养发展质量也就是中职生均公共财政预算教育事业费高于14943元时，技能人才培养发展规模对经济高质量发展的影响系数为-0.048，同样在5%的统计水平上显著。不同技能人才培养质量的地区，技能人才培养发展规模对经济高质量发展的影响也存在差异。在中职生均公共财政预算教育事业费高于14943元的地区，其技能人才培养规模对经济高质量发展的抑制作用要小于中职生均公共财政预算教育事业费低于14943元的地区。为此，加强技能人才培养发展财政支持力度，将有利于削弱技能人才培养发展规模对经济高质量发展的抑制效应。

三、对策建议

（一）技能人才培养与经济高质量发展耦合协调分析视角下的优化建议

基于本章第一部分的研究结论，建议从如下方面进一步提升技能人才培养与经济高质量发展协调度。

第一，关注经济高质量发展与技能人才培养发展的耦合协调水平不高的问题。理想的经济高质量发展与技能人才培养发展之间的关系应处于高度耦合协调阶段。高端产业形态的形成需要协调的经济运行模式与高水平的技能人才培养发展作为支撑，高水平技能人才培养发展的形成更需要高度协调的经济高质量发展作为基础。当前，广东省技能人才培养发展与经济高质量发展的耦合协调系数虽然呈现向好态势，但是整体水平不高，不利于广东省经济高质量的可

持续发展，所以，提升两个系统的耦合协调度势在必行。一是高度关注并提升经济高质量发展与技能人才培养发展的耦合协调水平，在制定经济社会发展规划时，同步将技能人才培养发展纳入其中，从政策层面协调二者关系，实现二者双赢。二是技能人才培养发展作为经济高质量发展的重要组成部分，应从经济社会发展的角度来看待，而不是从教育发展角度来看待，这才有利于为经济高质量发展夯实技能人才基础。

第二，进一步提高经济高质量发展对技能人才培养发展的支撑力度。技能人才的发展受困于社会对于学历教育的惯性思维方式，未能有效匹配经济高质量发展所需。从公平论的角度来看，技能人才培养发展为经济高质量发展贡献了人力支撑，反过来，经济高质量发展自然也要提升对技能人才培养发展的支撑力度。最为重要的支持在于，进一步提高技能人才的薪酬待遇和打通技能人才晋升通道，打破因个别高技能人才获得高薪而形成的技能人才高薪酬待遇的假象。营造尊重技能的社会氛围，弘扬工匠精神，从文化认同角度让社会大众从心理层面尊重、崇尚技能，真正提高整个社会对技能人才的认可度和重视度。

第三，有的放矢、因地制宜推动技能人才培养发展与经济高质量发展的协调。鉴于广东省四大区域、21 个地级市技能人才培养发展与经济高质量发展耦合协调度存在明显差异，广东省应根据各地级市具体发展情况，有的放矢、因地制宜地推动技能人才培养发展与经济高质量发展的提升。对于两个系统耦合协调度较高的区域、地级市，要继续保持发展优势，在经济高质量发展的同时，更应注重技能人才培养发展的提升，丰富技能人才资源转化为经济高质量发展动力的途径和方法。具体而言，应尽快形成技能人才培养发展动态调整机制，通过对技能人才培养设备和教师结构进行更新换代，提高技能人才培养质量。从经济高质量发展角度，进一步优化经济结构，注重创新驱动模式，形成良性经济增长模式。对于两个系统耦合协调度不高的区域、地级市，要注重经济高质量发展与技能人才培养发展的协同共生，突破路径依赖，实现两个系统互促发展的良性循环。在紧扣经济发展方式转变的前提下，突破技能人才均衡的生产和管理模式，充分发挥技能人才对经济高质量发展的推动作用。具体而言，积极借鉴两个系统耦合协调度较高的区域、地级市的发展经验，通过扩大投资规模、设备规模和经费来源，在经济高质量发展上，增强区域经济活力，加快构建现代产业体系，形成与珠三角地区协同发展的新格局。

（二）技能人才培养规模与质量对经济高质量发展影响框架下的优化建议

基于本章第三部分的研究结论，建议从如下方面进一步优化调整技能人才培养发展规模与质量。

第一，重视技能人才培养发展质量的提升，使得技能人才培养发展与新时代产业转型升级的需要相匹配，进而推动经济高质量发展。进一步完善承担技能人才培养任务职业学校的办学体制，注重提升技能人才在实操实训层面的能力。加大产教融合力度，更好地以结果为导向、以匹配地方经济社会发展所需为目标培养技能人才队伍，全面提高人才培养质量，为经济高质量发展输送更多优秀的技能人才。

第二，加大技能人才培养发展的财政支持力度，探索新型的技能人才培养发展多元融资体系，将非财政性投资纳入技能人才培养发展的渠道中来，变革目前主要依靠财政资金培养技能人才的方式，拓宽技能人才培养经费来源，更好地提升技能人才培养发展质量，促进经济高质量发展。同时，地方政府可通过构建校企合作平台的方式，让技能人才培养发展的主阵地与企业实现双向选择，共享优质资源和产业动态变化信息，更好地带动技能人才培养发展。

第三，注重科技创新人才对技能人才培养发展专业结构设置的影响。技能人才培养发展要关注对高科技技能人才培养规模的提升，优化技能人才培养发展的专业设置结构布局，强化科技创新对技能人才培养的溢出效应，培养发展与现代高新技术产业密切相关的技能人才。同时，鼓励珠三角地区优质产业企业与东翼、西翼、山区技能人才培养学校和机构开展合作，提升东翼、西翼、山区技能人才培养发展质量。

第六章　广东技能人才培养体系的现状分析

随着我国经济由高速增长向高质量发展阶段转变，对技能人才的需求在规模上、质量上也发生了较大转变。目前技能人才培养的主阵地依然是职业院校，同时辅以社会培训机构。职业院校作为现代职业教育体系中的重要组成部分，一方面承担着为产业转型升级培养技能人才的任务，另一方面也承担着为高等教育输送合格生源的重任。换言之，职业教育不光能为经济高质量发展供给技能人才，同时还对调整教育结构、实现教育现代化起到重要作用。

一、新时代加强技能人才培养发展的必要性和迫切性

（一）新时代经济高质量发展急需大量技能人才

面对新一轮产业数字化转型升级的浪潮，新发展理念下经济高质量发展必然要依靠提高劳动者技术技能水平和创新能力来实现。但是，目前从总量上看，广东省技能人才规模不足，结构上也滞后于产业发展步伐。在“制造业当家”战略的实施背景下，广东省制造业在抓紧转型升级。然而部分制造业仍存在大而不强、产品整体缺乏竞争力的问题，这也与高素质技能人才的缺乏息息相关。2022 年 10 月广东省技能人才总量为 1804 万人，其中高技能人才 602 万人，占比为 33.4%。从发达国家产业工人队伍高级技工比重来看，日本为 40%、德国为 50%，均明显高于广东省。综上，经济高质量发展背景下技能人才短缺和供需错位是当前突出的问题。新时代经济高质量发展急需大量高素质、掌握前沿技术的技能人才供给。

（二）实现教育现代化目标急需补齐职业教育短板

2019年2月，中共中央、国务院印发《中国教育现代化2035》，明确提出2035年我国总体要实现教育现代化，迈入教育强国行列。教育现代化要求教育规模、结构、质量均处于合理水平。从职业教育来看，职业教育承担了培养技能人才的重任，还肩负着协调职业教育结构的使命。而现阶段职业教育在规模和结构上都存在着失调的状况，特别是农村地区、偏远地区、贫困地区、民族地区、革命老区。因此，高度关注职业教育的高质量发展，既有助于实现普及高中阶段教育目标，也有助于提高劳动者技能水平，还有助于实现教育现代化。瞄准教育现代化目标，优化教育结构是重要路径。职业教育现代化对教育现代化的作用重大，也是实现教育现代化的薄弱环节之一。因此，加强职业教育的内涵发展是补齐职业教育短板的必由之路。

（三）提高职业教育吸引力的关键在于加强内涵建设

改革开放40多年来，广东省多措并举发展职业教育，取得了不错的成绩，为广东产业优化升级提供了大量的技能人才。但是，笔者根据《广东统计年鉴》数据发现，随着人口规模的逐渐减少，职业教育的生源规模出现了降低的趋势，中职招生数/普通高中招生数由2015年的59.51%降至2022年的46.60%，中职毕业生数/普通高中毕业生数由2015年的57.42%下降至2022年的43.07%，中职在校生数/普通高中在校生数由2015年的57.06%下降至2022年的44.49%，中职学校学生规模呈下降趋势。究其原因，一是与社会认可度相关，我国一直崇尚“学历教育”，存在着“重知识轻技能”的社会现象，导致职业教育认可度持续走低，生源由此减少。二是与技能人才自身相关，部分职业教育培养的技能人才质量不高，难以匹配地方产业转型升级的需要，造成部分技能人才薪酬待遇低、社会影响力较弱。尤其是近年来，随着产业数字化转型、教育现代化步伐的加快，企业对高素质技能人才的需求增大，需求由“普工”向“高级工”“技师”“高级技师”转变，学生家长们对职业教育的期待也由“有学上”向“上好学”转变。如何有效破解产业转型升级、学生家长对优质职业教育的需求与职业教育自身发展不平衡、不充分的矛盾，已成为推动广东省经济高质量发展的亟须体现重要议题之一。

（四）较之发达国家技能人才发展，广东职业教育发展迫在眉睫

从发达国家的经济发展道路来看，自2008年全球金融危机之后，发达国家尤其是工业强国纷纷制定新的经济发展战略，最具代表性的是美国的再工业化战略，这是立足于完善的现代职业教育体系之上的经济选择。世界经济合作与发展组织（OECD）《2017教育概览》指出，发达国家高中阶段教育的职普比一般都超过50%，芬兰、奥地利、荷兰、瑞士、比利时、澳大利亚分别为71%、70%、69%、65%、60%、58%。可见，工业强国十分注重职业教育对经济发展的人才支撑作用。较之发达国家技能人才发展，广东职普比基本维持在44%左右，仍有明显的差距。为助力广东经济高质量发展，广东省应关注高质量职业教育发展，为经济高质量发展夯实技能人才基础。

二、时间演变维度上的广东技能人才培养发展现状

本章立足于广东省职业教育本身，从时间演变维度上，着重围绕规模结构、学生发展、产教融合、师资队伍等方面研判技能人才培养发展状况。

（一）技能人才培养规模持续下降，2019年至今有所回升

一般而言，在校生数能够更好地衡量技能人才培养的规模。就现有研究来看，在校生数、招生数、毕业生数等指标都是用于衡量技能人才规模的测量指标。考虑到在校生数相对而言具有更强的鲁棒性，招生数可作为衡量技能人才队伍吸引力的重要指标，本章以中等职业学校的数据为例，采用在校生数和招生数作为衡量技能人才培养规模的指标。

2015—2022年，广东省中等职业学校在校生数呈现出“U”形特征，整体规模有所缩减。如图6-1所示，从2015年的117.21万人下降至2019年的85.97万人，而后增长至2022年的94.22万人，2022年比2015年下降了22.99万人，下降幅度

接近 1/5。从年均增长率来看，2016—2022 年分别为-9.98%、-7.22%、-14.60%、-0.88%、0.82%、4.01%、4.16%，年均增长率为-3.39%。

从中职招生人数来看，2015—2022 年广东省中等职业学校招生人数同样呈现“U”形发展趋势，整体规模有所缩减。具体而言，由 2015 年的 39.54 万人下降至 2018 年 29.72 万人，而后稍有上升，升至 2022 年的 34.91 万人。从年均增长率指标看，2016—2022 年分别为-12.36%、-9.18%、-8.45%、5.59%、-0.29%、6.58%、3.75%，年均增长率为-2.05%。

通过上述数据分析发现，以中等职业学校在校生数、招生数作为广东省技能人才培养规模的代理变量能看出，广东省中等职业学校学生规模有所缩减，这可能与整体人口出生率下降导致的人口规模变化相关。

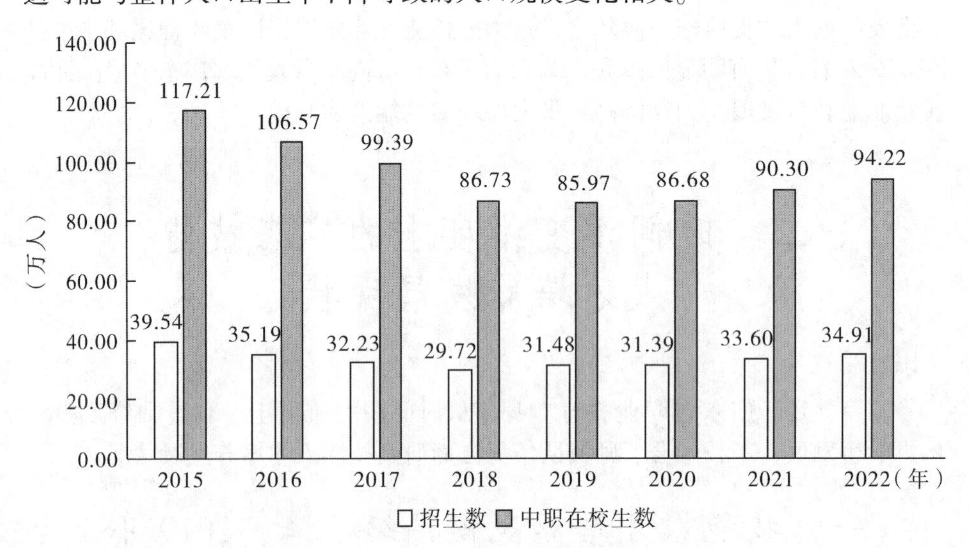

图 6-1　2015—2022 年广东省中职在校生数与招生数情况（单位：万人）

资料来源：《中国社会统计年鉴》。

（二）技能人才鉴定规模持续下降，2020 年至今稍有提高

劳动者只有在接受职业培训后通过技能鉴定，才能获得国家职业资格证书，职业资格证书是对劳动者职业技能及能力的证明。因此，参与技能人才鉴定的人数规模也能在一定程度上反映出广东技能人才培养发展的规模。2015—2022 年间，广东省参与技能鉴定的人数呈现“U”形发展趋势，整体保持下降

态势。具体而言，广东省参与技能鉴定人数由 2015 年的 149.95 万人下降至 2020 年的 48.44 万人，随后在 2021 年和 2022 年保持增长，2022 年为 91.46 万人。2022 年比 2015 年下降了 58.49 万人（见图 6-2）。从年增长率来看，2016—2022 年分别为-14.22%、-25.58%、-40.83%、-5.62%、-45.09%、41.50%、9.46%，年均增长率为-11.48%。总的来看，广东省技能人才鉴定规模呈现下滑趋势，为了高质量贯彻落实“制造业当家”战略，应关注技能人才规模缩小问题。

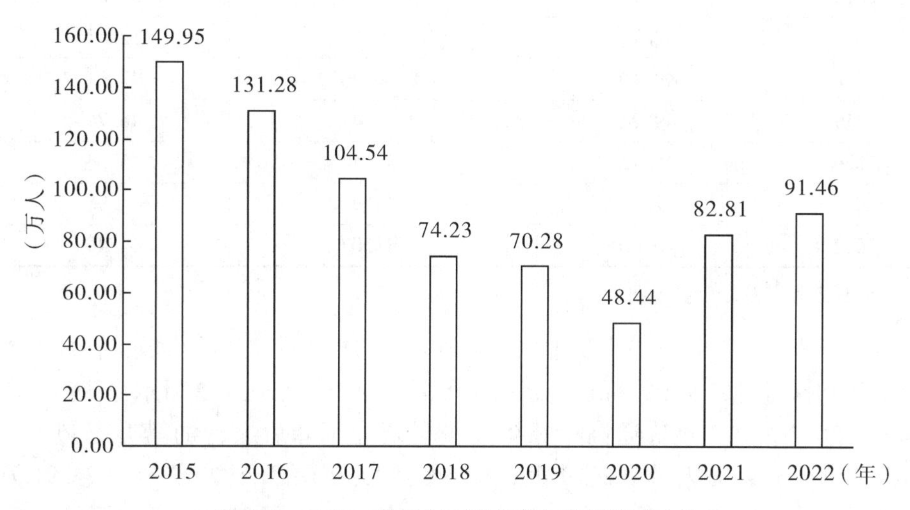

图 6-2　2015—2022 年广东省参与技能鉴定人数

资料来源：《中国社会统计年鉴》。

（三）技能人才培养结构持续失衡，普通高中比重明显高于中职

招生数、毕业生数、在校生数是用于衡量技能人才规模的绝对值指标，而中职/普高的招生数、毕业生数、在校生数的比值是衡量技能人才培养重视程度的指标之一。因此，本节采用中职/普高的招生数、毕业生数、在校生数的比值来衡量地方政府对技能人才培养的重视程度。“普职比大体相当”是国家发展职业教育一贯的方针。数据显示，2015—2022 年间广东省中职招生数/普通高中招生数、中职毕业生数/普通高中毕业生数、中职在校生数/普通高中在校生数均呈现不同程度逐年下降的趋势，如表 6-1 所示。其中，中职招生数/普通高中招生数由 2015 年的 59.51%降至 2022 年的 46.60%，中职毕业生数/普

通高中毕业生数由 2015 年的 57.42%下降至 2022 年的 43.07%，中职在校生数/普通高中在校生数由 2015 年的 57.06%下降至 2022 年的 44.49%（见表 6-1）。

表 6-1　2015—2022 年广东省招生数、毕业生数、在校生数 3 个指标的普职比情况

（单位：%）

年份	中职/普高招生数	中职/普高毕业生数	中职/普高在校生数
2015	59.51	57.42	57.06
2016	54.70	55.33	54.00
2017	52.71	50.58	52.51
2018	49.19	49.26	47.21
2019	49.24	44.44	46.79
2020	46.72	44.48	45.54
2021	47.64	43.99	44.98
2022	46.60	43.07	44.49

资料来源：笔者计算而得。

接下来，本章将进一步从中职、普通高中的招生数、毕业生数、在校生数来分析和探讨造成 3 个指标职普比持续下降的原因。如表 6-2 所示，从招生数来看，2015—2022 年普通高中招生规模呈现先下降后上行的攀升态势，由 2015 年的 66.44 万人降至 2019 年的 63.94 万人，而后升至 2022 年的 74.91 万人，2022 年比 2015 年增加了 8.47 万人，而中职招生数则呈现出先下降后上升的下滑态势，由 2015 年的 39.54 万人降至 2018 年的 29.72 万人，后升至 2022 年的 34.91 万人，2022 年比 2015 年下降了 4.63 万人（见表 6-2），由此可知，中职招生数/普通高中招生数比值的下降是由普通高中招生规模攀升的同时中等职业学校招生规模下降造成的。从毕业生数来看，2015—2022 年普通高中、中职均呈现出逐年下降态势，由 2015 年的 72.67 万人、41.73 万人降至 2022 年的 63.13 万人、27.19 万人；从降幅绝对值来看，较之 2015 年，2022 年普通高中、中职毕业生人数分别下降了 9.54 万人和 14.54 万人，降幅分别为 13.13%、34.84%，可见，中职毕业生数/普通高中毕业生数比值的下降是由中等职业学校毕业生规模降幅大于普通高中毕业生规模降幅引起的。从在校生数来看，2015—2022 年普通高中、中职均呈现出“U”形发展态势，但 2022 年普通高中在校生数高于 2015 年，而 2022 年中职在校生数低于 2015 年，说明普通高中是“U”形上升趋势，中职是“U”形下降趋势。因此，中职在校生数/普通高中在校生数比值的下降是由普通高中在校生规模波动上行的同时

中职在校生规模波动下行造成的。

综上可知，2015—2022 年广东省普职比结构呈现出逐渐偏离“普职比大体相当”的要求的走势，主要是由普通高中在招生规模、在校生规模上逐渐攀升的同时中职招生规模、在校生规模波动下行造成的。上述数据和结论充分反映了技能人才培养发展问题亟须得到地方政府的关注和重视。

表 6-2　2015—2022 年广东省普通高中和中等职业学校 3 个指标的规模

（单位：万人）

年份	招生数		毕业生数		在校生数	
	普通高中	中职	普通高中	中职	普通高中	中职
2015	66.44	39.54	72.67	41.73	205.40	117.21
2016	64.33	35.19	70.33	38.92	197.37	106.57
2017	61.14	32.23	67.67	34.23	189.27	99.39
2018	60.42	29.72	64.65	31.85	183.71	86.73
2019	63.94	31.48	62.85	27.93	183.74	85.97
2020	67.18	31.39	59.84	26.61	190.35	86.68
2021	70.52	33.60	59.21	26.05	200.77	90.30
2022	74.91	34.91	63.13	27.19	211.78	94.22

资料来源：《中国统计年鉴》（2016—2023 年）。

（四）培养技能人才的教师质量有待优化，生师比仍未达国家标准

生师比是指在校学生数与学校专任教师数的比例，是衡量学校办学水平的重要指标之一，在一定程度上体现了学校的办学质量。2015—2022 年，广东省中等职业学校生师比分别为 26.06∶1、23.80∶1、22.82∶1、19.66∶1、19.52∶1、19.77∶1、20.09∶1、20.53∶1，呈现“U”形结构（见图 6-3），总体上表现出递降态势，说明广东省中等职业学校办学质量逐步优化提升。但是，按照教育部 2010 年制定的《中等职业学校设置标准》规定要求：中等职业学校生师比应为 20∶1。广东省除了 2018 年、2019 年、2020 年之外，2015 年、2016 年、2017 年、2021 年、2022 年这 5 年都未达到国家标准。中等职业学校作为技能人才培养的主阵地，意味着教师对于培养技能人才具有重要作用，按照生师比指标，广东省培养技能人才的办学质量仍需进一步优化提升。

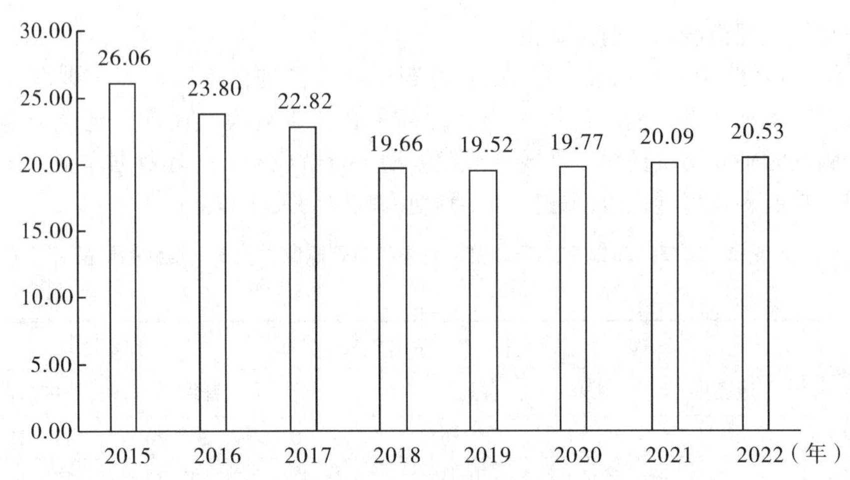

图 6-3　2015—2022 年广东省中职学校生师比情况（教师＝1）

资料来源：《中国社会统计年鉴》。

三、省际对比维度上的广东技能人才培养发展特征

广东省技能人才培养发展的特征分析主要包括两个维度：一是从时间维度上分析广东技能人才培养发展特点；二是从全国层面省际对比维度分析广东技能人才培养发展的全国地位和特征。

（一）广东培养技能人才的学校数量位居全国第五，规模靠前

鉴于数据可得性，本章以中职学校数量为例分析广东培养技能人才的机构数量情况。相关数据显示，2022 年全国拥有中职学校 7201 间，排名前三位的省份分别是河北、河南、湖南，分别拥有 622、535、495 间中职学校，占全国比重分别为 8.64%、7.43%、6.87%，随后是山东、广东，分居第四、第五位，分别拥有 414、372 间中职学校，占全国比重为 5.75%、5.17%。排名最后三位的省份则分别为青海、宁夏、西藏，分别拥有 33、32、13 间中职学校，与排名前三位的省份差距明显。排名第一位的河北是排名最后一位的西藏的 47.85 倍。从广东来看，广东中职学校拥有量分别为排名前三位的河北、河南、湖南的 59.81%、69.53%、75.15%，与排名第六位的云南（364 间）只

相差8间（见图6-4）。上述数据说明，全国培养技能人才的学校数量明显分化，河北、河南、湖南排名靠前，远远高于排名最后三位的省份。广东培养技能人才的学校数量位居全国第五位，居于全国前列，具有一定规模优势。

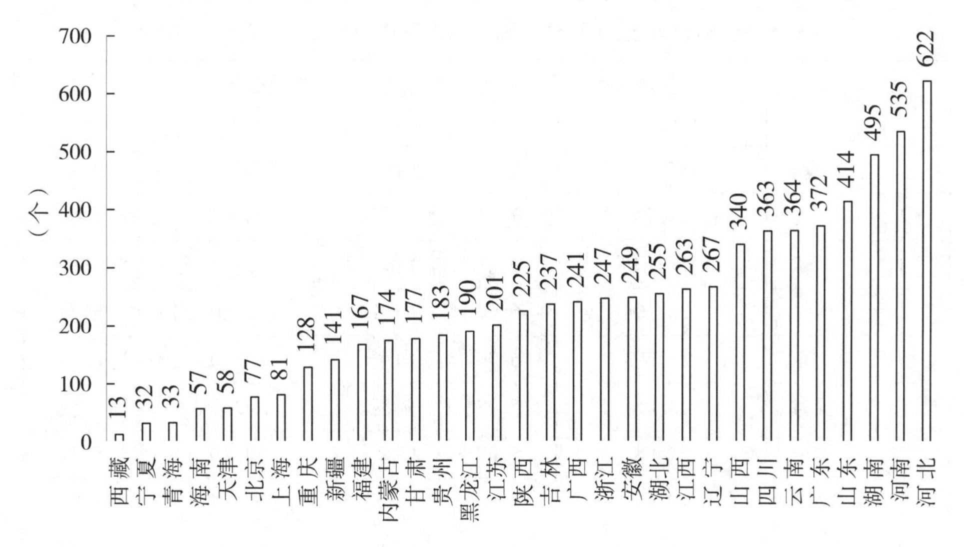

图6-4　2022年31个省市自治区中职学校数

资料来源：《中国社会统计年鉴》。

（二）广东省技能人才培养发展规模位居全国前列，具有规模优势

接下来以中职学校毕业生数、在校生数为代理变量分析广东省技能人才培养规模情况（见表6-3）。从中职毕业生数来看，2022年全国共计399.27万中职毕业生。排名前三位的省份分别是河南、河北、广东，分别拥有37.36万、28.78万、27.19万中职毕业生，占全国比重分别为9.36%、7.21%、6.81%；排名最后三位的省份分别是青海、北京、西藏，分别拥有2.19万、1.25万、1.18万中职毕业生，占全国比重分别为0.55%、0.31%、0.29%。排名第一位的河南是排名最后一位西藏的31.66倍。从中职在校生数来看，2022年全国共计1339.29万人，河南、广东、河北分别以119.36万、94.22万、92.27万人位居全国前三，占全国比重为8.91%、7.04%、6.89%，河南的领先优势明显。宁夏、北京、西藏分别以7.79万、5.46万、3.30万人位居全国最后三位，占全国比重不足1.00%。排名第一位的河南是排名最后一位的

西藏的36.17倍。综上可知，从中职学校毕业生数、在校生数的角度来看，技能人才培养规模省际差异明显，河南具有明显优势，西藏具有明显短板。广东省在上述两个指标中均位列全国前三，具有一定技能人才培养规模优势。

表6-3　2022年全国及31个省市自治区中职毕业生和在校生数

排序	省份	中职毕业生数（万人）	占比（%）	省份	中职在校生数（万人）	占比（%）
1	河南	37.36	9.36	河南	119.36	8.91
2	河北	28.78	7.21	广东	94.22	7.04
3	广东	27.19	6.81	河北	92.27	6.89
4	四川	26.20	6.56	四川	90.80	6.78
5	山东	25.39	6.36	山东	88.10	6.58
6	安徽	23.88	5.98	湖南	74.63	5.57
7	湖南	22.68	5.68	安徽	72.80	5.44
8	江苏	19.47	4.88	江苏	67.34	5.03
9	云南	19.28	4.83	广西	65.27	4.87
10	广西	18.78	4.70	江西	55.71	4.16
11	浙江	17.76	4.45	浙江	53.23	3.97
12	江西	14.21	3.56	贵州	52.44	3.92
13	湖北	13.99	3.50	云南	48.55	3.63
14	贵州	11.46	2.87	湖北	43.82	3.27
15	福建	11.00	2.76	福建	39.52	2.95
16	重庆	10.68	2.67	重庆	37.97	2.84
17	山西	9.94	2.49	山西	33.28	2.48
18	陕西	9.02	2.26	陕西	30.14	2.25
19	新疆	7.93	1.99	辽宁	27.63	2.06
20	辽宁	7.80	1.95	新疆	24.41	1.82
21	黑龙江	5.53	1.38	甘肃	20.06	1.50
22	甘肃	5.17	1.29	内蒙古	18.71	1.40
23	内蒙古	5.12	1.28	黑龙江	17.83	1.33

续表6-3

排序	省份	中职毕业生数（万人）	占比（%）	省份	中职在校生数（万人）	占比（%）
24	吉林	4. 15	1. 04	吉林	13. 27	0. 99
25	上海	3. 64	0. 91	海南	12. 83	0. 96
26	海南	3. 38	0. 85	上海	11. 26	0. 84
27	天津	2. 49	0. 62	青海	9. 03	0. 67
28	宁夏	2. 37	0. 59	天津	8. 29	0. 62
29	青海	2. 19	0. 55	宁夏	7. 79	0. 58
30	北京	1. 25	0. 31	北京	5. 46	0. 41
31	西藏	1. 18	0. 29	西藏	3. 30	0. 25
32	全国	399. 27	100. 00	全国	1339. 29	100. 00

资料来源：《中国社会统计年鉴》。

（三）广东普职比结构水平低于全国平均水平，职业教育吸引力不足

以 2022 年中职/普通高中毕业生数和在校生数分别计算全国及 31 个省份普职比情况，如表 6-4 所示。从毕业生数计算的普职比来看，2022 年全国为 48. 45%，超过全国普职比的省份有 15 个（上海、浙江、安徽、云南、河北、海南、四川、福建、湖南、青海、重庆、江苏、河南、西藏、广西），接近半数的省份毕业生普职比基本实现了大体相当的目标。其中，上海、浙江、安徽、云南均超过 60. 00%，位居全国前四位，黑龙江、吉林、北京分别为 29. 31%、28. 44%、25. 14%，排名最后三位。可见，排名靠前的省份普职比显著高于排名靠后的省份。广东省为 43. 07%，比全国普职比低了 5. 38%，居全国 31 个省份的第 21 位，排名略为靠后。

从在校生数计算的普职比来看，2022 年全国为 49. 35%，略高于以毕业生数测算的全国普职比。超过全国普职比的省份为 13 个（青海、海南、四川、浙江、安徽、上海、重庆、贵州、福建、河北、湖南、广西、江苏），其余 18 个省份未达到全国普职比。其中，青海、海南、四川、浙江、安徽五省分别为 67. 39%、62. 72%、61. 98%、61. 58%、60. 62%，位居全国前五，吉林、北京均低于 30.00%，位居全国最后两名。省际差距较为明显。从广东省来看，广东为 44.49%，比全国普职比低了 4.86%，位居全国 31 个省份的第 23 位，排名略为靠后。

总体而言，全国普职比结构基本实现了大体相当的目标，但是省际差异明显。广东省低于全国平均水平，排名基本都稍靠后，其职业教育吸引力有待进一步提升。

表 6-4　2022 年全国及 31 个省、市、自治区普职比（中职学生数/普通高中学生数）

（单位:%）

地区	毕业生数占比	地区	在校生数占比
上海	68.16	青海	67.39
浙江	65.98	海南	62.72
安徽	62.74	四川	61.98
云南	61.63	浙江	61.58
河北	57.51	安徽	60.62
海南	56.57	上海	58.35
四川	55.24	重庆	57.25
福建	53.38	贵州	55.16
湖南	53.34	福建	52.95
青海	52.60	河北	52.65
重庆	52.01	湖南	52.47
江苏	51.16	广西	51.78
河南	50.33	江苏	49.85
西藏	50.22	山西	48.45
广西	49.41	河南	47.66
新疆	47.23	山东	46.29
湖北	46.82	江西	46.17
宁夏	44.53	云南	46.12
山东	44.52	新疆	46.09
山西	44.22	宁夏	45.17

续表6-4

地区	毕业生数占比	地区	在校生数占比
广东	43.07	辽宁	44.67
陕西	42.79	陕西	44.51
天津	42.77	广东	44.49
内蒙古	39.64	内蒙古	43.95
辽宁	38.96	湖北	43.70
江西	38.08	西藏	41.58
贵州	36.56	天津	39.63
甘肃	30.33	甘肃	38.15
黑龙江	29.31	黑龙江	31.26
吉林	28.44	吉林	29.50
北京	25.14	北京	27.45
全国	48.45	全国	49.35

资料来源：《中国社会统计年鉴》。

（四）广东中职生师比指标未达到全国平均水平和国家标准

生师比是监测学校办学质量的重要指标之一。职业院校的生师比体现出职业院校在培养技能人才上师资配备的情况，不仅能在一定程度上反映职业学校教学规模的大小、人力资源利用效率，也能从侧面反映出培养技能人才学校的办学质量。图6-5中的数据显示，2022年全国中职学校生师比为18.65∶1，每18.65名中职学生拥有一个教师指导。全国31个省份中，有15个省份生师比优于全国水平，分别是北京、吉林、内蒙古、山西、西藏、浙江、上海、辽宁、江苏、甘肃、黑龙江、山东、天津、河北、陕西。排名第一位的北京为9.21∶1，与排名最后一位的青海（39.1∶1）相差甚远。而广东中职生师比为20.53，在31个省份中排名第20位，即每20.53名中职学生拥有一个教师指导，低于全国平均水平，也低于国家相关政策规定的“中职学校生师比应该为20∶1”要求。综上可知，从生师比的角度来评估技能人才培养学校的办学质量，全国平均水平达到了国家标准，31个省份办学质量分化明显。从广东省来看，中职生师比居全国第20位，未能超过全国平均水平，也没有达到国家标准要求。

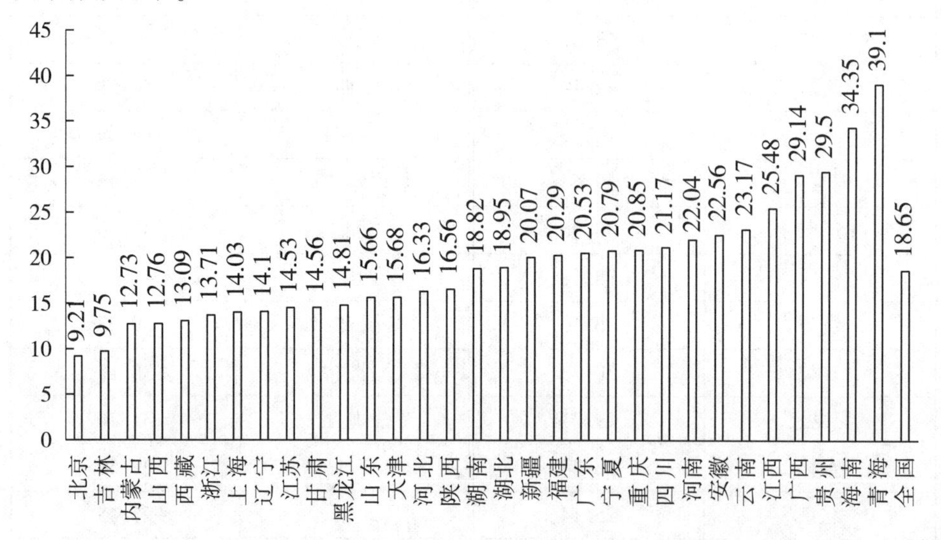

图6-5　2022年全国及31个省、市、自治区中职生师比（教师=1）

资料来源：《中国社会统计年鉴》。

（五）广东技能人才培养的教学质量低于全国水平，有待进一步提升

借鉴现有研究做法，利用中职学校专任教师占比衡量技能人才培养的教学质量。专任教师比例越高，说明技能人才培养的教学质量越高。2022年全国中职专任教师占比为84.66%，其中，教职工人数为84.85万人、专任教师为71.83万人。全国31个省份中有13个省份超过全国平均水平，分别是西藏、浙江、重庆、河南、安徽、山东、福建、云南、宁夏、江苏、湖南、新疆、甘肃，其余18个省份没有达到全国平均水平。从省份排名来看，西藏、浙江、重庆分别以95.96%、92.10%、91.10%位居全国前三，海南、上海、北京分别以73.79%、72.23%、70.68%位居全国最后三位。从广东省来看，广东以79.73%居全国第23位，未达到全国平均水平。但从中职教职工数、中职专任教师数绝对值来看，广东分别有5.76万人、4.59万人，分别位居全国第四、第五位（见表6-5）。综上可知，全国技能人才培养机构的教学质量存在较大省际差异，广东省中职教职工数、专任教师数规模排名靠前，但从专任教师比

重来看，广东低于全国平均水平，需从优化师资结构的角度进一步提升教学质量。

表 6-5　2022 年全国及 31 个省、市、自治区中职教职工数、专任教师数及比重

地区	中职教职工数（万人）	中职专任教师数（万人）	占比（%）
西藏	0. 26	0. 25	95. 96
浙江	4. 22	3. 88	92. 10
重庆	2. 00	1. 82	91. 10
河南	6. 00	5. 42	90. 23
安徽	3. 58	3. 23	90. 19
山东	6. 29	5. 63	89. 49
福建	2. 20	1. 95	88. 60
云南	2. 38	2. 1	88. 20
宁夏	0. 43	0. 37	87. 10
江苏	5. 33	4. 63	86. 96
湖南	4. 57	3. 96	86. 67
新疆	1. 44	1. 22	84. 76
甘肃	1. 63	1. 38	84. 68
江西	2. 59	2. 19	84. 56
四川	5. 13	4. 29	83. 66
青海	0. 28	0. 23	83. 65
贵州	2. 13	1. 78	83. 56
山西	3. 13	2. 61	83. 43
河北	6. 81	5. 65	82. 95
湖北	2. 79	2. 31	82. 87
内蒙古	1. 79	1. 47	82. 23
陕西	2. 24	1. 82	81. 39
广东	5. 76	4. 59	79. 73
广西	2. 89	2. 24	77. 53

续表6-5

地区	中职教职工数（万人）	中职专任教师数（万人）	占比（%）
吉林	1.76	1.36	77.36
辽宁	2.54	1.96	77.20
黑龙江	1.56	1.2	77.12
天津	0.71	0.53	74.94
海南	0.51	0.37	73.79
上海	1.11	0.8	72.23
北京	0.84	0.59	70.68
全国	84.85	71.83	84.66

资料来源：《中国社会统计年鉴》。

（六）广东就业训练中心发展规模和成效具有一定领先优势

就业训练中心属于公共就业服务体系的重要构成部分，是提高劳动者技能水平和转变就业理念的重要渠道，其职能包括宣传贯彻国家地方劳动保障、就业培训等政策，承担各类职业技能培训任务等。就业训练中心是培养发展技能人才的重要补充方式。表6-6数据显示，全国就业训练中心拥有在职教职工11521人，在职教职工数排名前三位的省份分别是湖北、河南、广东，拥有1882、1835、1402位在职教职工，占全国比重分别为16.34%、15.93%、12.17%，排名最后三位的省份分别是内蒙古、吉林、安徽，分别拥有57、56、15位在职教职工，占全国比重未超过0.5%。排名第一名的湖北是排名最后一名的安徽的125.47倍。从开展培训技能人才的人次来看，2022年全国培训了829160人次，排名前三位的省份分别为湖北、河南、广东，培训人次分别为299852人次、161601人次、92848人次，占全国比重分别为36.16%、19.49%、11.20%，排名后三位的省份分别是黑龙江、安徽、新疆，培训人次分别为1535人次、876人次、96人次，占全国比重未超过0.20%。总的来看，就业训练中心在在职教职工、培训技能人才两项指标上省际差异明显，湖北、河南、广东位列全国24个省份前三，领先优势较为明显，安徽发展较为靠后。

表 6-6　2022 年全国及 24 个省份就业训练中心在职教职工、培训人次情况

排序	全国及省份	在职教职工（人）	占比（%）	全国及省份	培训技能人才（人次）	占比（%）
1	湖北	1882	16.34	湖北	299852	36.16
2	河南	1835	15.93	河南	161601	19.49
3	广东	1402	12.17	广东	92848	11.20
4	陕西	1255	10.89	浙江	59628	7.19
5	浙江	1025	8.90	陕西	38522	4.65
6	山西	628	5.45	湖南	32826	3.96
7	湖南	580	5.03	河北	27347	3.30
8	甘肃	345	2.99	山西	23700	2.86
9	江西	338	2.93	辽宁	19905	2.40
10	四川	336	2.92	江苏	18115	2.18
11	辽宁	330	2.86	江西	10874	1.31
12	黑龙江	290	2.52	四川	7828	0.94
13	河北	262	2.27	甘肃	6881	0.83
14	北京	176	1.53	山东	5136	0.62
15	广西	168	1.46	广西	4520	0.55
16	山东	145	1.26	重庆	4489	0.54
17	江苏	129	1.12	吉林	2772	0.33
18	新疆	104	0.90	宁夏	2770	0.33
19	宁夏	89	0.77	内蒙古	2760	0.33
20	重庆	74	0.64	北京	2309	0.28
21	内蒙古	57	0.49	福建	1970	0.24
22	吉林	56	0.49	黑龙江	1535	0.19
23	安徽	15	0.13	安徽	876	0.11
24	福建	—	—	新疆	96	0.01
	全国	11521	100.00	全国	829160	100.00

注：鉴于天津、上海、海南、贵州、云南、西藏、青海、福建 8 个省份缺乏相关数据，不作统计。

资料来源：《中国社会统计年鉴》。

（七）广东就业训练中心经费支持充裕，培训效能有待进一步提升

经费支持是地方政府对技能人才培训重视程度最为重要的指标之一。就业训练中心属于事业单位性质，财政经费拨款是其获得培养技能人才所需经费的主要方式。表6-7显示2022年全国就业训练中心获经费为7.29亿元，排名前三位的省份分别是湖北、广东、河南，经费为2.22、1.35、1.20亿元，占全国比重分别为30.45%、18.52%、16.46%；排名最后三位的省份分别为新疆、黑龙江、安徽，经费为0.02、0.01、0.01亿元，占全国比重未超过0.3%。从每培训人次经费来看，全国平均为879.20元/人次，排名前三位的省份分别为新疆、北京、宁夏，为20833.33、16024.25、5054.15元/人次；排名最后三位的省份分别为浙江、河北、江苏，为536.66、402.24、331.22元/人次，排名第一名的新疆是排名最后一名江苏的62.90倍。广东每培训人次经费为1453.99元/人次，位居全国24个省份的第六位。总体而言，全国就业训练中心经费省际差异也较为明显，湖北、广东、河南经费支持较为充裕；从经费使用成效来看，广东位居全国第六位，超过全国平均水平。

表6-7　2022年全国及24个省份就业训练中心经费两指标情况

排序	全国及省份	经费总额（亿元）	占比（%）	全国及省份	每培训人次经费（元/人次）
1	湖北	2.22	30.45	新疆	20833.33
2	广东	1.35	18.52	北京	16024.25
3	河南	1.20	16.46	宁夏	5054.15
4	北京	0.37	5.08	吉林	2525.25
5	湖南	0.36	4.94	重庆	1782.13
6	浙江	0.32	4.39	广东	1453.99
7	陕西	0.29	3.98	甘肃	1453.28
8	山西	0.15	2.06	广西	1327.43
9	宁夏	0.14	1.92	四川	1277.47
10	辽宁	0.13	1.78	安徽	1141.55

续表6-7

排序	全国及省份	经费总额（亿元）	占比（%）	全国及省份	每培训人次经费（元/人次）
11	河北	0.11	1.51	湖南	1096.69
12	四川	0.1	1.37	内蒙古	1086.96
13	甘肃	0.1	1.37	福建	1015.23
14	重庆	0.08	1.10	山东	778.82
15	吉林	0.07	0.96	陕西	752.82
16	江苏	0.06	0.82	河南	742.57
17	江西	0.06	0.82	湖北	740.37
18	广西	0.06	0.82	辽宁	653.10
19	山东	0.04	0.55	黑龙江	651.47
20	内蒙古	0.03	0.41	山西	632.91
21	福建	0.02	0.27	江西	551.77
22	新疆	0.02	0.27	浙江	536.66
23	黑龙江	0.01	0.14	河北	402.24
24	安徽	0.01	0.14	江苏	331.22
	全国	7.29	100.00	全国	879.20

注：鉴于天津、上海、海南、贵州、云南、西藏、青海7个省份缺乏相关数据，不作统计。

资料来源：《中国社会统计年鉴》。

（八）广东技能鉴定机构数量与参与鉴定人数均较多

技能鉴定机构是依法承担职业技能鉴定业务的机构，主要负责职业技能鉴定的组织、实施、评价和证书颁发等工作。一般认为，技能鉴定机构数量越多，开展技能评价的种类、数量就越多。表6-8数据显示，2022年全国拥有36629家技能鉴定机构。技能鉴定机构数量排名前三位的省份分别是浙江、山东、河南，分别拥有6617、6264、5506个技能鉴定机构，占全国比重分别为18.06%、17.10%、15.03%，排名最后三位的省份分别是上海、青海、西藏，分别拥有124、113、65个技能鉴定机构，占全国比重均未超过0.50%。排名第一位的浙江技能鉴定机构数是排名最后一位的西藏的 101.80 倍。从广东省来看，广东拥有 2417 个技能鉴定机构，位居全国 31 个省份的第五位，占全国比重 6.75%，也是全国拥有 2000 个及以上技能鉴定机构的五个省份之一。

从参与技能鉴定的人数来看，2022 年全国拥有 1466.47 万人参与技能鉴定。技能鉴定人数规模排名前三位的省份分别是河南、浙江、江苏，分别有 345.06 万人、119.62 万人、110.97 万人参与技能鉴定，占全国的 23.53%、8.16%、7.57%，河南在技能鉴定人数上具有明显优势。技能鉴定人数规模排名最后三位的省份分别是海南、青海、西藏，分别有 5.60 万人、2.82 万人、2.63 万人，占全国比重均未超过 0.50%。从广东省来看，广东省 2022 年共有 91.46 万人参与技能鉴定，居全国第四位，占全国比重为 6.24%，比排名第五位的云南（74.00 万人）高出 17.46 万人。

总的来看，全国技能鉴定机构数量分布存在明显区域特点，浙江、山东、河南规模较大，广东位居全国第五，技能鉴定机构数量位居全国前列。从实际参与技能鉴定的人数来看，全国同样呈现出省际差异明显的特征，河南具有显著的规模优势，广东省位居全国第四，明显高于排名第五位的云南。

表 6-8　2022 年全国及 31 个省份技能鉴定机构数及鉴定人数

排序	全国及省份	机构数（个）	占比（%）	全国及省份	参加鉴定的人数（万人）	占比（%）
1	浙江	6617	18.06	河南	345.06	23.53
2	山东	6264	17.10	浙江	119.62	8.16
3	河南	5506	15.03	江苏	110.97	7.57
4	江苏	3463	9.45	广东	91.46	6.24
5	广东	2471	6.75	云南	74.00	5.05
6	湖北	986	2.69	山西	71.66	4.89
7	内蒙古	949	2.59	安徽	61.07	4.16
8	四川	821	2.24	山东	49.38	3.37
9	安徽	811	2.21	新疆	48.05	3.28
10	山西	720	1.97	河北	43.25	2.95
11	湖南	678	1.85	湖北	38.62	2.63
12	辽宁	540	1.47	广西	34.75	2.37

续表6-8

排序	全国及省份	机构数（个）	占比（%）	全国及省份	参加鉴定的人数（万人）	占比（%）
13	陕西	526	1.44	湖南	32.47	2.21
14	新疆	501	1.37	贵州	29.87	2.04
15	重庆	439	1.20	四川	29.15	1.99
16	广西	416	1.14	重庆	29.00	1.98
17	河北	400	1.09	内蒙古	27.52	1.88
18	江西	337	0.92	陕西	26.84	1.83
19	贵州	328	0.90	福建	20.95	1.43
20	福建	326	0.89	辽宁	12.12	0.83
21	天津	208	0.57	江西	11.88	0.81
22	宁夏	208	0.57	吉林	11.65	0.79
23	甘肃	176	0.48	甘肃	9.64	0.66
24	北京	174	0.48	上海	8.91	0.61
25	海南	171	0.47	宁夏	8.44	0.58
26	云南	170	0.46	天津	7.94	0.54
27	吉林	150	0.41	黑龙江	6.85	0.47
28	黑龙江	134	0.37	北京	6.27	0.43
29	上海	124	0.34	海南	5.60	0.38
30	青海	113	0.31	青海	2.82	0.19
31	西藏	65	0.18	西藏	2.63	0.18
	全国	36629	100.00	全国	1466.47	100.00

资料来源：《中国社会统计年鉴》。

（九）广东高技能人才鉴定规模靠前，但占比低于全国水平

高技能人才是产业大军中的优秀代表，是技能人才中的核心骨干力量，对

推动技术创新、实现科技成果转化具有重要作用，是技术创新的探索者、实践者和推动者。表6-9中的数据显示，2022年全国在技能鉴定机构开展高技能人才鉴定的数量为459万人，占鉴定总量的比重为31.30%。31个省份中有10个省份高技能人才鉴定比例超过全国水平，分别为浙江（49.47%）、山东（48.98%）、上海（45.44%）、黑龙江（44.36%）、河南（41.73%）、湖北（41.70%）、山西（41.21%）、江西（36.04%）、贵州（34.37%）、福建（32.90%），剩下21个省份的高技能人才鉴定比例均低于全国水平。全国高技能人才鉴定占比排名第一的浙江是排名最后一名的宁夏（9.09%）的5.44倍。全国高技能人才鉴定比重存在明显的省际差异。

从广东省来看，2022年广东省高技能人才鉴定量为27.61万人，占全省技能人才鉴定量的30.18%，这一比重比全国平均水平低了1.12%。但从高技能人才鉴定规模来看，广东在全国31个省份中排名第五位，前四位分别为河南（143.99万人）、浙江（59.17万人）、江苏（29.81万人）、山西（29.53万人）。

总的来看，全国高技能人才鉴定比重较为稳定，符合2022年中共中央办公厅、国务院办公厅印发的《关于加强新时代高技能人才队伍建设的意见》的部署要求：到“十四五”时期末，高技能人才占技能人才的比例达到1/3。但省际高技能人才鉴定量和高技能人才鉴定占比均存在较大差异。广东省在高技能人才鉴定规模上具有一定优势，居全国第五位，但从高技能人才鉴定占比来看，低于全国均值，但超过30.00%，符合国家关于技能人才规模持续壮大、素质大幅提高，高技能人才数量、结构与基本实现社会主义现代化的要求相适应的要求。

表6-9　2022年全国及31个省份高技能人才鉴定量及占鉴定总量的比重

排序	全国及省份	高技能人才鉴定量（万人）	高技能人才鉴定占比（%）
1	浙江	59.17	49.47
2	山东	24.19	48.98
3	上海	4.05	45.44
4	黑龙江	3.04	44.36
5	河南	143.99	41.73
6	湖北	16.10	41.70
7	山西	29.53	41.21

续表6-9

排序	全国及省份	高技能人才鉴定量（万人）	高技能人才鉴定占比（%）
8	江西	4.28	36.04
9	贵州	10.27	34.37
10	福建	6.89	32.90
11	广东	27.61	30.18
12	西藏	0.79	30.00
13	辽宁	3.55	29.33
14	重庆	8.29	28.59
15	江苏	29.81	26.86
16	吉林	2.94	25.24
17	安徽	14.91	24.41
18	北京	1.51	24.15
19	四川	6.94	23.81
20	内蒙古	6.30	22.89
21	陕西	5.98	22.28
22	云南	15.74	21.27
23	河北	8.95	20.69
24	天津	1.62	20.38
25	海南	1.03	18.32
26	甘肃	1.68	17.46
27	青海	0.38	13.53
28	广西	4.66	13.42
29	湖南	3.83	11.81
30	新疆	4.83	10.05
31	宁夏	0.77	9.09
	全国	459.00	31.30

资料来源：《中国社会统计年鉴》。

四、广东技能人才培养体系的创新做法

广东省高度重视技能人才培养发展，着重从职业教育高质量发展入手提升其培养规模、结构与质量。广东省认真学习贯彻习近平总书记关于职业教育的重要指示精神和全国职业教育大会精神，聚焦提质培优、增值赋能，持续增强职业教育适应性，推动职业教育与区域产业相融共生、同频共振发展，实现区域职业教育从“大有可为”向“大有作为”转变，为区域经济社会高质量发展提供人才支撑和智力支持。

（一）关注统筹协调，建立健全职业教育制度根基

首先，加大政策供给。颁布《广东省职业教育条例》，为广东省职业教育改革发展提供有力法制保障。制定《广东省人民政府办公厅关于深化产教融合的实施意见》（粤府办〔2018〕40号）、《关于推动现代职业教育高质量发展的若干措施》、《关于推动“广东技工”工程高质量发展的意见》等文件，健全职业教育发展政策体系。其次，优化管理体制。进一步明细化省市事权，明确地市统筹中职教育发展和省统筹高职教育发展；实行省属职业院校集团办学，实现资源的优化整合。落实高职学校办学自主权，下放职称评审、人才招聘等事权，进一步激发办学活力。最后，健全工作机制。广东省委省政府主要领导高度重视职业教育，多次作出指示批示，提出明确要求，高位统筹部署职业教育。分管省领导定期召开会议，研究职业教育重大问题。以省委、省政府名义召开广东省职业教育大会，部署职业教育发展改革工作。建立省职业教育跨部门协商工作机制，省教育厅与省直部门通力合作，围绕落实提质培优行动计划、高职扩招、战略性“双十”产业集群发展、服务重大战略等重点工作开展研究和协商，协同支持职业教育发展。

（二）关注类型教育，明确职业教育发展定位方向

首先，强化类型教育。通过下达高中阶段指导性招生任务等方式，因地制宜推进职业教育与普通教育协调发展。坚持把分类考试作为高职学校招生的主渠道，实施自主招生、“3+专业技能课程证书”考试，依据普通高中学业水平

考试成绩招生录取，完善职业学校“文化素质+职业技能”考试招生办法。执行高技能人才免试入学政策，在省级（含）以上行政部门主办的职业技能大赛获奖的学生，符合国家、省、学校相关要求的，可免试录取。其次，推进不同层次职业教育纵向贯通。夯实中职基础地位，统筹布局建设87所省高水平中职学校，建设具有广东特色、全国水平、引领改革的样板校。巩固专科主体地位，建设45所省域高水平高职学校，实施高职“创新强校工程”，推动高职学校分类发展。发挥本科职业教育牵引作用，推动深圳职业技术学院建设为深圳职业技术大学；每年开展职业本科学校教学工作检查，严格规范开展招生专业省级评议工作，督促职业本科学校按照“高起点、高标准、高质量”要求办好职业本科教育。最后，促进不同类型教育横向融通。在全国率先以地方标准发布《广东终身教育资历框架等级标准》（DB44/T1988—2017），出台《广东省教育厅关于高等教育学分认定和转换工作实施意见》（试行），推动技术技能人才在多种类型教育及培训之间对接互认。加强学分银行建设，建立终身学习档案超过112万个，存入学习成果超过1400万个，制定学习成果认定和转换规则19400多条，累计开展学分认定和转换225万多人次。

（三）关注内涵建设，提高技能人才培养质量

首先，优先在现代制造业、现代服务业、现代农业等领域，打造一批金专业、金课、金师、金教材。建设298个省级中职教育“双精准”示范专业和311个省高职高水平专业群，形成紧密对接产业链、创新链的专业体系。分别建设80门国家级在线精品课程、346门省级在线精品课程。建设23个国家教师教学创新团队、10个国家“双师型”教师培训基地，“双师型”专任教师占比超过65%，全国教师教学能力比赛获奖数连续多年位居全国第一，打造一支高水平的“工匠之师”。210种教材列为“十三五”职业教育国家规划教材。其次，推动职业教育数字化转型。建设13个国家级、31个省级示范性虚拟仿真实训基地，建设32个国家级职业学校数字校园建设试点学校，推动信息技术与教育教学深度融合，完善“岗课赛证”综合育人。最后，加强贯通培养。实施中高职贯通培养三二分段和五年一贯制培养试点、高职学校和本科高校四年制本科协同育人与三二分段专升本协同育人试点以及专升本考试，畅通技术技能人才培养通道。2022年，56所高职学校与30所本科高校在213个专业点开展三二分段专升本协同育人试点，招生计划1万人；79所高校与288所中职学校（含技工学校）在1508个专业点开展三二分段试点，招生计划

9.5万人。

（四）关注产教融合，明确市场化人才培养导向

首先，优化院校布局。近三年新设一批本科院校（校区）和高职学校，历史性实现21个地级市本科高校（校区）和高职学校全覆盖；推动中职布局结构调整，学校数由2018年的444所整合为327所，校均规模进一步扩大，布局进一步契合区域产业发展。其次，推进产教融合试点工作。构建以城市为节点、行业为支点、企业为中点、学校为基点的产教融合发展格局，广州、深圳入选国家产教融合试点城市；确定珠海等10个地级市和饶平县为首批省产教融合城市试点。6家企业入选国家产教融合型企业，入选数居全国第二。培育建设1223家产教融合型企业，企业产教融合投入98亿元，建设校企协同育人平台2089个，近三年接收实习生20.9万人，完成协同创新成果转化1371个，发挥了良好的经济社会效益。最后，建设校企育人共同体。在全国率先开展现代学徒制试点，2022年，53所高职院校与24家行业协会（产业园区）、159家单一企业开展现代学徒制试点；深入推进“1+X”证书制度试点，将X证书纳入招生考试证书范围，累计完成考核评价超62万人次，位居全国前列；打造“政校行企”协同育人平台，支持多元主体组建108个职业教育集团，建设19个国家级示范、29个省级示范职业教育集团。

（五）关注社会服务，突出技能人才服务社会能力

首先，服务乡村振兴。实施职业教育“东西协作行动计划”，支援西藏、新疆、云南、贵州、广西、四川等8省份或地区，组织帮扶广东省外近百所职业院校。组织广东轻工职业技术大学等5所优质高职院校支持甘肃省张掖市培黎职业学院的建设发展，教育部将协作工作情况专文向中共中央办公厅、国务院办公厅汇报。联合黑龙江省成立龙粤职业教育协同发展联盟，构建多层次、宽范围、广领域的职业教育合作体系。实施区域联动帮扶机制，组织珠三角职业学校面向粤东粤西粤北地区“转移招生”，85%的学生实现在珠三角就业。实施乡村工匠工程，年培训量超10万人次，实施一流高职结对帮扶计划，帮扶学校累计选派专家开展指导1125人次，培训教师14494人次，帮助欠发达地区公办高职提升办学实力。其次，助力“一带一路”倡议。加强省“一带一路”职教联盟、华南“一带一路”轨道交通产教融合联盟、华南“一带一

路”职业教育水利电力联盟等平台建设，加强与“一带一路”沿线国家职业学校合作，支持职业学校开展境外办学，如广东建设职业技术学院建立了中国—赞比亚职业技术学院建筑工程学院、广东工贸职业技术学院建立了中国—赞比亚职业技术学院广东工贸分院等。输出广东职业教育模式，实施“中文+职业技能”项目，推动职教广东标准、广东模式“走出去”并扩大影响，如广东建设职业技术学院赞比亚分院的建筑技术专业获得当地学历教育办学资质。最后，支撑“双区”建设。部署出台《推进粤港澳大湾区高等教育合作发展规划》，落实与香港、澳门地区签订的资历框架、教育培训及人才交流合作意向书，加强湾区产教联盟等6个平台建设；支持深圳职业技术大学与香港职业教育训练局共建粤港澳大湾区特色职业教育园区，创新大湾区职业教育合作办学模式，在四个专业开展合作办学。部署出台《教育部　广东省人民政府关于推进深圳职业教育高端发展 争创世界一流的实施意见》，支持深圳对接国家所向、湾区所需、深圳所能，先行先试、改革创新，建设职业教育创新发展高地，打造世界一流职业教育。

（六）关注办学资源，助力职业院校行稳致远

首先，改善办学条件。高质量建设省职教城，进驻10所学校，新增6万学位，积极打造教科产城一体化融合发展新范本。实施省属公办高校提高高等教育毛入学率工程，提升省属公办高职院校办学条件，充分挖潜、增加高职学位供给。其次，强化资金支持。建立全省高职、中职生均拨款制度，将省属公办高职、中职学校生均拨款基准标准分别提高到1万元、0.8万元。完善中职学生资助政策，将免学费补助标准提高到每生每年3500元，达到国家标准的1.75倍。积极利用地方政府债券，2020年以来安排近400亿元投入职业教育领域，支持职业学校校区建设、实训基地建设等。

五、广东技能人才培养发展面临的问题

（一）广东普职比逐年下降，职业教育吸引力较弱

“普职比大体相当”是国家发展职业教育一贯的政策。前述表6-1数据显

示，2015—2022年间广东省中职招生数/普通高中招生数、中职毕业生数/普通高中毕业生数、中职在校生数/普通高中在校生数，总体呈现下降的趋势。中职招生数/普通高中招生数由2015年的59.51%降至2022年的46.60%，中职毕业生数/普通高中毕业生数由2015年的57.42%下降至2022年的43.07%，中职在校生数/普通高中在校生数由2015年的57.06%下降至2022年的44.49%。究其原因，主要是普通高中在招生规模、在校生规模上逐渐攀升的同时中职招生规模、在校生规模波动下行。从全国层面来看，2022年广东省以毕业生数计算的普职比为43.07%，比全国平均水平低了5.38%，居全国31个省份的第21位，排名略为靠后。广东省以在校生数计算的普职比为44.49%，比全国平均水平低了4.86%，居全国31个省份的第23位，排名略为靠后（见表6-4）。在广东，“普职大体相当”的要求并未有效实现，技能人才相对缺乏，职业院校的吸引力逐步丧失。造成这一现象的原因既包括社会传统观念问题，也包括了政策导向问题，以及具体落实的难度问题。一方面，产业转型升级亟需大量的技能人才支撑，而学生及家长“学而优则仕”的思想仍较重，导致职业院校生源减少，技能人才供给与需求存在一定差距，影响经济高质量发展。我国文化传统中一直存在着“重理论轻技能”的思想。学生和家长都不愿意学生就读于职业院校，即使入读了职业院校，部分学生对职业教育也持负面印象，认为自己来职业院校就读是考不上高中的“无奈之举”。此外，技能人才薪酬待遇不高也是影响职业教育毕业生社会认可度的因素之一。广东省人力资源和社会保障厅《2022年广东省人力资源市场工资价位及行业人工成本信息》显示（见表6-10），管理岗位、专业技术岗位工资价位明显高于技能岗位，随着分位点、技能等级的提高，管理岗位、专业技术岗位与技能岗位的差距随之增大。10%、50%、90%分位点上，管理岗位与技能岗位的工资价位差距分别为0.52万元/年、0.87万元/年、7.33万元/年，专业技术岗位与技能岗位的工资价位差距分别为1.01万元/年、1.24万元/年、3.31万元/年。初级、中级、高级等级上，专业技术岗位与技能岗位的工资价位中位数差距分别1.21万元/年、2.12万元/年、4.44万元/年。初级技能、中级技能、高级技能及以上工资中位数为5750元/月、7292元/月、8783元/月，这与《中国企业招聘薪酬报告》中广州2023年四季度招聘薪酬中位数9000元/月仍有差距。偏低的薪酬待遇难以吸引和留住年轻人从事技能岗位工作。

表 6-10　广东省不同岗位、等级的工资价位（分位数）

（单位：万元/年）

分位点	10%	25%	50%	75%	90%
管理岗位	4.74	6.00	8.63	13.96	23.92
高层管理岗	7.44	9.79	14.76	24.96	44.00
中层管理岗	6.00	7.44	10.67	17.41	28.00
基层管理岗	4.60	5.88	8.25	12.65	20.40
管理类员工岗	3.90	5.03	6.60	9.23	13.79
专业技术岗位	5.23	6.43	9.00	13.23	19.90
高级职称	7.22	9.62	14.98	23.80	35.80
中级职称	6.00	7.45	10.87	15.93	23.50
初级职称	4.83	6.00	8.11	11.60	16.39
技能岗位	4.22	5.61	7.76	10.85	16.59
高级技能及以上	6.08	7.81	10.54	15.87	21.23
中级技能	4.68	6.35	8.75	12.64	18.87
初级技能	3.84	5.10	6.90	9.23	12.98

资料来源：广东省人力资源和社会保障厅《2022 年广东省人力资源市场工资价位及行业人工成本信息》。

另一方面，国家职业教育政策与地方实施之间存在着一定的差距。国家层面的职业教育发展旨在推动经济高质量发展，尤其是服务实体经济发展，强调夯实从“中国制造”向“中国智造”迈进过程中技能人才的基础。因此，国家层面强调职业院校培养的技能人才对于经济高质量发展的重要作用。目前国家层面对于职业教育的重视程度高于地方。地方更热衷于建设和吸引高水平、高层次大学，对于职业教育的重视度不足，包括经费投入、政策支持等都不及对大学的支持力度。尤其是经济欠发达地区的职业院校，财政收入较为薄弱导致经费投入不足，办学地点偏远、校舍陈旧、设备落后，招生有难度。上述各种因素的叠加，进一步导致了职业教育吸引力减弱，不利于经济高质量发展和“制造业当家”战略的高效落实。此外，农民工由于技能水平不高，是企业减员的主要对象。尤其是在东翼、西翼、山区地区，致富能人、农技人才等也面临着培养时间长、引进难度大等问题，乡村振兴、“百千万”工程技能人才短板仍然存在。

（二）广东职业院校资源配置存在明显区域差异

区域一体化发展已经是区域分工的基本发展趋势。技能人才作为经济高质量发展的重要人才基础，其培养发展得到了各地方政府的关注。站在全省视角下，区域均衡发展也包括职业院校的相对均衡发展。数据显示，2022 年广东省共计 372 间中职学校，其中，珠三角有 210 间、东翼有 44 间、西翼有 59 间、山区有 59 间，占全省中职学校比重分别为 56.45%、11.83%、15.86%、15.86%。超过一半以上的中职学校分布在珠三角地区，东翼、西翼、山区占比保持在 15%左右。中职学校数量排名前三位的地级市是广州（77 间）、湛江（33 间）、佛山（26 间），广州具有绝对的规模优势；排名最后三位的地级市分别为云浮（8 间）、中山（7 间）、阳江（6 间），各地级市之间存在明显差异。从在校生数分布来看，各地级市也存在明显差异，广州拥有 16.33 万中职在校生，是排名第二位的湛江（7.33 万人）的 2.23 倍；全省 57%的中职在校生分布在珠三角，东翼、西翼、山区占比分别为 9.90%、19.44%、13.66%（见表 6-11、表 6-12）。可见，广东省职业教育资源配置存在明显的区域差异，珠三角地区集中较多职业院校和学生，东翼、西翼、山区职业教育资源有待提升。

表 6-11　2022 年广东省 21 个地级市中职学校分布与在校生分布

地级市	中职学校数量（间）	地级市	在校生数（万人）
广州	77	广州	16.33
湛江	33	湛江	7.33
佛山	26	茂名	7.05
惠州	25	佛山	6.85
东莞	20	肇庆	6.38
深圳	16	东莞	6.23
梅州	16	惠州	5.58
江门	16	深圳	4.18
汕头	15	清远	3.70
河源	15	韶关	3.44

续表6-11

地级市	中职学校数量（间）	地级市	在校生数（万人）
肇庆	15	江门	3.35
韶关	14	河源	3.26
清远	14	汕头	3.26
茂名	12	揭阳	2.93
揭阳	11	中山	2.78
汕尾	10	梅州	2.47
珠海	8	云浮	2.09
潮州	8	珠海	2.04
云浮	8	汕尾	1.93
中山	7	阳江	1.85
阳江	6	潮州	1.21

资料来源：《广东统计年鉴》（2023年）。

表6-12　2022年广东省四大区域中职学校分布与在校生分布

区域	中职学校数量（间）	占比	在校生数（万人）	占比
珠三角	210	56.45%	53.72	57.00%
东翼	44	11.83%	9.33	9.90%
西翼	59	15.86%	18.32	19.40%
山区	59	15.86%	12.87	13.66%
总计	372	100%	94.24	100%

（三）广东职业院校办学条件较为薄弱

广东职业院校办学条件较为薄弱，主要体现为部分职业院校办学条件达标率低。由于历史欠账多、各地投入不均衡和不到位，再加上办学规模的迅速增长、办学条件达标率相对不高，与国家要求差距较大，也影响了广东省职业学校办学质量的提升。以广州为例，广州多数职业院校的选址集中在市区内，市区内土地资源有限，限制了其发展用地需要，部分职业院校基本办学条件指标未能达到国家标准。以中职学校为例，2021 年广州在生均占地面积（平方米）、生均建筑面积（平方米）两项指标上分别为 23. 29、16. 16，低于国家标准（33. 00、20. 00），也显著低于北京（75. 14、47. 20）、上海（77. 89、47. 56）、深圳（30. 18、29. 13）。虽然在生均仪器设备资产值（万元）、生均纸质图书（册）两项指标上分别为 1. 05、33. 61，高于国家标准（0. 30、30. 00），但与北京、上海、深圳仍有一定差距（详见表 6-13）。各地办学条件表现出明显的不平衡性，且一些民办职业院校由于经费不足也拉低了基本办学条件。

表 6-13　北上广深中职学校基本办学条件情况比较

城市	生均占地面积（平方米）	生均建筑面积（平方米）	生均仪器设备资产值（万元）	生均纸质图书（册）
国家	33. 00	20. 00	0. 30	30. 00
广州（2021 年）	23. 29	16. 16	1. 05	33. 61
北京（2021 年）	75. 14	47. 20	7. 09	74. 05
上海（2022 年）	77. 89	47. 56	7. 15	57. 75
深圳（2022 年）	30. 18	29. 13	2. 58	86. 25

资料来源：国家标准来源于《教育部关于印发〈中等职业学校设置标准〉的通知》（教职成〔2010〕12 号）。北上广深数据来源于各地中等职业教育质量年度报告（2023）。

（四）职业院校专业设置趋同性较高，滞后于产业发展所需

专业布局结构是衡量职业教育与经济社会发展耦合协调的重要指标之一。从专业设置来看，职业院校专业设置总体布局与三次产业结构基本吻合，但从专业内涵来看，存在着如下问题：一是专业结构与产业结构存在一定差距。近年来广东省按照贴近产业、贴近市场的原则，不断优化调整职业院校专业设置，以期匹配广东产业发展所需。然而表 6-14 数据显示，2020 年，广东省国民经济三大产业结构比例为 4. 3 : 39. 20 : 56. 50，三大产业对应的专业在校生比例分别为 2. 19 : 21. 15 : 76. 66，专业结构与产业结构仍存在一定差距。

表 6-14 2019—2020 年广东省中职学校专业在校生占比与产业匹配对比差距

（单位:%）

对比	2019 年			2020 年		
	第一产业	第二产业	第三产业	第一产业	第二产业	第三产业
专业	2. 37	21. 68	75. 95	2. 19	21. 15	76. 66
产业	4. 00	40. 50	55. 50	4. 30	39. 20	56. 50
专业与产业差距	-1. 63	-18. 82	20. 45	-2. 11	-18. 05	20. 16

资料来源:《广东省中职质量年度报告》(2020)。

二是品牌和特色专业较少。广东省已建成全国规模最大的技工教育体系，有 148 所技工院校。专业设置围绕广东培育发展战略性支柱产业和战略性新兴产业集群展开，主动对接“一核一带一区”区域发展格局进行优化。从表 6-15 的数据可以看出，2020 年专业布点总数为 3561 个，较 2019 年减少了 85 个，涵盖 19 个大类。排名前五位的专业分别是财经商贸类、信息技术类、加工制造类、文化艺术类、交通运输类。但从内部深入分析就可发现，培养层次偏低、专业设计不够合理，如信息技术类集成电路等“卡脖子”专业屈指可数，“芯片”专业空白。

表 6-15 2019—2020 年广东中职学校各专业大类布点数变化情况

（单位：个）

序号	专业大类名称	2019 年专业点数	2020 年专业点数	专业点增减数
1	财经商贸类	790	743	-47
2	信息技术类	678	689	11
3	加工制造类	463	424	-39
4	文化艺术类	420	424	4
5	交通运输类	288	294	6
6	旅游服务类	238	244	6
7	医药卫生类	204	210	6
8	教育类	138	131	-7
9	农林牧渔类	104	92	-12
10	土木水利类	75	73	-2

续表6-15

序号	专业大类名称	2019 年专业点数	2020 年专业点数	专业点增减数
11	公共管理与服务类	75	69	-6
12	休闲保健类	58	60	2
13	轻纺食品类	38	33	-5
14	体育与健身	28	29	1
15	石油化工类	15	13	-2
16	资源环境类	7	11	4
17	司法服务类	5	8	3
18	能源与新能源类	7	4	-3
19	其他	15	10	-5
	合计	3646	3561	-85

资料来源：《广东省中职质量年度报告》（2020）。

究其原因，一是职业院校在获得产业发展前沿技术信息上存在搜索成本较高、搜索时间较长的困境。职业院校以教学科研为主，对市场人才需求变动并不敏感，且由于教育存在一定的滞后性，因此，职业院校难以获得产业发展最前沿的信息，未能有效开展动态专业设置，满足产业发展所需。二是与职业院校本身相关，部分职业院校办学水平不高、办学能力不足，集中体现在办学条件较为薄弱，这一情况主要存在于农村地区、偏远地区等，师资水平不高、实训设备欠缺，无力调整专业设置。三是与部分职业院校缺乏专业规划相关。部分职业学校倾向于“轻资产”“短平快”的专业，而对于市场亟需的与制造业相关、“重资产类”的专业设置不足，对接地方战略性支柱产业、战略性新兴产业不足。四是与职业院校学生就业观相关。部分学生不愿意到基层、生产一线从事技能工作，而更倾向于到外卖、快递、主播等新业态中就业，导致一线生产类岗位招聘难且部分职业院校学生就业难的局面。

（五）教师结构性矛盾制约技能人才高质量培养

生师比是指在校学生数与学校专任教师数的比例，是衡量学校办学水平的重要指标，在一定程度上体现了学校的办学质量。2015—2022 年，广东省中等职业学校生师比分别为 26.06∶1、23.80∶1、22.82∶1、19.66∶1、19.52∶1、19.77∶1、20.09∶1、20.53∶1，呈现“U”形结构，总体上表现出递降态势，说明广东省中等职业学校办学质量逐步优化提升。但是，按照教育部 2010 年制定的《中等职业学校设置标准》规定：中等职业学校生师比应为 20∶1。广东省除了 2018 年、2019 年、2020 年之外，2015 年、2016 年、2017 年、2021 年、2022 年这 5 年都未达到国家标准。从全国层面来看，广东中职生师比为 20.53（每 20.53 名中职学生拥有一个教师指导），在 31 个省份中排名第 20 位，低于全国平均水平，也低于国家相关政策规定的中职学校生师比（20∶1）的要求，这表明广东教师队伍需要进一步优化提升。更需要关注的是，目前涉及“高精尖”类型的专业课教师存在入驻职业院校讲课的制度性障碍。部分具有实践经验的高技能人才由于缺乏相应的教师资格证或者学历证书，无法进入职业院校授课，而目前在职业院校内授课的教师多以师范类院校毕业生为主，缺乏实操性经验，难以担当专业课教师。

（六）产教融合仍以浅表性合作为主，缺乏深度合作

深化产教融合是促进教育链、人才链与产业链、创新链有机衔接，推动人力资源供给侧结构性改革的迫切要求。多数企业对产教融合方式解决技能人才紧缺持肯定态度，并表示愿意参与其中。而目前，产教融合仍以订单式培养等浅表性合作形式为主，企业与职业院校共同开发教学课程、共同开展技术研发等“双方资源，风险共担，优势互补，利益分配”的深层次合作较少。

这其中最重要的制约因素首先是职业院校技能人才培养与企业需求难以匹配，职业院校专业设置滞后于产业发展，企业感觉参与产教融合对企业收益提升不大。究其原因，一是职业院校缺乏产业动态发展的信息，这导致专业调整方向不明。职业院校缺乏渠道了解广东省产业结构动态调整的最新信息，也缺乏人力、财力定期开展广东省产业人才需求的调查以获得产业发展人才资料，这使得职业院校专业调整方向不清晰、服务产业发展水平不足。二是对于重资产投入性强的专业，教学设备更新慢同时缺乏熟悉前沿操作技能的教师。随着制造业智能化、数字化水平的快速提升，制造业大多数职业（工种）都归属于重资产类，涉及的教学设备动辄耗费上百万甚至上千万元，职业院校难以紧跟产业发展需求及时更新设备，同时也缺乏熟悉前沿操作技能的教师，造成教育链、产业链在一定程度上的脱节。

其次是职业教育产教融合的广度不够，形式较为单一，合作收益偏低。在调研中发现，现有的校企合作模式多集中在“重入库轻培育”的方式上，校企合作成果能够让企业签约转化的比率低于30%，转化后的合作成果中能产生经济效益的大概只占30%，即只有约10%的科研成果能取得经济效益，产教融合的科研成果实践价值较低，难以激发企业持续深入参与校企合作的积极性。

最后是产教融合存在制度性瓶颈。近年来，国家和省级层面出台了一系列产教融合、校企合作的政策措施。但在现实操作中，具体性、可操作、针对性强的校企合作特别是混合所有制、股份制办学等相关政策的指引和实施细则仍有不足。学校在开展校企合作时，心存顾虑，担心承担“国有资产流失”之责；企业社会责任感不强，激励约束机制不够健全，参与人才培养的积极性不高、动力不足。

（七）经费投入数量和比例与职业教育发展匹配度不高

从本书第四章广东省技能人才培养发展指数四个维度得分情况来看，经费支出得分在四个维度中排名第三位，呈现出年均增长率为-0.73%的下滑态势。职业教育投入有待进一步提高，投入渠道有待进一步拓宽。据联合国教科文组织测算，职业教育办学成本是普通教育的3倍左右。具体从2022年广东省21个地级市中职生均公共财政预算教育事业费占高中阶段生均公共财政预算教育事业费的比重来看，汕头、揭阳、潮州、河源、佛山、汕尾6个地级市超过50.00%，其余15个地级市均未达到50.00%，尤其是惠州、韶关、梅州、深圳、珠海5市低于40.00%，分别为39.11%、39.05%、35.72%、34.17%、31.57%，换言之，这5个市普通高中生均公共财政预算教育事业费占比均超过60.00%，职业院校财政投入力度相对较弱（详见表6-16）。办学经费是职业教育改革与发展的重要基础，也是技能人才培养发展的重要保障。随着经济增长速度放缓，各地级市用于教育等领域的投资也相应有所减少。这一趋势负向冲击了职业教育与技能人才培养发展，进而影响到产业转型升级中的技能人才供给。因此，为了经济高质量发展，政府需强化和优化职业教育与技能人才培养发展的财政投入，加大对工科类职业院校的财政投入。

表 6-16　2022 年广东省 21 个地级市生均财政预算教育事业费情况

城市	中职生均公共财政预算教育事业费（元）	普通高中生均公共财政预算教育事业费（元）	中职生均公共财政预算教育事业费占比（%）	普通高中生均公共财政预算教育事业费占比（%）
汕头	16559.72	13555.51	54.99	45.01
揭阳	12742.11	10603.54	54.58	45.42
潮州	20529.14	17554.70	53.91	46.09
河源	15032.95	14076.54	51.64	48.36
佛山	23949.33	23078.92	50.93	49.07
汕尾	17668.92	17475.87	50.27	49.73
云浮	12334.10	13803.61	47.19	52.81
江门	13773.6	15793.83	46.58	53.42
东莞	29687.67	35264.27	45.71	54.29
清远	12971.41	16873.40	43.46	56.54
湛江	9457.82	12807.58	42.48	57.52
中山	26400.43	37001.90	41.64	58.36
肇庆	10545.44	14819.23	41.58	58.42
阳江	10193.28	15028.44	40.41	59.59
茂名	8379.30	12365.81	40.39	59.61
惠州	13149.09	20469.04	39.11	60.89
韶关	10993.99	17157.81	39.05	60.95
梅州	8430.68	15171.59	35.72	64.28
深圳	42678.00	82228.51	34.17	65.83
珠海	27762.37	60174.76	31.57	68.43

数据来源：广东省教育厅网站。

（八）缺乏有效的激励手段让职业院校发挥社会培训功能

职业院校承担了部分社会培训的责任。各职业院校通过政府、企业委托等形式面向市场承担部分技能培训任务，培训对象包括在职员工、下岗职工、管理人员、农民工、退役军人等。但是现行制度的规定导致职业院校缺乏让教师更好地发挥社会培训功能的行之有效的激励手段。具体体现如下：一是技能培训项目偏少。社会技能培训一般由人力资源与社会保障部门进行统筹管理，项目设置、资金管理都由人力资源与社会保障部门负责，而由教育部门开展的技能培训项目偏少。二是社会技能培训未纳入教师考核内容，导致难以激发教师参与社会技能培训的积极性。以往，职业院校能够通过开展社会技能培训创收，以弥补办学经费不足的影响，同时提高教师待遇，职业院校教师们积极性较高。但是，一般职业院校开展的社会技能培训多集中于周末、节假日或晚上，占用了教师的休息时间，报酬太低甚至无报酬，也无法纳入绩效工资范围，教师付出劳动没有相应补偿，也降低了职业院校教师参与社会技能培训的积极性。三是职业院校未能提供市场需要的技能培训。技能培训属于一项专业技术性强、对培训者有较高要求的工作。目前职业院校主要开展订单式专业技术培训，形式单一。这与职业院校部分教师、部分设备难以提供市场需要的技能培训有关，这导致毕业生的市场竞争力较弱。四是社会需求较弱。随着经济下行压力的加大，企业生存难度陡增，部分中小微、私营企业对于技能人才技能水平提升重视程度不够，对职业院校开展的社会技能培训需求较低。另外，部分中小微企业尚未建立起完善的员工技能发展方案，也缺乏与技能水平相挂钩的工资制度，这使技能人才参与度不高。五是缺乏相关制度保障。部分职业院校开展社会技能培训时，无法开具发票或无法收费，这在一定程度上也影响了职业院校发挥社会培训功能的意愿。

第七章　国内外技能人才培养发展的经验与启示

一、发达国家技能人才培养发展经验

劳动者素质的提升和技能水平的提高对企业的发展和城市整体竞争力的增强具有至关重要的作用。本章通过对英国国家技能战略、新加坡技能创未来计划、欧盟新技能议程、经济合作与发展组织《2019 年技能展望：在数字世界中蓬勃发展》等公共职业技能培训做法进行梳理和研究，发现高素质的技能人才培养发展得益于政府、企业、行业、劳动者等各方的投入与支持。

（一）政府对公共培训机构的大力支持和规范

职业技能培训本身具有准公共产品的性质，劳动者素质的提升不仅会带来个人收入的提高，还会影响企业的经济效益、产品质量，进而影响城市经济发展和工业化进程。因此，政府有必要也必须参与到技能人才培养的过程中来。英国通过政府出资，鼓励学院、私立培训机构和企业共同成立职业优异中心（Center of Vocational Excellence），着眼企业对技能的需求，专门负责开发高质量的课程，增强培训的供给能力。同时，在加强对公共职业技能培训的规范方面，英国政府认为改善公共职业技能培训，应至少遵循四个原则：以雇主和学习者的需求为导向；按照产业、区域和地区的发展规划战略，基于技能需求来构建培训系统；充分利用现代化技术手段进行教学，并对培训效果进行评估；给予培训机构最大的自主权，使之及时调整课程设置来适应市场需求。

（二）多元资金投入机制是保证培训体系高效运作的动力

职业技能培训是一项社会性工作，各参与方均能从培训工作中受益。劳动者可以通过培训受益，如获得新工作、工资水平提高等；劳动者技能水平的提升也可以提高企业生产率和盈利水平；同时，劳动者素质的提升有利于促进社会的稳定、经济的发展等。因此，职业技能培训需要形成“多方参与、共同投入、共建共享”的局面。新加坡技能创未来计划建立了政府主导、社会参与的多元化财政支持体系；同时，新加坡政府在该计划下设多个项目，为不同身份、不同领域人员提供资金补贴和奖励。

（三）完善的培训服务支持网络

培训信息的发布、培训内容的选择、培训机构的考核审查和评级、培训结果的评价标准等都对培训的质量和效果有重大的影响。英国通过《良好培训雇主指南》直接为雇主提供本地学校和培训机构的培训质量及业绩等相关信息，并通过“business. gov”网站为企业提供在线资讯和服务，并建有为劳动者提供信息、咨询建议和指导服务的两大类机构。其职责有两方面：首先，通过电话或网络提供有关学习机会方面的信息及建议；其次，通过职业技能培训网站将企业、职业技能培训机构、职业规划服务公司、高等教育服务机构、社区组织、图书馆、就业服务中心等连接起来。

（四）加强数字技能培训是赢在未来的关键

全球都在经历大规模的数字化转型。数字技术发展重塑了工作方式、生活方式、商业模式和政府政策制定模式，也推动了平台经济的兴起，这些都引发了新的政策挑战。经济合作与发展组织提出在未来数字化的工作环境中，员工需要广泛的技能组合——强大的认知、社会情感技能，以及数字技能。随着劳动力市场对数字化的响应和发展，政府需要在促进用工灵活性和劳动力流动性的政策与确保就业稳定的政策之间找到适当的平衡点。

（五）大力开展在线教育势在必行

在线教育可以帮助弥合地理鸿沟，缓解由于缺乏教育培训资源和学习培训机会而出现的机会不平等问题。同时，在线教育也可以减轻弱势地区因师资力量不足而造成的培养质量不高的问题。经济合作与发展组织在《2019 年技能展望：在数字世界中蓬勃发展》中提出政府可以与教育和培训机构、雇主、求职机构和慕课平台合作，增强开放教育的参与主体，并确定标准以确保培训的质量；另外，还需要确保教育和培训系统能够对劳动力市场的变化及时做出反应，并使技能认证制度和认证方式适应不断变化的技能需求。

二、国内先进地区技能人才培养发展经验

（一）进一步完善技能人才政策体系

苏州陆续出台姑苏高技能人才计划、职业技能提升三年行动等系列政策，从顶层设计入手，改革体制机制，形成行动纲领。苏州还率先落实江苏省国（境）外职业技能比照认定，加速推进高技能人才与专业技术人才贯通发展。张家港、工业园区等地还积极探索建立高技能人才企业年金集合计划，构建充分体现知识、技术等创新要素价值的收益分配机制。为进一步打通高技能人才与专业技术人才职业发展通道，加强创新型、应用型、复合型人才培养，推进人才链赋能产业链，苏州市人力资源与社会保障局出台《关于进一步推动职业发展贯通加强高技能人才与专业技术人才融合发展的工作意见》，从体系贯通、机制贯通、用人贯通等十个方面，就进一步推动职业发展贯通加强高技能人才与专业技术人才融合发展提出工作意见。

（二）打造新业态相关技能人才培育高地

2023 年年初，人力资源与社会保障部确定苏州市为全国新业态新模式从业人员技能培训工作重点联系城市之一。为推动平台经济规范健康发展，促进从业人员稳定就业，继续扛起“争当表率、争做示范、走在前列”的光荣使

命，苏州出台《关于支持平台经济企业开展职业技能培训的通知》（苏人社培〔2022〕3号），鼓励更多平台经济企业参与政府补贴性培训项目，积极探索具有苏州特色的技能培训路径和方案。2023年8月，苏州率先发布《关于大力提升数字技能 助推苏州产业创新集群融合发展十条举措》（以下简称《十条措施》）。《十条措施》中，构筑数字技能全链条培育体系被列为首条。苏州将围绕人工智能、智能制造、工业互联网、区块链、集成电路等数字技术领域，构建富有特色的数字技能人才引育政策体系；苏州将数字经济核心技术领域急需紧缺的技能人才，优先纳入全市紧缺职业（工种）目录，培训获证补贴上浮30%，精准开展项目制培训，计划三年数字技能人才新增10万人。苏州将加快引进、培育优质数字类职业培训机构，探索数字职业技能培训新模式，鼓励职业培训机构紧扣苏州产业需求开发一批数字技能培训课程，加速培训迭代进程，利用数字技术加快平台化、定制化培训模式创新，推动数字技能培训提质增效。

（三）打造技能人才品牌活动营造尊重技能氛围

苏州注重打造技能人才品牌。苏州“技能英才周”作为全市人才品牌活动之一，自2013年起，每两年举办一届，2023年刚好迎来十周年。十年间，“技能英才周”充分利用高水平职业技能竞赛引领作用和系列活动辐射效应，推动技能人才队伍蓬勃发展和技能水平不断提升，累计吸引数万名学生和职工参与，赛出了一批批技能“状元”；创新开发高技能人才“昆技贷”金融服务，为技术技能人才定制专属个人的信贷产品和综合金融服务，助力优秀高技能人才在昆山安居乐业。天津市则着力创新技能人才培养模式。天津市职业技能公共实训中心与海河教育园区的合作无疑是一个创新举措，它们共同打造的“工匠涵养”创新工程，引领了技能培训的新风尚；这一工程不再简单地依赖传统的教育模式，而是采取小班化、工厂化、模块化、项目化的培养方式，更加贴近实际生产线，为高职毕业生构建了一个真实的、与产业界高度契合的培训环境。

（四）强调把产教融合贯穿学生培养的全过程

苏州紧扣产业链需求，推动技工院校调整、新增与产业匹配度较高、符合社会需求的专业。目前，苏州13所技工院校超70%的专业已与规模以上企业

建立紧密型校企合作关系。相关数据显示，苏州全市技工院校就业率常年高达99%，很多学生提前一年就被“抢订一空”，不少学生当上创业带头人。透过技工教育的窗口不难看出，苏州时刻以供需匹配为关键，注重从市场两端发力，构建就业与产业相协同、劳动者培养培训与岗位需求相适应的高效对接机制。

（五）完善技能人才职业培训政策体系

江苏昆山市不断创新技术技能人才培养模式，持续提升劳动者职业素质和就业能力，培养和造就出一大批符合产业发展需要的技能型人才，在培养高素质技术技能人才的思想和实践中具有表率作用。首先，昆山持续扩大培训规模、搭建竞技舞台、厚植人才土壤，为劳动者提供“零门槛”成才之路。如今，一支知识型、技能型、创新型劳动者大军正在昆山加速集结，与“昆山制造”共成长。其次，昆山高度重视技能人才队伍建设工作，加快推进人力资源供给侧改革，持续提升劳动者职业素质和就业能力，创新技能人才培养模式，为各类技能人才成长不断创造条件、搭建平台、提供保障，培养和造就一大批符合产业发展需要的技能人才。2020 年 5 月以来，昆山市相继启动职业技能提升行动实施方案，出台《昆山市职业培训补贴操作细则》等相关配套文件，公布 2020 年度昆山市高技能人才紧缺职业（工种）目录和培训工种补贴目录，形成了职业技能培训“应培尽培、应补尽补”的政策支撑体系；同时，进一步完善职业技能培训信息管理系统，实现全市职业培训补贴实时动态管理、数据有效比对，构建职业技能培训有效监管体系。再次，提档升级《昆山市产业人才计划实施办法》，对“突出产业人才、紧缺产业人才、青年产业人才、著名高校实习生”四类人才加强扶持，出台《昆山市高技能人才计划实施办法（试行）》，启动实施高技能领军人才项目、企业首席技师制度，评选有突出贡献的高技能人才，进一步强化高技能人才对产业发展的支撑作用。最后，深入落实“先落户后就业”人才落户政策。2021 年以来，昆山全市已引进落户 14744 人次，数量继续保持在苏州各区市首位。

（六）深入推进技工院校改革创新

昆山市近几年着力深入推进技工院校改革创新，注重产教融合、校企合作，专业设置与产业结构、课程内容与岗位需求的对接匹配程度较高，技能人才培养的针对性和适用性较强，力求让学生真正掌握一技之长。四年多来，昆山市职业学校师生在各级各类技能大赛中屡获佳绩，在全国技能大赛中获得金牌 2 枚、银牌 3 枚，在省级以上技能大赛中获得金、银、铜牌共 115 枚。

（七）加大对优秀紧缺人才的有效激励

为吸引更多人才扎根昆山，昆山市还先后出台《关于进一步加强高技能人才队伍建设促进转型升级创新发展的意见》及实施细则等一系列政策措施，对高技能重点人才、高技能优秀人才，分别给予政府人才津贴，构建高技能人才引进、培养、评价、激励的全方位政策链条。自 2011 年开展优秀高技能人才评选工作以来，昆山市已有 2500 余人次获得高技能重点人才和高技能优秀人才荣誉。昆山市还深入实施产业人才计划，以企业急需紧缺人才为对象，分层分类连续三年每月给予入选人才 2000 元、3000 元、4000 元、5000 元生活津贴。两年来，共引育中高级专业技术人才和管理人才 2667 人，惠及 1500 余家中小企业，有效增强了企业吸引力和人才稳定性。结合台资企业众多的区域产业特点，昆山市还积极打通两岸技能人才职业资格互认通道，在全省范围内率先发布台湾职业资格与大陆职称对比目录。同时，进一步畅通劳动者职称评价通道，自 2023 年起，在昆山取得高级工以上技能等级的劳动者，可不受学历、户籍等限制，直接参加专业技术职称评审，这进一步拓宽了人才发展空间，促进了人才合理流动，推进了人才强市战略。

（八）把生产一线搬进教学一线

天津紧跟产业发展需求，建立健全终身职业技能培训机制，通过设立大师工作室、产教深度融合等方式，加快培养高素质技术技能人才，为高质量发展提供有力支撑；着力推动技工院校改革，把专业设置与产业发展相结合，让人才培训和产业链相连接。目前，天津市已经推动成立了电子信息、生物医药等 7 个市级行业指导委员会，组建了 31 个产教融合职业教育联合体，使技能培训与产业发展更加协同。同时，天津还通过打造技能大师工作室等平台，以核心技术攻关为抓手，精准培养产业急需的高级技能人才。

第八章　技能人才培养的“广东模式”探索与路径选择

一、技能人才培养发展目标

《广东省教育发展“十四五”规划》明确提出了技能人才培养的职业教育发展目标：在坚持党的全面领导、坚持以人民为中心、坚持新发展理念、坚持深化改革开放、坚持系统思维基础上，到2025年基本建成制度更加完备、结构更加优化、保障更加全面、服务更加高效的高质量教育体系，人才培养水平和教育服务贡献能力显著增强，广东省教育综合实力、整体竞争力、国际影响力达到国内先进水平，粤港澳大湾区国际教育示范区建设取得重大进展。

具体落实到职业教育领域，要求职业教育争创世界一流。率先建立中国特色职业教育高质量发展模式，打造一批国家级“双高”院校，建设一批省级高水平高职院校和专业群，建设100个左右骨干企业与应用型本科高校、职业院校共同组建的校企合作职业教育集团、产教融合联盟。高质量完成广东省职业教育城建设。全省中职学校350所左右，高职院校90所左右，建设若干所本科层次职业院校。教师素质稳步提升，高中阶段学校研究生学历教师比例达到22%，高职院校硕士以上学位教师比例达到68%。

展望2035年，建成服务全民终身学习的现代教育体系，各级各类教育更加公平更加高质量全面发展，教育服务经济社会高质量发展能力全面增强，教育对外开放合作新格局全面形成，教育治理效能全面提升，开放包容、协调创新、共建共享、运转高效的教育现代化全面实现，广东省教育综合实力、整体竞争力、国际影响力居于国内领先水平，建成教育强省和粤港澳大湾区国际教育示范区。“十四五”时期广东职业教育主要指标如表8-1所示，围绕高质量发展职业教育实现职业教育提质培优。

表 8-1 广东省职业教育“十四五”主要指标

	指标	2020 年	2025 年	属性
职业教育	现代学徒制培养比例（%）	1.7	10	预期性
	双师型教师占专业课教师比例（%）	63.86	65	预期性
	省级高水平高职学校	0	45	预期性
	省级高水平高职专业群	0	300	预期性

二、技能人才培养的“广东模式”探索

本书探索建立以城市为节点、以行业为支点、以企业为重点、以学校为基点的技能人才培养的“广东模式”，坚持高点站位、系统思维、协同创新，借鉴吸纳任占营（2020）的思路从五个方面解析技能人才培养的“广东模式”内涵。

（一）功能定位——以人为本

技能人才培养的最终目的之一是促进高质量就业，服务好经济高质量发展，不单纯是以培养教育为主。当前技能人才培养出路以“就业+升学”为主，从这一思路出发，目前技能人才培养教育的定位不够清晰、目标不够精准、类型特色不足、服务经济能力有限、培养模式单一化、同质化程度较高，技能人才培养与学历教育相似度较高，实践操作技能偏弱。为此，技能人才培养的“广东模式”强调在“深入实施国家就业优先战略”背景下，按照市场所需，跟踪产业发展前沿技术的新进展、新工艺、新标准，更新技能人才培养方案，推动技能人才培养以人为本，服务人的全面发展；畅通“中职—高职—本科职业学校”的成长路径，培养出高素质技能人才。

（二）改革重心——服务经济

培养出服务经济高质量发展的技能人才队伍是经济发展的难点之一。技能人才培养之所以没有特色和招生困难，最主要的原因在于没有密切地与地方经济发展战略相衔接。因此，技能人才培养的“广东模式”强调以产教融合的方式，深入推进产教融合，扩展合作深度和广度，服务好国家战略，实现产业转型升级，让技能人才培养直接面对市场需求，真正实现“教”“职”“产”互动、深度融合，切实增强技能人才服务区域经济高质量发展的能力。

（三）发展路径——协同创新

技能人才培养教育属于类型教育，与普通教育具有同等地位，这一定位对技能人才培养发展起到了方向性的指导作用。目前，社会对技能人才的培养教育仍是异化的，认为职业教育是分层教育，只有成绩“不好”的学生才进入技能人才培养教育通道。鉴于此，技能人才培养的“广东模式”强调技能人才培养教育与其他教育模式同等重要，在巩固技能人才培养特色的基础上，提高技能人才培养教育办学条件，在财政经费等教育资源分配上要统筹好高等教育、职业教育、继续教育的关系，强化技能人才培养的职业教育资源配备，实现各教育类型优势互补、交叉融合，服务好地方经济高质量发展。

（四）培养主体——多元参与

技能人才培养作为一项系统性工程，涉及政府、行业、企业、职业院校等多元利益主体，虽然《职业教育法》从法理上明确了举办技能人才培养的不同主体权责归属，但是从实践层面上仍缺乏细则和落实条例。为此，技能人才培养的“广东模式”强调了多元主体参与的问题，以协同各方利益，构建以政府为主导、行业企业为协调、职业院校为主体的技能人才培养模式，实现资源有效整合，旨在鼓励行业协会、龙头企业、上市公司等参与到技能人才培养工作中，以提升技能人才培养的质量。

（五）服务场域——支撑全局

建设教育强国是中华民族伟大复兴的基础工程，这就要回答好中国式现代化大剧中“教育何为”的时代命题。为此，技能人才培养的“广东模式”强调在以往职业教育经验基础上，立足新发展格局，在国内国际两个场域谋划部署技能人才培养教育。一方面，更好为区域经济高质量发展提供大量技能人才，总结提炼出广东技能人才培养发展经验，向国外提出广东技能人才培养的专业标准、课程标准等，提高技能人才培养的国际影响力；另一方面，借鉴发达国家技能人才培养的最新经验，优化广东技能人才培养，相互促进，做好技能人才培养发展工作。

三、四大革新着力点支撑技能人才培养的“广东模式”

只有高质量的职业教育体系才能培养出高质量的技能人才，才能为经济高质量发展持续发挥好人才支撑作用。技能人才培养发展需要把国家政策、社会需要、个人发展有机衔接。为实施好技能人才培养的“广东模式”，应坚持以高素质技能人才培养为主线，遵从经济发展规律、产业发展规律、教育发展规律和技能人才培养发展规律，从提质、培优、增值、赋能四个方面革新、支撑技能人才培养。

（一）革新着力点一：提质

所谓的提质，是指从技能人才培养结构、职业教育结构、治理水平三个维度提高技能人才培养的质量。

一是提高结构质量。职业教育作为技能人才培养的摇篮，其结构质量的优化是提质的重点之一。技能人才培养结构包括层次、比例、各要素组合关系等。在纵向层次上，构建“中等职业教育—专科高职教育—本科职业教育”层次分明的技能人才培养教育体系。在横向层次上，以普职比、高职与本科比重等指标为关注点谋划技能人才培养的教育体系建设与发展。在各要素组合关系上，从改革体制机制强化制度保障出发，让各层次职业教育的专业设置、培养目标、课程体系、培养过程等畅通衔接，打通技能人才培养的成长通道。

二是提高培养质量。职业教育培养质量不高，难以满足地区产业发展所需，是职业教育对学生吸引力不足的主要原因。提高技能人才培养质量的首要措施是优化教师结构。优化教师结构应强调教师双师双能，以培养“双师型”教师、形成专兼结合的教学创新团队为重点。其次是优化教材。从优化教材出发，应创新教材形态，强化教材应用性和实践性，紧跟产业发展大势，按照产业发展新要求、新标准、新工艺、新方法等方面动态优化教材内容，以满足产业转型升级对人才的需求。再次是革新教学方法。从革新教学方法来看，应站

在技能人才个人角度，适应生源多样化特点，深化学分制改革，实行弹性学制，制订个性化、多元化培养方案，为技能人才提供更贴合个人的面向市场的教育制度。最后是关注数字赋能教学方式。通过模拟企业真实工作场景和岗位工作，探索模块化和项目化教学方式，着重从应用角度提高技能人才解决实际工作问题的能力。

三是提高治理质量。提高教育治理水平和能力是提高技能人才培养质量的行动保证。较之管理，治理的核心在于主体的多元化。技能人才培养涵盖了政府、行业、企业、职业院校、社会培训机构等多元治理主体，首先应理顺利益相关方的权责和边界，构建政府监管、行业自律、企业主导、学校自治、社会监督的技能人才培养发展治理格局。在政府层面，应强化完善技能人才培养发展质量考核机制，推进技能人才培养发展体制改革，建立健全技能人才考核结果运用的长效机制。在行业层面，应利用行业优势建立技能人才培养发展指导委员会，提升行业指导委员会在技能人才培养上的参与度。在企业层面，充分发挥企业培养使用技能人才的主体功能，积极参与技能人才培养使用的全过程。在职业院校层面，健全技能人才培养的教育治理结构，从内涵、特色、高质量发展维度开展革新优化行动，切实提升技能人才培养质量。在社会层面，健全家长、教师、学校、媒体等多元参与的评价监督机制，发挥第三方监督作用。

（二）革新着力点二：培优

所谓培优，即培育技能人才培养特色品牌，重点在于打造一批技能人才培养的样板与品牌，提高技能人才的社会影响力、辨识度和认可度。

一是以高地建设为载体，打造技能人才培养的品牌。充分发挥各地方政府在技能人才培养发展上的主责作用，进一步落实其主体责任。技能人才培养的“广东模式”强调技能人才培养特色品牌的打造，应建立健全技能人才培养教育体系机制改革，形成技能人才培养发展的广东经验，并形成样板推广至全国。21个地级市在技能人才培养发展上，应侧重于从产教融合角度发挥技能人才培养服务经济高质量发展的人才支持作用，打造技能人才培养服务经济高质量发展的广东经验。以高地建设为载体，充分调动地方政府、行业协会、企业、职业院校、社会培训机构的积极性、主动性、创造性，加快形成比学赶超、因地制宜的技能人才培养发展工作格局。

二是以学校为载体，打造技能人才培养的教育品牌。职业学校是技能人才培养的基本单元，职业院校办学质量对技能人才培养发展质量具有显著影响。

随着广东“双高计划”等项目的实施，应加快建设一批有影响力的高职学校和专业（群），提炼总结出示范引领的成功经验并推广。从中等职业院校发展来看，应遴选出一批优质中职学校作为试点，完全改善其办学条件，增强中职吸引力，为落实“普职比大体相当”做出贡献。从高职院校发展来看，应扎实推进“双高计划”，遴选出广东省高水平高职学校，形成高技能人才培养发展平台，支持广东省战略性支柱产业和战略性新兴产业的发展。

三是以国际化办学为平台，打造技能人才培养的国际品牌。应借鉴国外技能人才培养经验，结合广东省产业发展所需，立足技能人才培养教育现状，拓展技能人才培养的国际交流合作，形成技能人才培养国际化的广东经验并推广至周边友好国家、“一带一路”沿线国家和发达国家。一方面，以“鲁班工坊”建设为载体，将技能人才培养融入“一带一路”建设合作中，探索“中文+技能人才培养”的国际化发展经验；另一方面，将广东技能人才培养专业标准、课程标准、教学资源等经验做法输出到国外，提高广东技能人才培养的国际影响力。

（三）革新着力点三：增值

所谓增值，是指增加技能人才的成长价值，培育出市场所需的技能人才，包括树立正确的人才观、职业观等。

一是落实以立德树人为根本的技能人才培养方式。针对技能人才的学习特点、行为习惯、思维模式等，构建体现出技能人才培养特色的教育体系。需要在优质丰富的技能人才培养教育资源基础上，强化技能人才思想政治课程的建设，把思想政治工作贯穿教育教学全程。同时，构建具有可操作性的技能人才思想品德评价机制，形成“技能人才—家长—学校—社会”教育闭环，促使技能人才树立正确的世界观、人生观、价值观。

二是优化技能人才招生制度，畅通技能人才成长通道。招生制度是纳入技能人才的关键一步。应通过考试招生制度稳定住技能人才招生规模，落实好职业教育作为类型教育的底盘。同时，在考试内容上，处理好技能人才文化素质与职业技能的关系，兼顾好二者，发挥好招考制度对技能人才的选拔作用。在考试组织上，处理好如何考的问题，以省级统考为基础，严格规范考试的标准、内容、程序，按照专业大类统一制定技能人才测试标准，提高技能人才招考的公平性和选拔性。

（四）革新着力点四：赋能

所谓赋能，是指为经济高质量发展培育技能人才，即技能人才培养发展的根本目的在于服务好经济高质量发展所需。

一是以服务为重点，为经济高质量发展夯实人才基础。技能人才的培养发展与产业发展相适应才是技能人才培养最终目标。首先，应立足于广东省及21个地级市经济发展战略，持续优化技能人才培养教育资源分布，推动技能人才培养与产业发展同频共振、有效衔接。其次，面对新一轮数字化革命浪潮，以“在核心技术开发中发挥重要作用、在支柱产业发展中发挥支撑作用、在中小微企业成长中发挥引领作用”为愿景，打造一流的技能人才培养与技术创新平台，为企业创新发展提供人力支撑。最后，以产教融合方式与企业共同培养技能人才，推行现代学徒制，形成“政府+行业企业+学校”的技能人才培养格局。

二是以育训并举为重点，强化技能人才终身学习能力。产业更新速度的加快导致产业发展对技能人才学习能力的要求越来越高。支持先学习再就业、先就业再学习、边学习边就业等多种方式。充分发挥职业院校育训并举职能，以满足不同类型技能人才的多层次学习要求。拓展社会培训服务，积极为退役军人、农民工、毕业生等开展技能提升培训。

四、落实技能人才培养的“广东模式”重点路径

（一）以市场需求为导向，动态调整职业教育专业布局

一是准确定位职业教育的功能。站在新的历史方位，职业教育应坚持以培养高素质劳动者和技能人才为主，并辅以为经济社会培养其他技能人才。对于珠三角经济发达地区，职业教育应“就业+升学”并重，对于东翼、西翼、山区等欠发达地区则应在扩大职业院校培养技能人才规模基础上，提高技能人才

培养质量；并关注中高职业院校衔接，提升升学比例，有效提高职业院校吸引力。

二是根据21个地级市产业发展需求与人口规模配置职业教育资源。设置职业院校发展标准评估审核机制，淘汰不合格的职业院校。按照国家“农村职业教育攻坚计划”（2015年开始实施）关于“每个农村县市人民政府重点办好一所服务当地经济社会发展的示范性（骨干）公办中等职业学校，并通过资源整合提高规模效益”的要求，整合农村地区的中等职业院校发展，保持好普职比大体相当的基本要求。

三是聘请第三方机构，站在广东全省产业战略视角下，每两年通过问卷调查方式，围绕支柱产业、战略产业、未来产业形成并定期发布广东紧缺职业（工种）目录，用于指导职业院校动态调整专业设置、全省职业技能培训补贴发放、积分入户目录优化，以期更好地服务于制造业高质量发展。同时，动态调整优化广东职业技能培训补贴目录，进一步简化职业技能培训补贴流程，扩大职业技能培训补贴政策的受惠面，切实帮助企业缓解紧缺技能人才难题。

四是按照职业院校定位以及专业设置、教师资源等指标对职业院校进行划分，分为轻资产型、重资产型两类。对开展符合广东产业高质量发展方向重资产型技能人才培养的工科院校适当增加财政支持力度，主要用于及时更新教学设备和聘请企业导师。进一步明确职业院校战略定位，构建以就业为导向、体现终身教育理念的教育体系，健全专业结构动态调整机制，构建与产业发展规划相衔接的职业技能人才数量需求库和职业教育专业设置动态调整数据库，实现专业设置与产业需求精准对接，为中国式现代化的广东实践培养高素质技能人才。

五是围绕制造业大产业、大平台、大项目、大企业、大环境“五大提升行动”，实施制造业技能人才专项培养计划，建设一批服务“制造业当家”的高水平专业（群），清单式培养制造业紧缺的高技能人才。实施职业教育现场工程师专项培养计划，设立现场工程师专班，精准培养对接制造业高端发展需求的现场工程师。开展重大项目技术技能人才保障行动，建立“政府+企业+专家组织+学校”通力合作机制，定向培养重大项目所需技术技能人才。

六是致力于高水平课堂的打造，通过课程、教材改革，加强教师教学能力建设，为职业教育优质课程的建设打好基础。探索职业教育课堂空间，从传统的第一课堂转向第二课堂，在校企合作、工学结合过程中，探索“项目主题式课程”“对分课堂”“设计—体验教学”等新的教学方法，提高技能人才实操水平。

（二）建立“双师型”教师认证制度，提高教师技能水平

一是明确广东省“双师型”教师的界定标准。“双师型”教师比例是表征职业教育师资力量的重要指标之一。20 世纪 90 年代我国首次提出“双师型”教师这一概念，目前在国家层面尚无界定“双师型”教师的专业标准和认定标准。广东省将“双师型”教师界定为同时具备教师资格和行业能力资格，从事职业教育工作的教师。评判依据主要是教师资格证和职业资格证书或职业技能等级证书。这种界定有一定的合理性，便于操作，但是并不能真实反映出“双师型”教师的真正含义。因为部分职业资格证书与教师所在专业不一定匹配，且部分职业资格证书未能体现出持证人的实际技能水平。如在职业院校从事文化课教育的教师由于缺乏对应专业的职业技能证书，只能通过考取“茶艺”“人力资源师”等简易证书获得“双师”资格。面对“双师型”教师实际操作中的难题，建议广东省按照职业教育实际情况，出台明确的“双师型”教师认定标准和范围。为确保认定评价的客观性、科学性和公正性，建议在学校自评基础上，吸纳行业、企业等管理人员或技能人员进入“双师型”教师评价小组中，采取验证相关佐证材料、现场听课、能力测试等方法进行认证，提高认证的信度和效度，建立起一支来源多样、数量充足、结构合理的师资队伍。

二是制定教师编制标准。核定教师编制，缺编、空编及时增补。新增教师编制，引进有实践经验的专业课教师，不断优化教师队伍的专业技术结构。建设好一支稳定的来自企业或其他行业的兼职教师队伍，支持学校面向社会公开招聘具有丰富实践经验的专业技术人员和能工巧匠兼职担任专业课教师或实习指导教师，重点补充“双师型”教师不足，并制定和完善职业教育专任、兼职教师聘用政策。设立聘请兼职教师专项经费，兼职教师应占学校专任教师总数的 20%左右，每人每年根据副高职称下拨人头费，不足部分由学校承担。

三是适当提高职业院校教师的薪酬福利待遇。教师作为培养发展技能人才重要的投入变量之一，提高其薪酬福利是有效激发教师工作积极性和提升教学质量的途径。较之经济合作与发展组织（OECD）国家或地区，广东职业院校教师薪酬福利较低。建议逐步提高经常性经费支出比例，适当增加教师薪酬福利经费比重，以激发教师工作创造性。

（三）建立技能人才培养长效机制，全面提升技能人才水平

一是建立技能人才培养长效投入机制。为符合要求的技能人才实训基地提供必要的经费支持，持续发挥补贴性培训带动作用，加大奖励激励措施，引导鼓励龙头企业、行业协会、培训机构等各类主体发挥技能培训积极性。

二是整合政府部门和群团组织培训资源。合理高效使用各系统培训资金，开展高质量就业技能培训、岗位技能提升培训和创新创业培训，实施重点群体专项培训计划，广泛开展新职业、新业态从业人员技能培训，使技能培训贯穿劳动者从学习到工作全过程。

三是面向产业扩大技能培训。围绕制造业当家，加强产教融合，构建人才、劳动力资源优先向制造业集中配置的新机制，加快培养适应产业发展和企业岗位实际需要的创新型、技能型、应用型人才。强化就业导向，适应市场需求，开展重点群体重点行业专项培训，为经济高质量发展、产业转型升级提供技能人才支撑。

四是推动技工教育特色发展、高质量发展。制定出台进一步加强高技能人才队伍建设意见，推动技工教育由注重规模向规模质量并重转变、由传统办学向特色办学转变，积极对接产业发展需求。

五是提升农民工能力素质，深入实施“粤菜师傅”“广东技工”“南粤家政”三项工程和“乡村工匠”工程，广泛开展农民工就业技能、劳务品牌、农村实用技术等培训，对符合条件的按相关规定给予补贴，及时跟进培训后就业情况，持续提升其技能素质和稳定就业能力。

（四）优化职业学校关键办学条件，提升职业院校竞争力

一是实施职业学校办学条件达标工程，聚焦土地、校舍、师资等关键要素，“一地一案”“一校一策”推进职业教育办学条件全面达标。加强高水平职业学校和专业（群）建设，建设一批在全国具有引领力的职业学校和专业（群）。围绕专业、课程、教材、课堂、教师等，加强质量工程建设，探索中高职一体化“组团式”教育帮扶机制，提升职业教育办学质量。推动职业教育数字化发展，建设广东职业教育智慧教育平台，加强数字化标杆学校建设，

大力开发在线精品课程，实现线上线下教学全面融合、同质等效。借鉴天津“鲁班工坊”经验，支持职业院校境外办学，输出广东省职业教育标准和资源，全面提升广东省职业教育国际化水平。

二是探索允许职业院校将一定比例的社会培训收入用于绩效支出的创新做法，建议允许职业院校将社会培训工作量按一定比例折算成全日制学校培训工作量。发挥职业教育在继续教育、社会培训服务中的作用，为社会服务，为学习型社会服务。

（五）全面深化产教融合，实现人才链创新链融合

深化普职融通、产教融合、科教融汇，推进市域产教联合体和行业产教融合共同体建设，优化技术技能人才培养结构、规格和质量，不断提升服务实体经济发展的水平。紧密对接产业升级和技术变革趋势，优先发展新兴产业和人才紧缺专业，升级改造传统专业，形成紧密对接产业链、创新链的专业体系。

一是优化职业教育产教融合的制度设计。首先，在宏观层面优化国家产业系统与职业教育体系之间的融合机制。立足于职业教育类型特征，从普通教育与职业教育的“双轨制”“双通制”体系出发，设计“学术型二元制教育体系”及“学徒制二元教育体系”，实现“产教”两个系统之间一体化融合。从“技术结构—产业结构—就业结构—教育结构”来思考产教融合的改革思路，打破职业教育产教融合的“边界”，探索多主体、跨区域、超类别的协同项目。

二是创新产教融合的体制机制，清除产教融合的制度壁垒。创新职业教育体系与产业体系的资源管理机制，建立市场导向的产教合作模式。完善现代职业院校和企业治理制度，推动双方资源、人员、技术、管理、文化全方位融合，围绕生产、研发、培训等关键环节，推动校企依法合资、合作设立实体化机构，实现市场化、专业化运作。继续探索职业院校的混合所有制改革，职业院校作为校办工厂的出资人，履行国有资本出资人职责，成本收益纳入本单位预算，统一核算、统一管理。制订校企合作负面清单和产教融合国有资产管理办法，完善扶持激励政策，通过对审计、巡视、巡察中关于国有资产流失、利益输送等问题的有效界定，充分释放产教融合、校企合作活力，“让企业愿意干，让学校放心干”。

三是调整职业教育评价体系，重塑职业教育质量信号。《国家职业教育改革实施方案》（又称“职教 20 条”）强调要完善政府、行业、企业、职业院

校等共同参与的质量评价机制，积极支持第三方机构开展评估。为此，建议建立广东省职业教育发展预警机制，重点监控专业结构和区域产业发展，鼓励区域性行业协会等利益相关方参与职业教育的升学渠道宽度、标准的制定过程。

四是加大产教融合各类平台载体建设，夯实合作基础。建立政府部门主导的产教融合供需双向对接服务平台。通过服务平台汇集区域和行业人才需求、产教融合、项目研发、技术服务等各类供求信息，向各类主体提供精准化产教融合信息检索、推荐和相关增值服务，不断健全完善供需信息登记发布制度，打造信息服务平台。降低企业准入门槛，扩大产教融合试点。按照非禁即入的原则，允许企业举办或参与职业院校教学，扩大产教融合型企业的规模。依托企业，举办“企业大学”，并将企业大学纳入现代职业教育体系。推进由行业龙头企业牵头，联合职业院校组建实体化运作的产教融合集团（联盟），借鉴英国“学位学徒制”，在产教融合型企业中开展学徒教育，深化产教融合并提升职业教育的吸引力。

五是构建职业教育产教融合政策落实与改革的监督与奖惩机制，对产教融合型企业、产教融合型城市进行激励与奖惩。充分利用各级教育督导与评估的制度体系，监督职业教育产教融合政策落实与改革进展。对职业教育产教融合政策落实与改革情况进行必要的奖惩。对成效明显的地方和高校，可在招生计划安排、建设项目投资、学位专业点设置等方面予以倾斜支持，支持有条件的企业校企共招，联合培养专业学位研究生。

（六）拓宽技术技能人才成长通道，培养高素质技能人才

一是加快建立“职教高考”制度，完善“文化素养+职业技能”考试招生办法。推动高水平本科学校参与职业教育改革，招收优秀中高职毕业生就读，支持本科学校开展中职本科“3+4”招生培养改革试点。稳步发展职业本科教育，推动以国家“双高计划”高职院校为基础，建设若干所本科层次职业学校。按照高等学校设置标准和程序，支持将符合条件的技师学院依法依规纳入高等学校序列。

二是进一步完善国企薪酬绩效管理制度，探索创新国企技能人才薪酬灵活机制。继续调整优化国企工资收入结构，在现行国资委对市属国有企业执行工资总额管理基础上，贯彻落实《关于提高技术工人待遇的意见》中“分配要向高技能人才倾斜，高技能人才人均工资增幅应不低于本单位管理人员人均工

资增幅”的要求，探索在按技术分配原则下，对国有企业中符合“高精尖缺”的技能人才，给予国企一定的自主权限实行年薪制或协议工资制度，这部分工资应当在国企工资总额预算中统筹考虑或予以单列，构建充分体现知识、技术等创新要素价值的收益分配机制，提高广东技能人才整体薪酬待遇，吸引年轻人投身服务制造业转型升级，形成技能人才梯队培育格局。

三是清理对职业教育人才的歧视性政策，推动政府机关、事业单位和国有企业率先破除唯名校、唯学历的导向，打通职业学校毕业生在落户、就业、参加招聘、职称评审、升学、晋升等方面的通道，使之与普通学校毕业生享受同等待遇。推动各地将符合条件的高水平技术技能人才纳入高层次人才计划，加大技术技能人才薪酬激励力度，提高技术技能人才社会地位。

（七）健全多元投入机制，增加职业教育办学经费

一是积极发挥财政拨款支持职业教育培养技能人才的主渠道作用，提高职业教育经费占财政性教育经费支出的比重，建立合理的职业教育预算补款制度。协调好职业教育、普通高中、大学的教育经费比例关系，适当向职业教育倾斜，为全省职业教育提供经费保障。

二是加大财政转移支付力度，支持东翼、西翼、山区职业教育发展。职业教育作为公共事业之一，其发展的经费来源以财政经费为主。相较于珠三角，东翼、西翼、山区的经济发展相对落后，其财政收入相对薄弱，投入到职业教育的教育经费规模不足。建议广东省级财政充分发挥财政转移支付资金的引导作用，按照各地职业教育状况和财政教育经费情况，分类调节各地职业教育经费投入，对职业教育生均投入不足且人力资本流失严重的地区进行一定补偿，促进资本、技术、人才等要素向这些地区流入，提高其技能人才培养规模和质量。

三是落实“职教 20 条”关于“新增教育经费要向职业教育倾斜”的要求，建立与办学规模、培养成本、办学性质等相适应的财政投入制度，逐步提高中职、高职生均拨款水平。多渠道筹措职业教育经费，健全多元投入机制，形成全社会共同支持职业教育发展的合力。

四是借鉴新加坡技能创未来计划中建立的“政府主导、社会参与”的多元化财政支撑体系经验，建议广东构建技能人才培训多元资金投入机制，出台“政府—企业—职业院校”产教融合成果风险收益分担细则，通过财税优惠等鼓励政策吸引企业加大在产教融合领域的资金支持、人才支持，推进产教融合

向纵深发展。建立绩效工资动态调整机制，允许院校自主分配学校参与校企合作、社会培训、技术服务、自办企业等所得收入，可按一定比例作为绩效工资来源。建立校企人员双向流动、相互兼职的常态运行机制，设立兼职教师“流动编制”和兼职教育资源库，完善企业高技能技术人才到职业院校担任专兼职教师的相关政策，探索建立双导师制度和双向互聘机制。

五是健全多元主体投入的产教融合利益分配制度，切实保障各资源主体投入的收益。在职业教育产教融合的经费需求上，积极争取中央预算内投资，安排省级预算内投资支持产教融合。完善政府投资、企业投资、债券融资、开发性金融等组合投融资和产业投资基金支持，建立健全产权制度，明晰各参与主体的产权归属和所享有的相关权益，通过综合性法规来协调各种关系，使产教融合有章可循、有法可依。对试点企业符合条件的职业教育投资，按规定投资额 30%的比例抵免当年应缴教育附加费和地方教育附加费。

六是建立健全职业教育经费投入的监督和管理制度。加大审计、监察等部门对职业教育经费使用的监管力度，落实相关责任主体的监管职责，在保障地方教育经费落实到位的基础上提高职业教育经费使用效能。建立健全职业教育经费的管理规定，加大教育经费投入信息的公开力度，切实让职业教育经费投入产生实效。

参考文献

一、中文著作、期刊

[1] 白永红. 中国职业教育［M］. 北京：人民出版社，2011.

[2] 辞海编辑委员会. 辞海（缩印纪念版）［M］. 上海：上海辞书出版社，2022.

[3] 教育大辞典编纂委员会. 教育大辞典（第三卷）［M］. 上海：上海教育出版社，1991.

[4] 郭齐家，雷先锋. 中华人民共和国教育法全书［M］. 北京：北京广播学院出版社，1995.

[5] 纪芝信，汤海涛. 职业技术教育学［M］. 福建教育出版社，2002.

[6] 卡马耶夫. 经济增长的速度和质量［M］. 陈华山，左东官，何剑，等，译. 武汉：湖北人民出版社，1983.

[7] 梁忠义. 职业技术教育手册［M］. 长春：东北师范大学出版社，1986.

[8] 吕育康. 职业教育新论：广义职业教育论与中国教育大转变［M］. 北京：经济科学出版社，2001.

[9] 李守福. 职业教育导论［M］. 北京：北京师范大学出版社，2002.

[10] 刘春生，徐长发. 职业教育学［M］. 北京：教育科学出版社，2002.

[11] 马歇尔. 经济学原理［M］. 廉运杰，译. 北京：商务印书馆，2007.

[12] 马树超. 区域职业教育均衡发展［M］. 北京：科学出版社，2011.

[13] 舒尔茨. 人力资本投资［M］. 蒋斌，张蘅，译. 北京：商务印书馆，1990.

[14] 托马斯，王焰，等. 增长的质量［M］. 张绘，唐仲，林渊，译. 北京：中国财政经济出版社，2001.

[15] 瓦尔拉斯. 纯粹经济学要义［M］. 蔡受百，译. 北京：商务印书馆，1989.

[16] 王清连，张社字. 职业教育社会学［M］. 北京：教育科学出版社，2008.

[17] 王亚南. 资产阶级古典政治经济学选辑［M］. 北京：商务印书馆，1979.

[18] 吴敬琏. 中国增长模式抉择（增订版）［M］. 上海：上海远东出版社，2008.
[19] 张凤林. 人力资源理论及其应用研究［M］. 北京：商务印书馆，2011.
[20] 安蓉，张晗莹. 我国省际中等职业教育综合发展水平的测度：兼论与经济发展的协调性［J］. 职业技术教育，2022，43（6）.
[21] 陈嵩. 我国不同地区高等职业教育发展水平的比较研究［J］. 职业技术教育（理论版），2007，28（7）.
[22] 钞小静，任保平. 中国的经济转型与经济增长质量：基于 TFP 贡献的考察［J］. 当代经济科学，2008（4）.
[23] 陈衍，李玉静，房巍，等. 中国职业教育国际竞争力比较分析［J］. 教育研究，2009，30（6）.
[24] 陈衍，张祺午，于海波，等. 中国职业教育规模国际竞争力比较分析［J］. 清华大学教育研究，2010，31（5）.
[25] 陈嵩，马树超. 全国不同地区中等职业教育发展水平综合评价［J］. 职教论坛，2011（31）.
[26] 陈仲常，谢波. 人力资本对全要素生产率增长的外部性检验：基于我国省际动态面板模型［J］. 人口与经济，2013（1）.
[27] 陈斌. 中国高等教育发展水平省际差异透视：基于高等教育发展指数的证据［J］. 复旦教育论坛，2016，14（4）.
[28] 蔡曦，文超. 广东省财政教育支出绩效评价研究［J］. 广东技术师范学院学报，2018，39（5）.
[29] 陈昌兵. 新时代我国经济高质量发展动力转换研究［J］. 上海经济研究，2018（5）.
[30] 陈诗一，陈登科. 雾霾污染、政府治理与经济高质量发展［J］. 经济研究，2018，53（2）.
[31] 陈宝生. 全面推进依法治教 为加快教育现代化、建设教育强国提供坚实保障：在全国教育法治工作会议上的讲话［J］. 国家教育行政学院学报，2019（1）.
[32] 陈晓雪，时大红. 我国 30 个省市社会经济高质量发展的综合评价及差异性研究［J］. 济南大学学报（社会科学版），2019，29（4）.
[33] 蔡瑞林，李玉倩. 新时代产教融合高质量发展的新旧动力转换［J］. 现代教育管理，2020（8）.

[34] 蔡文伯，刘爽．我国中等职业教育生均经费支出的区域差异实证分析［J］．职业技术教育，2020，41（15）．
[35] 陈景华，陈姚，陈敏敏．中国经济高质量发展水平、区域差异及分布动态演进［J］．数量经济技术经济研究，2020，37（12）．
[36] 陈明华，刘玉鑫，王山，等．中国十大城市群民生发展差异来源及驱动因素［J］．数量经济技术经济研究，2020，37（1）．
[37] 陈越．高等职业教育国际影响力省际比较的政策启示：基于 31 个省级高等职业教育质量报告（2019）［J］．中国职业技术教育，2020（33）．
[38] 程翔，杨小娟，张锋．区域经济高质量发展与科技金融政策的协调度研究［J］．中国软科学，2020（S1）．
[39] 蔡文伯，莫亚男．助力经济高质量发展：中等职业教育增质抑或增量：基于系统 GMM 模型与门槛模型的实证检验［J］．现代教育管理，2021（1）．
[40] 蔡文伯，甘雪岩．中等职业教育与地区经济增长的耦合关系分析［J］．当代职业教育，2021（5）．
[41] 陈富，张轲轲．我国中等职业教育生均经费地区差异及动态演化趋势研究：基于 1997—2018 年我国省级面板数据的实证研究［J］．职业教育（评论版），2021（21）．
[42] 陈正，秦咏红．德国学习工厂产教融合的特点及启示［J］．高校教育管理，2021，15（4）．
[43] 陈夏瑾，潘建林．职业教育助推共同富裕的逻辑分析、价值意蕴与路向选择［J］．教育与职业，2022（10）．
[44] 陈越，蒋家琼．高等职业教育多元共治的架构、机制与效能研究：基于江苏省高等职业教育国际化政策的分析［J］．高校教育管理，2022，16（3）．
[45] 陈子季．深入贯彻落实《职业教育法》依法推动职业教育高质量发展［J］．中国职业技术教育，2022（16）．
[46] 瞿博．教育均衡发展指数构建及其运用：中国基础教育均衡发展实证分析［J］．国家教育行政学院学报，2007（11）．
[47] 丁静，朱静，陆彦．中国省域高等教育发展水平差异及其分类比较：基于 31 个省（区）市 2004—2011 年的面板数据［J］．湖南农业大学学报（社会科学报），2015，16（1）．
[48] 丁明潇．我国中等职业学校布局实证研究［J］．中国职业技术教育，2016（32）．

[49] 翟连贵，石伟平．大力发展中等职业教育：西部地区普及高中阶段教育的战略选择［J］．中国教育学刊，2019（4）．

[50] 段从宇．高等教育区域协调发展的判别准绳及分析框架构建研究：基于资源的视角［J］．国家教育行政学院学报，2019（9）．

[51] 董平．粤港澳大湾区框架下广州职业教育定位与发展［J］．广州城市职业学院学报，2020，14（2）．

[52] 杜育红．人力资本理论：演变过程与未来发展［J］．北京大学教育评论，2020，18（1）．

[53] 戴妍，陈佳薇．民族地区教育扶贫与乡村振兴耦合协调度及其影响因素：基于省级面板数据的实证分析［J］．民族教育研究，2021，32（6）．

[54] 邓宏亮，温余远．新形势下中等职业教育规模与经济发展的适配性：以江西省为例［J］．宜春学院学报，2021，43（4）．

[55] 傅征．高等教育结构与经济发展的协调性分析［J］．武汉大学学报（哲学社会科学版），2008，61（2）．

[56] 范金，袁小慧，张晓兰．提升中国地区经济增长质量的主要问题及其路径研究：以长三角地区为例［J］．南京社会科学，2017（10）．

[57] 范玉仙，袁晓玲．生态文明视角下"五位一体"协调发展研究［J］．西安交通大学学报（社会科学版），2017，37（4）．

[58] 方大春，马为彪．中国省际高质量发展的测度及时空特征［J］．区域经济评论，2019（2）．

[59] 付雪凌．变革与创新：扩招背景下高等职业教育的应对［J］．华东师范大学学报（教育科学版），2020，38（1）．

[60] 樊丽，邹琪．高等教育振兴推动了地方经济增长吗？——来自中西部高等教育振兴计划的准自然实验［J］．中国人民大学教育学刊，2024（1）．

[61] 干春晖，郑若谷，余典范．中国产业结构变迁对经济增长和波动的影响［J］．经济研究，2011，46（5）．

[62] 郭华桥．教育财政投入的绩效评价：以高等教育投入为例［J］．中南财经政法大学学报，2011（6）．

[63] 郭志立．多元视域下现代职业教育与区域经济协同发展的联动逻辑和立体路径［J］．教育与职业，2017（7）．

[64] 关晶．本科层次职业教育的国际经验与我国思考［J］．教育发展研究，2021，41（3）．

[65] 郭萍. 我国教育投入与经济增长关系实证分析 [J]. 合作经济与科技, 2022 (13).
[66] 郭文强, 曾鑫, 雷明, 等. 新疆教育扶贫与乡村振兴的协同发展: 基于耦合理论的实证分析 [J]. 首都师范大学学报 (社会科学报), 2022, A1.
[67] 戈凡, 刘仁有. 持续推进现代职业教育体系建设改革的意义、意旨、意略: 深化现代职业教育体系建设改革研讨会综述 [J]. 中国职业技术教育, 2023 (18).
[68] 杭永宝. 中国教育对经济增长贡献率分类测算及其相关分析 [J]. 教育研究, 2007 (2).
[69] 韩永强, 李薪茹. 美国职业教育与产业协同发展的经验及启示 [J]. 中国成人教育, 2017 (4).
[70] 胡德平. 经济新常态下中等职业教育与区域经济发展协调性研究 [J]. 经济研究导刊, 2017 (30).
[71] 胡敏. 高质量发展要有高质量考评 [N]. 中国经济时报, 2018-01-18 (A05).
[72] 黄海军, 孙继红. 我国省域高等教育综合发展水平评价研究 [J]. 当代教育科学, 2018 (10).
[73] 霍丽娟. 基于知识生产新模式的产教融合创新生态系统构建研究 [J]. 国家教育行政学院学报, 2019 (10).
[74] 何杨勇. 德国和瑞士双元制学徒制培训制度的分析与启示 [J]. 当代职业教育, 2020 (2).
[75] 胡德鑫. 新世纪以来德国职业教育质量保障的基本路径与支撑机制研究 [J]. 中国职业技术教育, 2020 (15).
[76] 胡微, 石伟平. 从高适应到高质量: 新时代职业教育改革的定位、挑战与路径 [J]. 教育发展研究, 2022, 42 (9).
[77] 何爱华. 职业教育高质量发展背景下中职教育定位与发展 [J]. 继续教育研究, 2023 (6).
[78] 何杨勇. 德国高教双元制改革经验及对我国本科层次职业教育的启示 [J]. 当代职业教育, 2023 (1).
[79] 黄海刚, 毋偲奇, 曲越. 高等教育与经济高质量发展: 机制、路径与贡献 [J]. 华东师范大学学报 (教育科学版), 2023, 41 (5).

[80] 姜伟军. 人口—区域经济—环境发展耦合协调度分析［J］. 统计与决策，2017（15）.
[81] 景光正，李平，许家云. 金融结构、双向 FDI 与技术进步［J］. 金融研究，2017（7）.
[82] 金碚. 关于“高质量发展”的经济学研究［J］. 中国工业经济，2018（4）.
[83] 贾海发，邵磊，罗珊. 基于熵值法与耦合协调度模型的青海省生态文明综合评价［J］. 生态经济，2020，36（11）.
[84] 林毅夫，姜烨. 发展战略、经济结构与银行业结构：来自中国的经验［J］. 管理世界，2006（1）.
[85] 刘晓明，王金明. 浙江省高等职业教育对经济增长贡献率的实证分析［J］. 中国职业技术教育，2011（18）.
[86] 李彤，邵思祺. 高等教育财政支出的绩效研究综述［J］. 财会月刊，2013（22）.
[87] 逯进，周蕙民. 中国省域人力资本与经济增长耦合关系的实证分析［J］. 数量经济技术经济研究，2013，30（9）.
[88] 雷丽珍. 省级统筹体制下义务教育经费支出的差异分析：以广东省为例［J］. 华南师范大学学报（社会科学版），2015（5）.
[89] 李明富. 陕西中等职业教育发展：挑战与对策［J］. 职业技术教育，2015，36（27）.
[90] 李中国，郭艳梅，李玲. 西部高职教育对经济增长贡献率的实证分析与政策建议［J］. 国家教育行政学院学报，2015（5）.
[91] 李丽，周红莉，陈小娟，等. 人口和区域经济发展视角下高职院校布局结构研究：以广东省为例［J］. 教育学术月刊，2016（5）.
[92] 李晶，何声升. 中国高等教育发展水平的空间差异研究［J］. 西部论坛，2017，27（5）.
[93] 李平，付一夫，张艳芳. 生产性服务业能成为中国经济高质量增长新动能吗？［J］. 中国工业经济，2017（2）.
[94] 李卫兵，涂蕾. 中国城市绿色全要素生产率的空间差异与收敛性分析［J］. 城市问题，2017（9）.
[95] 李晓玲. 一片“滩”的逆袭［J］. 半月谈，2024（9）.
[96] 吕芳. 工业 4.0 背景下德国职业技术人才培养转向［J］. 世界教育信息，2017，30（9）.

[97] 梁本哲，王占岐．基于数据包络：曼奎斯特指数分析法的武汉城市圈经济增长质量评价［J］．国土资源科技管理，2018，35（2）．
[98] 林克松．我国省际中等职业教育发展水平的测度与比较［J］．西南大学学报（社会科学版），2018，44（1）．
[99] 刘艳军，刘德刚，付占辉，等．哈大巨型城市带空间开发—经济发展—环境演变的耦合分异机制［J］．地理科学，2018，38（5）．
[100] 刘志彪．强化实体经济推动高质量发展［J］．产业经济评论，2018（2）．
[101] 李照清．区域经济发展与高职教育互助共生关系的实证研究：基于6省数据的分析［J］．现代教育管理，2019（11）．
[102] 刘华军，石印，雷名雨．碳源视角下中国碳排放的地区差距及其结构分解［J］．中国人口资源与环境，2019，29（8）．
[103] 刘帅．中国经济增长质量的地区差异与随机收敛［J］．数量经济技术经济研究，2019，36（9）．
[104] 刘思明，张世谨，朱惠东．国家创新驱动力测度及其经济高质量发展效应研究［J］．数量经济技术经济研究，2019，36（4）．
[105] 李子联．高等教育发展与经济增长：机理与证据［J］．宏观质量研究，2020，8（1）．
[106] 林海龙．“双高计划”视域下广东高等职业教育扩容提质研究：基于服务“双区”的发展思路［J］．职业技术教育，2020，41（27）．
[107] 刘波，龙如银，朱传耿，等．江苏省海洋经济高质量发展水平评价［J］．经济地理，2020，40（8）．
[108] 刘和东，刘童．区域创新驱动与经济高质量发展耦合协调度研究［J］．科技进步与对策，2020，37（16）．
[109] 刘丽群，李汉学．区域性推进高中阶段教育普及的战略定位与攻坚策略［J］．中国教育学刊，2020（10）．
[110] 李嘉欣．我国中等职业教育发展水平的空间分异及解析［J］．职业教育（评论版），2021（9）．
[111] 蔺鹏，孟娜娜．绿色全要素生产率增长的时空分异与动态收敛［J］．数量经济技术经济研究，2021，38（8）．
[112] 刘立新．德国职业教育产教融合的经验及对我国的启示［J］．中国职业技术教育，2015（30）．
[113] 刘娜，赵奭，刘智英．中国高技能人才现状与供给预测分析［J］．重庆高教研究，2021，9（5）．

[114] 吕建强，许艳丽. 学习工厂：迈向工业 4.0 的技能人才培养新模式 [J]. 电化教育研究，2021，42 (7).
[115] 李沛杰，张玉娟. 虚拟现实技术支持下的职业教育资源平台建设研究 [J]. 职教通讯，2022 (2).
[116] 刘兴凤，胡昌送，秦安. “双高计划” 背景下广东省高等职业教育数字化转型的内涵特征及实施路径研究：基于广东首批 “双高” 院校建设样本的分析 [J]. 顺德职业技术学院学报，2023，21 (3).
[117] 刘卓瑶，马浚锋. 人口流动态势下区域高等教育资源配置对经济高质量发展的影响 [J]. 教育研究，2023，44 (12).
[118] 李佳敏，徐国庆. 职业教育如何增强 “教育性”：基于英国改革经验与启示 [J]. 职业教育研究，2024 (2).
[119] 马聃. 陕西中等职业教育与区域经济协调发展研究 [J]. 职业技术，2012 (6).
[120] 马茹，罗晖，王宏伟，等. 中国区域经济高质量发展评价指标体系及测度研究 [J]. 中国软科学，2019 (7).
[121] 马晓东. 韩国职业教育与经济发展耦合关系及启示 [J]. 合作经济与科技，2019 (23).
[122] 马思腾. 整体推进普通高中教育公平发展的策略组合 [J]. 人民教育，2020 (21).
[123] 马欣悦，石伟平. 现阶段我国中等职业教育招生 “滑坡” 现象的审视与干预 [J]. 中国教育学刊，2020 (11).
[124] 毛锦凰，王林涛. 乡村振兴评价指标体系的构建：基于省域层面的实证 [J]. 统计与决策，2020，36 (19).
[125] 马健生，刘云华. 德国职业教育双元制的国际传播：经验与启示 [J]. 外国教育研究，2021，48 (2).
[126] 聂长飞，简新华. 中国高质量发展的测度及省际现状的分析比较 [J]. 数量经济技术经济研究，2020，37 (2).
[127] 欧阳河. 试论职业教育的概念和内涵 [J]. 教育与职业，2003 (1).
[128] 潘文卿. 中国区域经济差异与收敛 [J]. 中国社会科学，2010 (1).
[129] 彭红科. 发达国家职业教育师资培养的特色、共通经验及借鉴 [J]. 教育与职业，2019 (3).
[130] 潘兴侠，徐媛媛，赵烨. 我国高等教育发展区域差异、空间效应及影响因素 [J]. 教育学术月刊，2020 (11).

[131] 彭湃. 德国应用科学大学的50年：起源、发展与隐忧 [J]. 清华大学教育研究，2020，41（3）.

[132] 潘海生，翁幸. 我国高等职业教育与经济社会发展的耦合关系研究：2006—2018年31个省份面板数据 [J]. 高校教育管理，2021，14（2）.

[133] 谯欣怡. 我国中等职业教育规模的演变及影响因素分析 [J]. 教育与经济，2015（4）.

[134] 祁占勇，王志远. 经济发展与职业教育的耦合关系及其协同路径 [J]. 教育研究，2020，41（3）.

[135] 邱懿，何正英，杨勇. 稳步推进职业教育国际化：基础、遵循与借鉴 [J]. 中国职业技术教育，2022（29）.

[136] 曲岫，孟祥娜. 中等职业教育对西藏自治区经济增长贡献率实证研究 [J]. 黑龙江科学，2022，13（1）.

[137] 冉云芳. 中等职业教育生均经费投入现状分析与对策：基于2000—2010年数据的实证研究 [J]. 教育发展研究，2013，33（1）.

[138] 荣长海，高文杰，冯勇，等. 关于高职院校教育质量及其评估指标体系的研究 [J]. 天津师范大学学报（社会科学版），2016（3）.

[139] 任保平，李禹墨. 新时代我国高质量发展评判体系的构建及其转型路径 [J]. 陕西师范大学学报（哲学社会科学版），2018，47（3）.

[140] 任占营. 职业教育提质培优的现实意义、实践方略和效验表征 [J]. 中国职业技术教育，2020（33）.

[141] 任占营. 新时代职业教育高质量发展路径探析 [J]. 中国职业技术教育，2022（10）.

[142] 史静寰. 构建解释高等教育变迁的整体框架 [J]. 清华大学教育研究，2006（3）.

[143] 沈剑光. 遵循规律，中职前景仍看好 [J]. 农村. 农业. 农民（B版）2019（4）.

[144] 沈利生. 中国经济增长质量与增加值率变动分析 [J]. 吉林大学社会科学学报，2009，49（3）.

[145] 苏荟，孙毅. 欠发达地区中等职业教育与经济发展关联的实证研究：以新疆南疆地区为例 [J]. 中国职业技术教育，2016（24）.

[146] 师博，任保平. 中国省际经济高质量发展的测度与分析 [J]. 经济问题，2018（4）.

[147] 石伟平，郝天聪．新时代我国中等职业教育发展若干核心问题的再思考［J］．教育发展研究，2018，38（19）．
[148] 师博，张冰瑶．全国地级以上城市经济高质量发展测度与分析［J］．社会科学研究，2019（3）．
[149] 史丹，李鹏．我国经济高质量发展测度与国际比较［J］．东南学术，2019（5）．
[150] 宋美喆，李孟苏．高等教育、科技创新和经济发展的耦合协调关系测度及其影响因素分析［J］．现代教育管理，2019（3）．
[151] 苏永伟，陈池波．经济高质量发展评价指标体系构建与实证［J］．统计与决策，2019，35（24）．
[152] 桑雷．美国职业教育“振兴技能”的政策衍变及经验启示［J］．职业技术教育，2020，41（21）．
[153] 沈有禄．高中阶段教育职普比提升的阻力与路径分析：基于“三州”地区的调查［J］．中国教育学刊，2020（7）．
[154] 孙豪，桂河清，杨冬．中国省域经济高质量发展的测度与评价［J］．浙江社会科学，2020（8）．
[155] 孙善学．完善职教高考制度的思考与建议［J］．中国高教研究，2020（3）．
[156] 师博，何璐，张文明．黄河流域城市经济高质量发展的动态演进及趋势预测［J］．经济问题，2021（1）．
[157] 桑倩倩，董拥军，刘星．我国教育经费结构对经济高质量发展影响研究［J］．经济纵横，2023（5）．
[158] 宋歌．美国职业教育与经济发展互促共进的经验论述［J］．职业发展研究，2023（1）．
[159] 宋海生，张万朋．新发展阶段我国中等职业教育经费投入与支出结构优化研究［J］．中国职业技术教育，2023（22）．
[160] 孙凤芝，单怡，田宇，等．职业教育规模与区域经济发展耦合协调关系与特征：基于2014—2020年31个省份面板数据的分析［J］．当代职业教育，2023（1）．
[161] 谈松华，袁本涛．教育现代化衡量指标问题的探讨［J］．清华大学教育研究，2001（1）．
[162] 唐晓彬，王亚男，唐孝文．中国省域经济高质量发展评价研究［J］．科研管理，2020，41（11）．

[163] 谭永平，湛年远，何斯远，等．高职院校技术技能人才培养高地建设的内涵、特征与路径探究［J］．高教论坛，2022（11）．

[164] 王唯．OECD教育指标体系对我国教育指标体系的启示：OECD教育指标在北京地区实测研究［J］．中国教育学刊，2003（1）．

[165] 王少平，欧阳志刚．我国城乡收入差距的度量及其对经济增长的效应［J］．经济研究，2007，42（10）．

[166] 王善迈．教育公平的分析框架和评价指标［J］．北京师范大学学报（社会科学版），2008（3）．

[167] 王海燕，沈有禄．西部地区中等职业教育与经济增长关系实证研究：基于中国1990—2009年数据实证检验［J］．职业技术教育，2012，33（1）．

[168] 王善迈，袁连山，田志磊，等．我国各省份教育发展水平比较分析［J］．教育研究，2013，34（6）．

[169] 王良．天津中等职业教育发展水平评价与分析［J］．职业技术教育，2016，37（22）．

[170] 王珺．以高质量发展推进新时代经济建设［J］．南方经济，2017（10）．

[171] 王伟，孙芳城．职业教育规模和质量：哪个对经济增长影响更大？［J］．教育与经济，2017，33（6）．

[172] 王奕俊，赵晋．职业教育的规模、结构与质量对经济发展影响的实证分析［J］．教育经济评论，2017，2（1）．

[173] 王义，任君庆，雷志安．区域中等职业教育投入与经济增长的关联性研究：基于省际面板数据的分析［J］．职教论坛，2018（3）．

[174] 王昌森，张震，董文静，等．乡村振兴战略下美丽乡村建设与乡村旅游发展的耦合研究［J］．统计与决策，2019，35（13）．

[175] 王叶军，周京奎．高等教育、中等职业教育与城市经济增长：基于动态分布滞后模型的实证研究［J］．西北人口，2019，49（2）．

[176] 王星，徐佳虹．中国产业工人技能形成的现实境遇与路径选择［J］．学术研究，2020（8）．

[177] 王淑佳，孔伟，任亮，等．国内耦合协调度模型的误区及修正［J］．自然资源学报，2021，36（3）．

[178] 王婉，范志鹏，秦艺根．经济高质量发展指标体系构建及实证测度［J］．统计与决策，2022，38（3）

[179] 王春燕，邱懿．国家职业教育标准体系及优化研究［J］．中国高教研究，2023（5）．

[180] 吴一鸣. 高职院校社会服务能力的要素解构与评价策略 [J]. 职教论坛，2016 (13).

[181] 吴士炜，汪小勤. 房价、土地财政与城镇化协调发展关系：基于空间经济学视角 [J]. 经济理论与经济管理，2017 (8).

[182] 魏敏，李书昊. 新时代中国经济高质量发展水平的测度研究 [J]. 数量经济技术经济研究，2018，35 (11).

[183] 魏伟，石培基，魏晓旭，等. 中国陆地经济与生态环境协调发展的空间演变 [J]. 生态学报，2018，38 (8).

[184] 吴显嵘. 日本职业教育体系建设的历史沿革、经验及启示 [J]. 教育与职业，2018 (9).

[185] 文雯，周京博. 我国高等教育区域布局结构影响机制研究 [J]. 高等教育研究，2019，40 (10).

[186] 魏振香，史相国. 生态可持续与经济高质量发展耦合关系分析：基于省际面板数据实证 [J]. 华东经济管理，2021，35 (4).

[187] 邬美红，罗贵明. 中等职业教育生均教育经费地区差异的实证研究：基于2009—2018年省级面板数据的分析 [J]. 中国职业技术教育，2021 (6).

[188] 吴秋盈. 广东省经济高质量发展水平评价与路径选择研究 [J]. 中国市场，2021 (34).

[189] 徐涵，高红梅，王启龙，等. 辽宁省中等职业教育均衡发展水平研究 [J]. 职业技术教育，2009，30 (16).

[190] 许玲. 我国高等职业教育规模与经济增长关系的实证研究：基于1992—2010年的数据分析 [J]. 高教探索，2013 (5).

[191] 徐长江. 我国高等职业教育规模和经济增长相关性研究 [J]. 市场研究，2018 (10).

[192] 徐国庆. 确立职业教育的类型属性是现代职业教育体系建设的根本需要 [J]. 华东师范大学学报（教育科学版），2020，38 (1).

[193] 许佳佳. 中职教育发展评价的探索：评《中等职业教育发展评价研究》[J]. 教育发展研究，2020，40 (7).

[194] 谢莉花，陈慧梅. 新时代职业教育教师队伍的双师“结构+素质”建设：基于德国经验 [J]. 山西师大学报（社会科学版），2021，48 (2).

[195] 徐佩玉，王利华. 德国职业教育产教融合的实施经验及借鉴：基于“学习工厂”的分析 [J]. 中国职业技术教育，2021 (27).

[196] 许玲，吴雪枫. 广东省中等职业教育经费投入及其区域差距实证分析［J］. 职业技术教育，2021，42（9）.
[197] 许泽华，林屹，洪晨翔. 人力资本质量与经济高质量发展：基于中国省级面板数据的实证研究［J］. 经济研究参考，2021（17）.
[198] 徐旦. 基于产业结构的高职专业结构分析及调整对策研究：以浙江省为例［J］. 职业技术教育，2022，43（17）.
[199] 徐涵. 德国巴登符腾堡州双元制大学人才培养模式的基本特征：兼论我国本科层次职业教育人才培养模式重构［J］. 职教论坛，2022，38（1）.
[200] 杨东平，周金燕. 我国教育公平评价指标初探［J］. 教育研究，2003（11）.
[201] 岳昌君. 我国教育发展的省际差距比较［J］. 华中师范大学学报（人文社会科学版），2008（1）.
[202] 颜鹏飞，李酣. 以人为本、内涵增长和世界发展：马克思主义关于经济发展的思想［J］. 宏观质量研究，2014，2（1）.
[203] 于明潇. 我国中等职业教育学校布局实证研究［J］. 中国职业技术教育，2016（32）.
[204] 杨磊. 我国民族地区高等职业教育发展水平评估：基于高职教育发展指数的证据［J］. 高等职业教育探索，2018，17（5）.
[205] 杨勇，赵晓爽. 京津冀职业教育规模与区域经济适应性研究［J］. 中国职业技术教育，2018（9）.
[206] 闫广芬，陈沛酉. 回望百年：中国职业教育学科发展的成就与挑战［J］. 四川师范大学学报（社会科学版），2019，46（3）.
[207] 严世良，夏建国，李小文. 日本本科层次职业教育发展历史研究：以技术科学大学为例［J］. 中国高等教育，2019（Z2）.
[208] 易明，彭甲超，张尧. 中国高等教育投入产出效率的综合评价：基于Window-Malmquist 指数法［J］. 中国管理科学，2019，27（12）.
[209] 余泳泽，杨晓章，张少辉. 中国经济由高速增长向高质量发展的时空转换特征研究［J］. 数量经济技术经济研究，2019，36（6）.
[210] 於荣，赵舒曼. 美国社区学院与大学的转学衔接：问题、措施和启示［J］. 教育与教学研究，2019，33（6）.
[211] 鄢彩铃，李鹏. 德国“学习工厂”的经验与启示：兼论如何打通产教融合的“最后一公里”［J］. 国家教育行政学院学报，2020（10）.

[212] 杨满福，张成涛．高职扩招背景下中等职业学校转型发展的策略研究［J］．中国职业技术教育，2020（31）．

[213] 杨梓樱．我国职业教育对经济增长的贡献率分析：基于1985—2017年教育及经济数据［J］．教育学术月刊，2020（12）．

[214] 姚文杰，何斌．发达国家本科职业教育办学的特点、经验与启示：基于德国、美国和日本三国的分析［J］．教育与职业，2020（17）．

[215] 叶冲．高等职业教育规模与区域经济耦合协同发展研究：基于西部12省（市、自治区）面板数据的实证分析［J］．职业技术教育，2020，41（21）．

[216] 杨丽雪，蔡文伯．中等职业教育发展水平的差异、空间效应及其影响因素分析［J］．职业技术教育，2021，42（19）．

[217] 杨沫，朱美丽，尹婷婷．中国省域经济高质量发展评价及不平衡测算研究［J］．产业经济评论，2021（5）．

[218] 杨振芳．我国高等教育区域布局结构的变化与分析：基于2009—2019年教育统计数据［J］．国家教育行政学院学报，2021（6）．

[219] 袁玉芝，杨振军，杜育红．我国技术技能人才供给现状、问题及对策研究［J］．教育科学研究，2021（7）．

[220] 岳金凤，郝卓君．中等职业教育高质量发展报告：基础与方向［J］．职业技术教育，2021，42（36）．

[221] 叶阳永．普职教育结构调整：基于技能需求结构的分析［J］．清华大学教育研究，2022，43（3）．

[222] 叶子凡．职业教育数字化：德国的经验与启示［J］．中国成人教育，2023（21）．

[223] 郑玉歆．全要素生产率的再认识：用TFP分析经济增长质量存在的若干局限［J］．数量经济技术经济研究，2007（9）．

[224] 邹阳，李琳．高等教育与区域经济协调发展程度的地区差异分析［J］．高教探索，2008（3）．

[225] 张仿松．我国财政教育投资绩效评价指标体系研究［J］．学术研究，2010（12）．

[226] 张晨，马树超．我国职业学校办学条件评价和预警机制研究［J］．中国高教研究，2011（8）．

[227] 郑宇梅，周旺东．湖南职业教育发展策略探析：基于职业教育与经济发展互动关系的分析［J］．湖南师范大学教育科学学报，2011，10（5）．

[228] 宗晓华，冒荣. 高等教育扩张过程中的结构演变及其与经济体系的调适［J］. 高等教育研究，2011，32（8）.
[229] 周宏，杨萌萌，王婷婷. 中国中等职业教育对经济增长的影响：基于2003—2008年省际面板数据［J］. 财政研究，2012（2）.
[230] 朱承亮，师萍，岳宏志，等. 人力资本、人力资本结构与区域经济增长效率［J］. 中国软科学，2011（2）.
[231] 朱德全. 中国职业教育发展的均衡测度与比较分析：基于京津沪渝的实证调查［J］. 教育研究，2013，34（8）.
[232] 张佳. 高等职业教育对区域经济发展贡献的实证分析［J］. 职业技术教育，2014，35（10）.
[233] 张少华，蒋伟杰. 中国全要素生产率的再测度与分解［J］. 统计研究，2014，31（3）.
[234] 赵崇铁，郑义，洪流浩. 福建省中等职业教育与社会经济发展的耦合关系分析［J］. 中国职业技术教育，2014（31）.
[235] 朱德全，徐小容. 职业教育与区域经济的联动逻辑和立体路径［J］. 教育研究，2014，35（7）.
[236] 钟无涯. 高职教育与经济增长：基于中国的经验证据：2004—2013［J］. 教育与经济，2015（4）.
[237] 詹新宇，崔培培. 中国省际经济增长质量的测度与评价：基于“五大发展理念”的实证分析［J］. 财政研究，2016（8）.
[238] 张晶晶. 美国职业教育经费投入与来源分析［J］. 职教论坛，2016（28）.
[239] 赵枝琳. 我国西南地区中等职业教育的空间分布与均衡发展［J］. 云南师范大学学报（哲学社会科学版），2017，49（4）.
[240] 周凤华. 民办职业教育的现状分析与策略研究［J］. 中国职业技术教育，2017（6）.
[241] 赵晓爽. 京津冀职业教育规模对经济增长的实证研究［D］. 天津职业技术师范大学，2018.
[242] 周瑾，景光正，随洪光. 社会资本如何提升了中国经济增长的质量？［J］. 经济科学，2018（4）.
[243] 周小亮，吴武林. 中国包容性绿色增长的测度及分析［J］. 数量经济技术经济研究，2018，35（8）.

[244] 张军扩，侯永志，刘培林，等．高质量发展的目标要求和战略路径［J］．管理世界，2019，35（7）．
[245] 张震，刘雪梦．新时代我国15个副省级城市经济高质量发展评价体系构建与测度［J］．经济问题探索，2019（6）．
[246] 张涛．高质量发展的理论阐释及测度方法研究［J］．数量经济技术经济研究，2020，37（5）．
[247] 赵蒙成．高职扩招背景下中等职业学校转型发展的教育立场［J］．职教论坛，2020，36（5）．
[248] 周凤华，杨广俊．新时代中等职业教育高质量发展研究［J］．中国职业技术教育，2020，30（3）．
[249] 朱成晨，闫广芬．精神与逻辑：职业教育的技术理性与跨界思维［J］．教育研究，2020，41（7）．
[250] 朱新卓，赵宽宽．我国高中阶段普职规模大体相当政策的反思与变革［J］．中国教育学刊，2020（7）．
[251] 张建威，黄茂兴．黄河流域经济高质量发展与生态环境耦合协调发展研究［J］．统计与决策，2021，37（16）．
[252] 张侠，许启发．新时代中国省域经济高质量发展测度分析［J］．经济问题，2021（3）．
[253] 章立东，李奥．传统制造业集群与区域经济高质量发展耦合研究：以陶瓷制造业为例［J］．江西社会科学，2021，41（3）．
[254] 赵红霞，朱惠．教育人力资本结构高级化促进经济增长了吗：基于产业结构升级的门槛效应分析［J］．教育研究，2021，42（11）．
[255] 周彩霞，贺艳芳．比较视域下职业教育质量保障的国际经验与启示：基于对德国、英国、美国的分析［J］．职业技术教育，2021，42（34）．
[256] 朱永祥，程江平，麻来军．人才供给视角下浙江省高职专业布局的实证分析［J］．中国职业技术教育，2021（5）．
[257] 宗诚．职业教育质量年度报告：回眸、反思与展望［J］．中国职业技术教育，2021（35）．
[258] 张蓝文，王世勇．职业教育技能竞赛人才培养作用的调查研究［J］．教育导刊，2022（12）．
[259] 赵庆年，刘克．高等教育何以促进经济高质量发展：基于规模、结构和质量要素的协同效应分析［J］．教育研究，2022，43（10）．

[260] 赵文学. 扩招以来我国高等教育区域布局变化分析 [J]. 复旦教育论坛，2022，20（5）.

[261] 赵瑛琦，张力跃. 省域中等职业教育发展水平的聚类分析与陕西省的发展建议 [J]. 职业教育，2022，21（18）.

[262] 朱成晨. 农村职业教育发展的共生逻辑：结构与形态 [J]. 华东师范大学学报（教育科学版），2022，40（7）.

[263] 朱德全，沈家乐. 职业教育“1+X”证书制度执行的分析框架与理论模型 [J]. 教育研究，2022，43（3）.

[264] 朱德全，熊晴. 数字化转型如何重塑职业教育新生态 [J]. 现代远程教育研究，2022，34（4）.

[265] 朱梦絮，谢华. 智能制造背景下中职高技能人才培养的策略研究 [J]. 职业教育（中旬刊），2022，21（29）.

[266] 朱德全，杨磊. 职业本科教育服务高质量发展的新格局与新使命 [J]. 中国电化教育，2022（1）.

[267] 张宇，朱冰瑶. 英国职业教育质量评价体系的发展经验及其借鉴 [J]. 当代职业教育，2023（5）.

[268] 朱德全，彭洪莉. 中国职业教育高质量发展指数与水平测度 [J]. 西南大学学报（社会科学版），2023，49（1）.

[269] 朱红根，陈晖. 中国数字乡村发展的水平测度、时空演变及推进路径 [J]. 农业经济问题，2023（3）.

[270] 朱文富，孙雨. 日本本科层次职业教育的发展路径与经验 [J]. 外国教育研究，2023，50（2）.

[271] 张秀，张耀峰，张志刚. 中国经济高质量发展水平：测度、时空演变与动态空间收敛性 [J]. 经济问题探索，2024（1）.

二、英文期刊

[1] BARRO R J. Quantity and quality of economic growth [J]. Research papers in economics，2002（6）.

[2] BARRO R J，LEE J W. A new data set of educational attainment in the world，1950-2010 [J]. Journal of development economics，2013，104.

[3] BENOS N，ZOTOU S. Education and economic growth：a meta-regression analysis [J]. World development，2014，64.

[4] HANSEN B E. Threshold effects in non-dynamic panels：estimation，testing，and inference [J]. Journal of econometrics，1999，93（2）.

[5] HANUSHEK E A, KIMKO D D. Schooling, labor-force quality, and the growth of nations [J]. American economic review, 2000, 90 (5).

[6] HANUSHEK E A, WOESSMANN L. Do better schools lead to more growth? cognitive skills, economic outcomes, and causation [J]. Journal of economic growth, 2012, 17.

[7] JORGENSON D W, GRILICHES Z. The explanation of productivity change [J]. The review of economic studies, 1967, 34 (3).

[8] MUSTAPHA R B. GREENAN J P. The role of vocational education in economic development in Malaysia: educators' and employers' perspectives [J]. Journal of industrial teacher education, 2002 (2).

[9] OHIWEREI F O, NWOSU B O. The role of vocational and technical education in Nigeria economic development [J]. Educational research quarterly, 2013, 36 (3).

[10] SOLOW R M. A contribution to the theory of economic growth [J]. The quarterly journal of economics, 1956, 70 (1).

[11] SIANESI B, REENE J V. The returns to education: a review of the macro-economic literature [J]. A report to the DfEE, 2000.

[12] THEIL H. Economics and information theory [R]. Amsterdam: north-holland publishing company, 1967.

[13] TOBLER W. A Computer movie simulating urban growth in the detroit region [J]. Economic geography, 1970, 46.